"十四五"职业教育国家规划教材

PLC 与变频器技能实训

PLC YU BIANPINQI JINENG SHIXUN

（第 3 版）

主 编 方爱平

中国教育出版传媒集团

高等教育出版社·北京

内容提要

本书是"十四五"职业教育国家规划教材。教材内容紧贴生产实际，与相关职业标准对接，知识学习和技能训练与产业、企业、岗位需求相对接。全书以 FX$_{3U}$ 系列可编程控制器（PLC）及通用变频器 FR-D700 为例，以实际项目为载体，综合考虑不同学校的教学条件，通过项目实施，循序渐进地介绍可编程控制器（PLC）和变频器的使用方法和实际应用。全书共设 16 个项目，内容涵盖 FX$_{3U}$ 系列可编程控制器（PLC）及通用变频器 FR-D700 的认识、编程软件的使用、采用 PLC 来实现生产实际中的一些基本电力拖动控制、PLC 控制模拟量、PLC 连网及一些采用 PLC 和变频器实现较复杂功能的综合实训项目。

本书配有学习卡资源，请登录 Abook 网站 http://abook.hep.com.cn/sve 获取相关资源。详细说明见本书"郑重声明"页。

书中内容通俗易懂，图文并茂，适合中职学校开展实训教学。本书可作为中等职业学校电气设备运行与控制、电子技术应用等电类相关专业教学用书，也可作为相关工程技术人员的参考用书。

图书在版编目（CIP）数据

PLC 与变频器技能实训/方爱平主编.--3 版.--北京：高等教育出版社，2023.7（2024.8重印）
ISBN 978-7-04-059715-8

I. ①P… II. ①方… III. ①plc 技术–中等专业学校–教材②变频器–中等专业学校–教材 IV. ①TM571.6 ②TN773

中国国家版本馆 CIP 数据核字（2023）第 007452 号

策划编辑 唐笑慧	责任编辑 唐笑慧	封面设计 张 志	版式设计 徐艳妮
责任绘图 邓 超	责任校对 刁丽丽	责任印制 张益豪	

出版发行	高等教育出版社	网 址	http://www.hep.edu.cn
社 址	北京市西城区德外大街 4 号		http://www.hep.com.cn
邮政编码	100120	网上订购	http://www.hepmall.com.cn
印 刷	北京鑫海金澳胶印有限公司		http://www.hepmall.com
开 本	889mm×1194mm 1/16		http://www.hepmall.cn
印 张	21	版 次	2011 年 7 月第 1 版
字 数	440 千字		2023 年 7 月第 3 版
购书热线	010-58581118	印 次	2024 年 8 月第 2 次印刷
咨询电话	400-810-0598	定 价	52.00 元

前　言

党的二十大报告指出：教育、科技、人才是全面建设社会主义现代化国家的基础性、战略性支撑。教材是教育教学的基本载体，是教育核心竞争力的重要体现，必须紧密对接国家发展重大战略需求，不断更新升级。本次修订贯彻党的二十大精神，注重课程思政，更新教学内容，在阅读材料中融入"加快科技自立自强""关键核心技术的突破""战略性新兴产业的发展"等课程思政元素，以求更好地服务于高水平科技自立自强、拔尖创新人才的培养。

本书是"十四五"职业教育国家规划教材。本书的特点是突显职教特色，以内涵发展和改革创新为主线，以提高职业教育教学质量为目标。

在日常的技能教学中，我们发现了很多问题，有很多困惑，也进行了很多思考，并在实际教学中进行了一些尝试，本书正是这些思考和尝试的积累。本书内容紧贴生产实际，与相关职业标准对接，知识学习与技能训练与产业、企业、岗位需求相对接。

本书以三菱 PLC 主流机型 FX_{3U} 和变频器 FR-D700 为例，设计了 16 个实训项目，包括 PLC 和变频器的基础知识、编程软件的使用、PLC 和变频器在生产实际中的一些基本控制及应用。按照"以项目为载体，任务引领，工作过程导向"的职业教育教学理念，按照项目式教学进行内容编排，包括项目目的、项目任务、项目分析、项目实施、项目评价、项目拓展，力求让技能教学融入学生动手训练中，力求让学生的学习和生产实际紧密结合。本书选择的项目都是从生产实际中来的基本控制案例，整个项目的教学过程基本就是生产实施的过程。本书并不强调知识的系统性，而更加注重如何完整地完成生产实际中的任务，注重培养学生的相关职业能力。而对于完成项目涉及的相关知识则以知识链接的方式在每个项目后呈现。

为了适应中职学生的特点，本书内容强调的是如何做，并通过大量的图片展示操作过程，让学生能按照本书内容真正动起来。对于学生的评价也以实际操作的完成度及完成质量为考核目标，可参考附录中评价表。

本书学时分配如下，供教师参考。

学时分配表

章序	课程内容	学时数
概述	项目 1　认识 PLC	4
PLC 基础应用项目	项目 2　三相交流异步电动机启停控制	6
	项目 3　卷扬机控制	6

续表

章序	课程内容		学时数
PLC 基础应用项目	项目 4	大型打孔机控制	6
	项目 5	数控车床主轴电动机控制	6
	项目 6	机械手控制	6
	项目 7	交通灯控制	6
	项目 8	蔬菜大棚温度控制	4
	项目 9	两台 PLC 通信控制	4
变频器基础应用项目	项目 10	皮带生产线的手动控制	6
	项目 11	皮带生产线的自动调速控制	8
综合训练项目	项目 12	自动门控制	8
	项目 13	摇臂钻床控制	8
	项目 14	变频恒压供水系统控制	8
	项目 15	四层电梯系统控制	8
	项目 16	物料搬运分拣系统控制	8
总学时数			102

本书配有学习卡资源,请登录 Abook 网站 http://abook.hep.com.cn/sve 获取相关资源。详细说明见本书"郑重声明"页。

本书由方爱平任主编。吴瑜钢、麻正亮、陈光参与了本次修订。本书部分内容参照了三菱公司的相关技术资料和相关文献。在此一并表示衷心的感谢。

由于编者水平有限,书中难免存在不足之处,恳请读者指正。读者意见反馈信箱为 zz_dzyj @ pub.hep.cn。

编　者

2023 年 6 月

目 录

概　　述

项目 1　认识 PLC

□【项目目的】

（1）认识光机电一体化控制实训系统。

（2）了解 PLC 的特点和结构。

（3）学会安装和使用 GX-Developer 软件。

□【项目任务】

自 20 世纪以来,随着科学技术的不断进步,工业生产初步实现现代化,在工业生产中流水线是比较常用的一种自动化模式,在实际的生产过程中,经常要对流水线上的产品进行分拣。以前分拣系统的电气控制大多采用继电器和接触器,这种操作方式存在劳动强度大、能耗高等缺点。随着工业现代化的迅猛发展,继电器控制系统无法达到相应的控制要求。因而被 PLC（可编程控制器）控制所取代。我们先来了解一个利用 PLC 实现控制的系统。

图 1-1 所示为某生产流水线用于分拣黑白物料的机械装置模拟图。此生产流水线的机械手工作顺序为:向下→抓住球→向上→向右→向下→释放球。在这个过程中,可以把两种不同的物料运送到不同的地方。

□【项目分析】

通过对图 1-1 所示模拟图的分析,可看出整个任务涉及多个信号和多个动作的处理。为了更清楚地了解整个过程,我们采取成套的光机电一体化实训设备来完成一个类似的任务,在这个过程中感受 PLC 的作用。

□【项目实施】

要完成上面生产流水线的分拣控制,可以借助实训设备的机械手装置进行模拟操作,具体

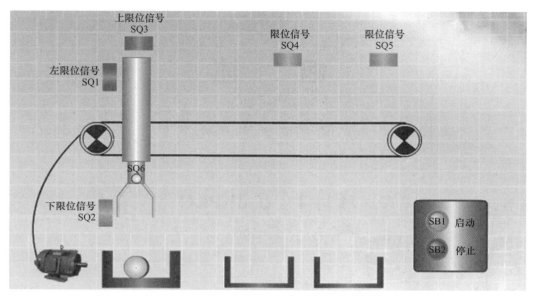

图 1-1　分拣黑白物料的机械装置模拟图

动作如下：

（1）按下面板上的"启动"按钮，机械手回到初始位置，如图 1-2（a）所示。机械手移动到物料 A 处，抓起物料，手爪装备中有光电传感器，通过光电传感器判断黑白物料的情况。抓起白色物料，如图 1-2（b）所示。抓起黑色物料，如图 1-2（c）所示。

（2）判断完黑白物料后，控制机械装置中转盘的直流减速电动机动作，此时旋转编码器开始发送数据，发送的数据经过处理后，直流减速电动机的旋转时间与数据发送的时间有关，当达到所需要的数值时直流减速电动机停止，机械手可以到达指定的地点（B 处或 C 处），如图 1-2（d）、（e）所示，从而进行分拣。

（3）装置上的三相步进电动机驱动器控制三相步进电动机的旋转，带动丝杠旋转进而使机械手上升或下降，步进电动机旋转的圈数决定了机械手上升和下降的距离。同理，机械手的伸出或收缩也是通过三相步进电动机来实现的，如图 1-2（f）所示。

综上所述，我们知道这是一个比较复杂的动作系统，有传感器的信号处理、步进电动机的控制、直流电动机的控制等，这些部件能有机地联系在一起，有目的地完成规定任务，都是通过 PLC 来进行控制和处理的，PLC 起着"指挥官"的作用。

（a）机械手初始位置

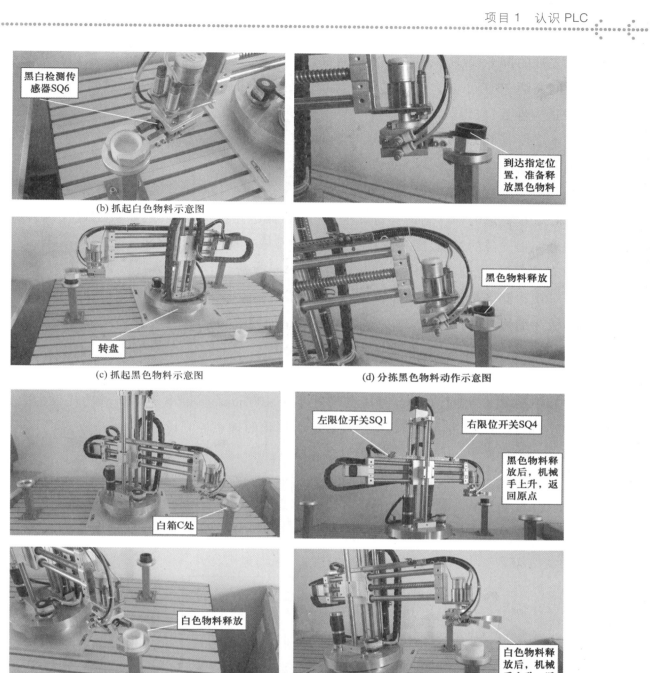

图 1-2　机械手工作示意图

□【知识链接】

链接一　PLC 的特点

1. 可靠性高,抗干扰能力强

可靠性是电气控制设备的关键性能。PLC 由于采用现代大规模集成电路技术,内部电路采取了先进的抗干扰技术,具有很高的可靠性。例如,三菱公司生产的 F 系列 PLC 平均无故障工作时间高达 30 万小时。一些使用冗余 CPU 的 PLC 的平均无故障工作时间则更长。

2. 适应性强,应用灵活

基本上所有 PLC 厂家均具有大、中、小规模的系列化产品,而且有各种扩展模块,可用于各种规模的工业控制场合。

3. 编程方便,易学易用

PLC 编程首选的梯形图语言与继电器-接触器电路极为相似,容易被工程技术人员掌握。而且随着编程软件的发展,编程变得更加方便。

4. 系统的设计、建造工作量小,维护方便,容易改造

PLC 用存储逻辑代替接线逻辑,大大减少了控制设备外部的接线,使控制系统设计及建造的周期大为缩短,同时也易于维护。更重要的是使同一设备通过改变程序就可改变生产过程成为可能,这很适合多品种、小批量的生产场合。

5. 体积小,质量轻,能耗低

以超小型 PLC 为例,有的品种底部尺寸小于 100 mm,质量小于 150 g,功耗仅为数瓦。由于体积小,很容易装入机械内部,是实现机电一体化的理想控制设备。

链接二 FX 系列 PLC

一、PLC 的结构

PLC 通常由主机、输入/输出接口、电源、编程器扩展器接口和外部设备接口等部分组成,如图 1-3 所示。

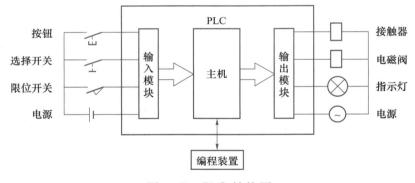

图 1-3 PLC 结构图

1. 主机

主机包括中央处理器(CPU)、系统程序存储器和用户程序及数据存储器。CPU 是 PLC 的核心。

2. 输入/输出(I/O)接口

I/O 接口是 PLC 与输入/输出设备连接的部件。输入接口接收输入设备(如按钮、传感器、

触点、限位开关等)的控制信号。输出接口是将经主机处理后的结果通过功放电路去驱动输出设备(如接触器、电磁阀、指示灯等)。I/O 点数即输入/输出端子数是 PLC 的一项主要技术指标,通常小型机有几十个点,中型机有几百个点,大型机的点数超过千点。

3. 电源

图 1-3 中的电源是指为 CPU、存储器、I/O 接口等内部电路工作所配置的直流开关稳压电源,通常也为输入设备提供直流电源。

4. 编程器

利用手持编程器,用户可以输入、检查、修改、调试程序或监视 PLC 的工作情况。除手持编程器外,还可通过适配器和专用电缆将 PLC 与计算机连接,并利用专用的工具软件进行编程和监控。

二、PLC 的工作原理

PLC 是采用"顺序扫描、不断循环"的方式进行工作的。即在 PLC 运行时,CPU 根据用户按控制要求编制好并存于用户存储器中的程序,按指令步序号(或地址号)做周期性循环扫描,从第一条指令开始逐条顺序执行用户程序,直至程序结束。然后重新返回第一条指令,开始下一轮新的扫描。

三、PLC 的外部结构

可编程控制器的种类和型号很多,外部结构也各有特点。但不论哪种类型,PLC 的外部结构基本包括 I/O 接口(用于连接外围 I/O 设备)、PLC 与编程器连接口、PLC 执行方式开关、LED 指示灯(包括 I/O 指示灯、电源指示灯、PLC 运行指示灯和 PLC 程序自检错误指示灯)和 PLC 通信连接与扩展接口等。图 1-4 所示为 FX$_{3U}$-48MR 型 PLC 的外部结构。

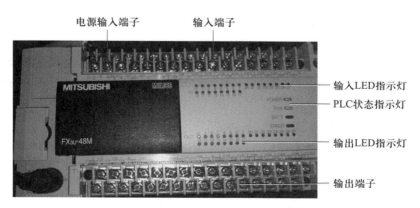

图 1-4 FX$_{3U}$-48MR 型 PLC 的外部结构

四、FX 系列 PLC 简介

1. FX 系列 PLC 的命名方式

FX 系列 PLC 包括 FX$_0$、FX$_{1N}$、FX$_{2N}$ 和 FX$_{3U}$ 等,其中 FX$_{3U}$ 系列是比较新的产品。

FX 系列 PLC 基本单元和扩展单元的型号是由字母和数字组成的,其型号格式为 FX□-

□□□□,如图 1-5 所示。

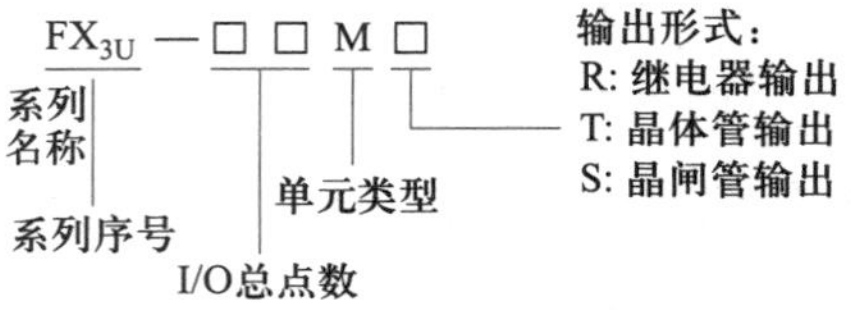

其中□的含义从左到右依次如下。

（1）系列序号：有 0、1、2、0N、2N、3U，如 FX$_2$、FX$_0$、FX$_{0N}$、FX$_{2N}$、FX$_{3U}$ 等。

（2）I/O 总点数：14~256。

（3）单元类型：M—基本单元；E—输入/输出混合扩展单元或扩展项目；EX—输入扩展项目；EY—输出扩展项目。

（4）输出形式：R—继电器输出；T—晶体管输出；S—晶闸管输出。

此外，还有特殊品种：D—输入滤波器，直流输入；A—交流电源，交流输入或交流输入项目；S—独立端子（无公共端）扩展项目；H—大电流输出扩展项目；V—立式端子排的扩展项目；F—输入滤波器 1 ms 的扩展项目；L—TTL 输入型扩展项目；C—接插口输入输出方式。

若不是特殊品种，通常为交流电源，直流输入，横式端子排，继电器输出为 2A/点，晶体管输出为 0.5 A/点，晶闸管输出为 0.3 A/点。

例如，FX$_{3U}$-48MR 表示该 PLC 为 FX$_{3U}$ 系列，I/O 总点数为 48，该模块为基本单元，采用继电器输出。

FX$_{3U}$ — □□ M □　输出形式：
系列名称　　　　R: 继电器输出
系列序号　单元类型　T: 晶体管输出
I/O总点数　　　S: 晶闸管输出

图 1-5　PLC 型号的含义

2. FX$_{3U}$ 系列 PLC 基本单元 I/O 端子排列

FX$_{3U}$-48MR 型 PLC 的 I/O 端子排列如图 1-6 所示。

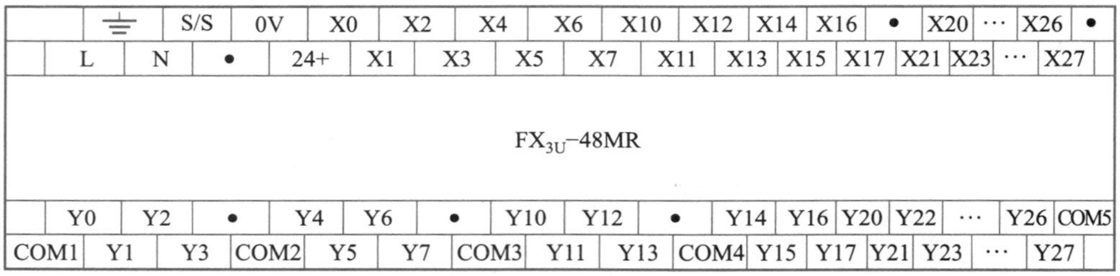

⏚	S/S	0V	X0	X2	X4	X6	X10	X12	X14	X16	•	X20	…	X26	•
L	N	•	24+	X1	X3	X5	X7	X11	X13	X15	X17	X21	X23	…	X27
						FX$_{3U}$-48MR									
	Y0	Y2	•	Y4	Y6	•	Y10	Y12	•	Y14	Y16	Y20	Y22	…	Y26	COM5
COM1	Y1	Y3	COM2	Y5	Y7	COM3	Y11	Y13	COM4	Y15	Y17	Y21	Y23	…	Y27	

图 1-6　FX$_{3U}$-48MR 型 PLC 的 I/O 端子排列

链接三　GX Developer 编程软件的安装

一、预安装

打开光盘，进入"GX-DEVELOPER-8.34"，在"EnvMEL"文件夹中双击"SETUP.EXE"，进行安装。按照界面提示信息逐步完成预安装。

二、安装 GX-DEVELOPER

进入"GX-DEVELOPER-8.34"文件夹，双击"SETUP.EXE"文件进行安装，根据界面提示信息逐步注册用户信息、输入产品序列号。

在"选择部件"对话框中,一般不需要选中"监视专用 GX Developer"复选框,如图 1-7
所示。

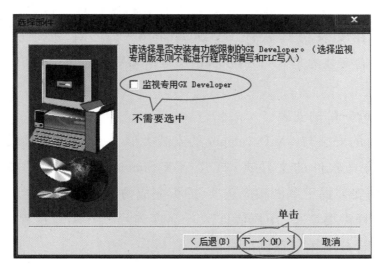

图 1-7 "选择部件"对话框之一

继续单击"下一个"按钮,需要选中"MEDOC 打印文件的读出""从 Melsec Medoc 格式导
入""MXChange 功能"复选框,如图 1-8 所示。

根据界面提示信息选择安装文件夹,完成软件的安装。

安装结束后,软件将在桌面上建立一个 GX Developer 快捷图标,同时在"开始"→"所有程
序"菜单中建立了"MELSOFT 应用程序"→"GX Developer"选项,如图 1-9 所示。双击快捷图
标或选择 GX Developer 选项,就可以启动 GX Developer 软件。

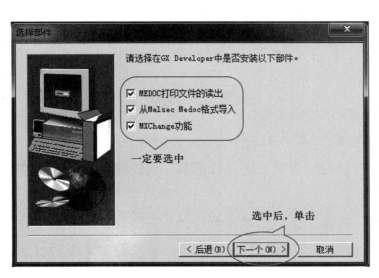

图 1-8 "选择部件"对话框之二

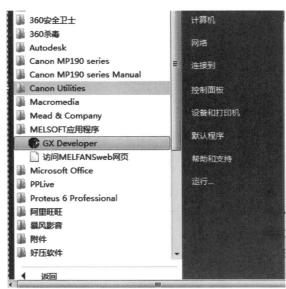

图 1-9 GX Developer 选项

链接四　仿真软件的安装

仿真软件的主要功能就是将编辑好的程序在计算机中进行虚拟运行,以验证程序的正确性。值得注意的是,在安装仿真软件 GX Simulator6-C 之前,必须先安装编程软件 GX Developer。本书中我们安装的是 GX Developer-8.34 和 GX Simulator6-C 两个版本,读者可以根据需求自行安装。

一、GX Simulator6-C 的安装

GX Simulator6-C 的安装与 GX Developer 的安装类似,只是不需要预安装环节。

进入存放 PLC 仿真软件的文件夹;打开"GX Simulator6-C"文件夹,双击文件夹中的"SETUP.EXE"。根据安装提示单击相应选项,即可完成仿真软件的安装。值得注意的是,在安装仿真软件过程中同样需要填写"用户信息""产品序列号",在填写过程中所填信息必须与安装编程软件 GX Developer 所填信息保持一致。

仿真软件安装好后不像编程软件 GX Developer 一样在桌面或者开始菜单中有图标出现。因为仿真软件被集成到编程软件 GX Developer 中了,其实仿真软件相当于编程软件中的一个插件,如图 1-10 所示。

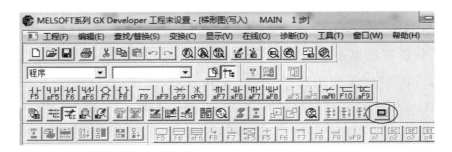

图 1-10　仿真插件

二、GX Simulator6-C 使用说明

这里举一个简单的例子进行说明。

步骤 1:启动编程软件 GX Developer,创建一个"新工程"。

步骤 2:在操作编辑区编辑一个简单的程序,如图 1-11 所示。

步骤 3:程序编辑完成后必须按 F4 键进行转换,否则无法进行仿真。程序转换后界面如图 1-12 所示,然后通过"菜单栏"启动仿真即可。

步骤 4:仿真软件启动方法有两种。第一种方法是单击菜单栏中的"工具"菜单,在其下拉菜单中选择"梯形图逻辑测试起动"选项,具体操作步骤如图 1-13 所示。第二种方法是通过快捷图标回启动仿真软件。

步骤 5:启动仿真软件后,出现仿真窗口界面,在该窗口中会显示程序运行状态,如果出错

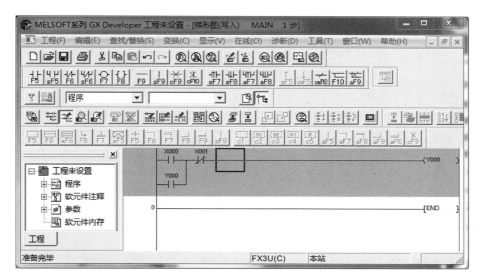

图 1-11 程序编辑过程

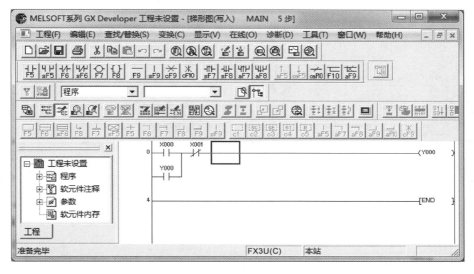

图 1-12 程序转换后界面

会有中文说明。启动仿真软件的同时,程序开始在计算机中模拟 PLC 写入过程。当程序写入完成后,这时的程序已经开始运行了。

步骤 6:此时可以通过"在线"菜单中的"调试"下拉菜单中的子菜单"软元件测试"选项,对一些输入条件进行强制"ON"或者"OFF"处理,来监控程序的运行状态。完成上述操作后会出现如图 1-14 所示的"软元件测试"对话框。在该对话框的"位软元件"栏中输入要强制的元件,如实例程序中的 X0,需要把该元件置为"ON",就单击"强制 ON"按钮。相反,如需把该元件置为"OFF",就单击"强制 OFF"按钮。同时会在"执行结果"栏中显示被强制的状态,如图 1-15 所示。进行"强制 ON"处理后,实例程序的监控画面如图 1-16 所示。

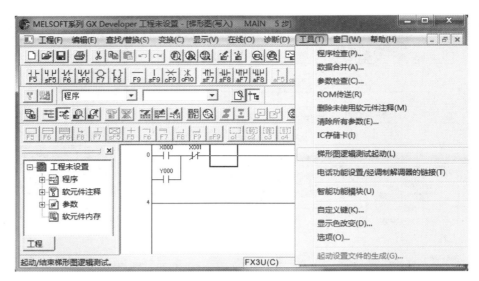

图1-13 仿真软件启动操作方法

图1-14 "软元件测试"对话框

图1-15 梯形图监视执行画面

通过监控图,可以清楚看出当X0被"强制ON"处理后,线圈Y0通电自锁。

如图1-16所示,在监控过程中接通的触点和线圈都用蓝色表示,同时可以看到元件的数据在变化。

接下来简单介绍仿真软件中对位软元件的监控和时序图的监控。

1. 位软元件的监控

对位软元件监控的具体操作步骤是:单击"启动仿真窗口"菜单栏中的"菜单起动(S)"选项,接着在其下拉菜单中选择"继电器内存监控(D)"选项,按照步骤操作后会弹出如图1-17

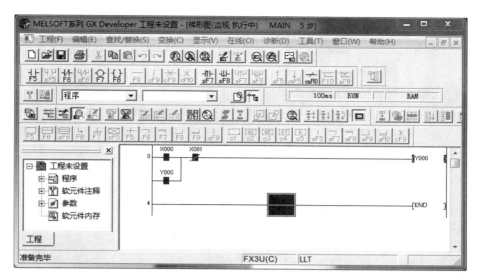

图 1-16　X0 强制"ON"处理后程序监控画面

所示窗口。继续在弹出窗口的菜单栏中单击"软元件(D)"选项,并在其下拉菜单中选择"位软元件窗口(B)"选项,最后在其子菜单中单击"Y"即可实现对输出的在线监控,操作完成后会弹出如图 1-18 所示的位软元件监控窗口(在打开的位软元件窗口中对应有各位软元件选项,这里以输出 Y 为例)。

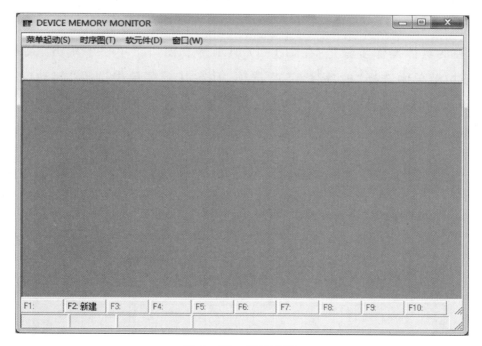

图 1-17　仿真窗口

按照上述操作步骤完成后,在位软元件监控窗口中即可监视到所有输出 Y 的状态,在图 1-18 中被置 ON 的为黄色,处于 OFF 状态的不变色。用同样的操作步骤,可以监控 PLC 内

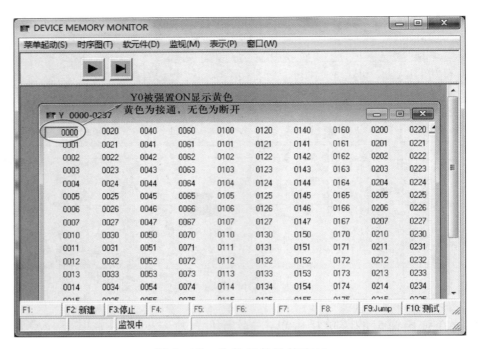

图 1-18　位软元件监控窗口

所有位软元件的状态。对于选中的位软元件双击可以强置 ON,再次双击可以强置 OFF。对于数据寄存器 D 可以直接置数,对于 T、C 也可以修改当前值,调试程序非常方便。

2. 时序图监控

时序图监控的具体操作步骤是:在图 1-17 所示仿真窗口菜单栏中单击"菜单起动(S)"选项,接着在其下拉菜单中选择"时序图(T)"选项,并在其子菜单中选择"起动(R)"选项,就会弹出图 1-19 所示的时序图监控窗口。单击窗口中的"监控停止"按钮,即可出现图 1-20 所示的各软元件变化时序图。

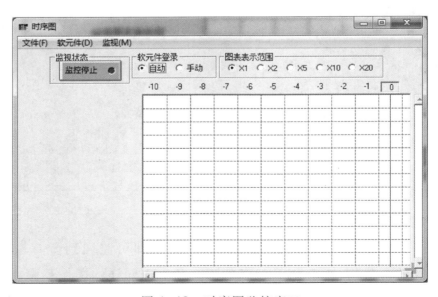

图 1-19　时序图监控窗口

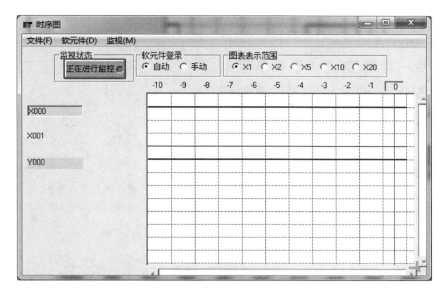

图 1-20   各软元件变化时序图

3. 监控过程中 PLC 的停止和运行

对编辑的程序进行在线仿真监控后,如果没发现程序错误,需要关闭监控,可以单击仿真窗口中的"STOP"按钮,PLC 就会停止运行,再单击"RUN"按钮,PLC 重新开始运行。

4. 退出 PLC 仿真运行

在对程序仿真测试时,通常需要对程序进行修改,这时就需要退出 PLC 仿真运行,对程序进行编辑修改。退出仿真运行的方法是:先单击仿真窗口中的"STOP"按钮,然后单击编程软件"工具"下拉菜单中的"梯形图逻辑测试结束"按钮,会弹出一个"确定"窗口。单击窗口中的"确定"按钮即可退出仿真运行。需要注意的是,此时的光标仍是蓝块,程序仍然处于监控状态,不能对程序进行编辑。因此需要单击快捷图标 (写入模式),光标变成方框后即可对程序进行编辑,编辑后再次进行转换,再启动仿真软件。

链接五   PLC 的编程语言

PLC 与计算机一样,是以指令系统程序的形式进行工作的,为用户提供的编程语言主要有:梯形图、指令表语言、逻辑功能图、流程图。各种型号的 PLC 一般以梯形图语言为主,其他编程语言为辅。

1. 梯形图

梯形图是一种图形编程语言,是一种面向控制过程的"自然语言",它沿用继电器的触点(触点在梯形图中又称为节点)、线圈、串并联等术语和图形符号,同时也增加了一些继电器、接触器控制系统中的特殊符号。梯形图语言比较形象、直观,对于熟悉继电器控制线路的电气人员来说,很容易掌握。梯形图编程需要在图形编程器或个人计算机上编程,如图 1-21(a)

所示。

2. 指令表编程语言

指令其实就是一条语句,两条及两条以上的指令集合称为指令表,也称语句表。通常一条指令由指令助记符和器件编号两部分组成。指令表语言如图1-21(b)所示。可以看出,指令表较难阅读,其逻辑关系也很难一眼看出,所以在设计时一般使用梯形图语言,配合指令表共同完成编程。

3. 逻辑功能图编程语言

功能图编程语言是一种较新的编程方法。功能图是一种类似于数字逻辑电路的编程语言,该编程语言类似于"与""或""非"门等方框来表示逻辑关系图,又称为逻辑功能图。逻辑方块图左侧为逻辑运算的输入变量,右侧为输出变量,输入、输出端的小圆圈表示"非"运算,信号自左向右流动,如图1-21(a)所示的梯形图对应的功能图如图1-21(c)所示。

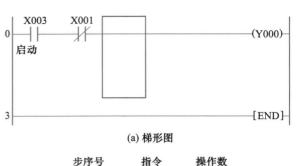

(a) 梯形图

步序号	指令	操作数
0	LD	X000
1	OR	Y000
2	ANI	X001
3	OUT	Y000

(b) 指令表

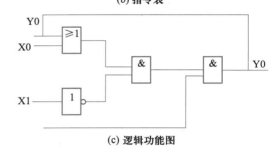

(c) 逻辑功能图

图1-21 3种主要编程语言

4. 流程图

流程图编程方式采用画工艺流程图的方法编程,只要在每一个工艺方框的输入和输出端标上特定的符号即可。就是用流程图来表达一个顺序控制过程。用这种方法编程,不需要很多电气知识,非常方便。

5. 高级语言

在一些大型PLC中,为了完成较为复杂的控制,采用功能很强的微处理器和大容量存储器,将逻辑控制、模糊控制、数值计算与通信功能结合在一起,配备BASIC、PASCAL、C等计算机语言。

PLC 基础应用项目

项目 2　三相交流异步电动机启停控制

□【项目目的】

（1）学会使用 PLC 控制三相交流异步电动机的启停。

（2）掌握三相交流异步电动机启停控制电路的工程设计与安装。

（3）熟悉并掌握 FX 系列 PLC 的基本顺控指令。

□【项目任务】

在实际生产中，三相交流异步电动机的启停控制非常基础且应用广泛。如生产线中的货物传送带、农田灌溉系统中的抽水机、大型购物商场的电梯等都是三相交流异步电动机启停控制的典型应用场景。它们的共同特征就是一个方向运转。

现有一个河沙场，堆放了大量的建筑用河沙。需要设计一个自动装载系统，当有载货卡车过来运送河沙时，按下启动按钮，传送带启动，把河沙送入卡车车厢。当卡车车厢装满河沙时，按下停止按钮，传送带停止。如此循环工作，如图 2-1 所示。

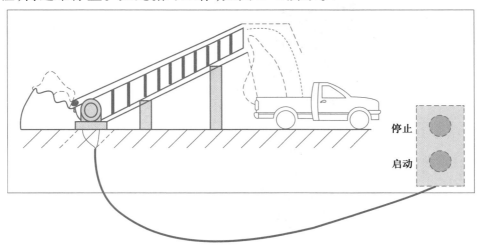

图 2-1　自动装载系统示意图

□【项目分析】

（1）功能分析

沙场的自动装载系统由三相交流异步电动机和传送带构成,由于装沙系统的功能是把堆放在地上的河沙装载到卡车上,所以传送带只需一个运行方向即可。在控制系统中设计 1 个启动按钮和 1 个停止按钮。

（2）电路分析

考虑到系统的安全性和方便性,采用组合开关控制整个系统的总电源,这使得检修十分方便。电动机采用三相交流异步电动机,控制电动机的启动和停止采用 1 个交流接触器接通和断开电源。使用 1 个热继电器进行电动机的过载保护。使用 5 个熔断器进行系统短路保护,其中系统电路包括主电路和控制电路两部分。主电路采用三相电源,使用 3 个熔断器;控制电路采用单相 220 V 电源,使用 2 个熔断器。使用 2 个控制按钮分别进行启动和停止操作。系统控制器采用 FX$_{3U}$ 系列可编程控制器。主要元器件清单见表 2-1。

表 2-1　主要元器件清单

元器件名称	元器件图形	特性
PLC FX$_{3U}$-48MR	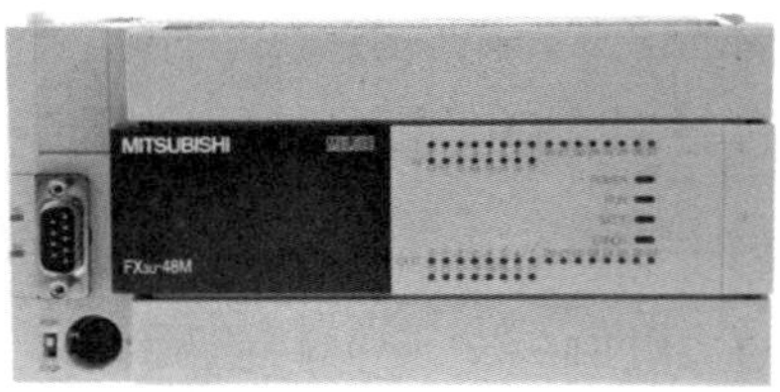	具有 24 个输入口和 24 个输出口
交流接触器		线圈额定电压为 36 V,5 个主触点,2 个动合触点,2 个动断触点
熔断器		螺旋式熔断器,高进低出

续表

元器件名称	元器件图形	特性
热继电器	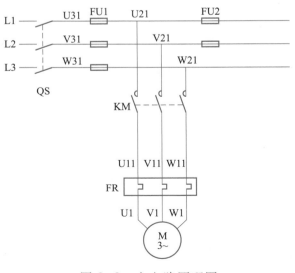	可复位的热继电器,最大整定电流 15 A
组合开关		三相组合开关,开关的闭合速度跟手柄的旋转速度无关
按钮		2 个不同颜色的按钮,每个按钮上有一对动合触点和动断触点

□【项目实施】

任务1 设计与绘制电路

一、主电路设计与绘制

根据功能分析,主电路由一个交流接触器(KM)控制启动和停止,当交流接触器动合主触点闭合使电动机接通三相电源时电动机转动。其中组合开关(QS)控制接通整个电源,熔断器(FU)是短路保护,热继电器(FR)起到电动机过载保护作用。具体的主电路原理图如图 2-2 所示。

图 2-2 主电路原理图

二、确定 PLC 输入/输出的点数

（1）确定 PLC 输入点数

根据项目的控制要求,需要给系统分配一个启动按钮、一个停止按钮和一个过载保护用热继电器,所以输入 PLC 的控制信号为 3 个,即给 PLC 分配 3 个输入端子。

（2）确定 PLC 输出点数

根据系统功能要求,控制电动机的运转和停止只需要控制交流接触器的断开和吸合,因此输出控制分配一个 PLC 输出端子即可。

本项目采用 $FX_{3U}-48MR$ 型的 PLC,完全满足 PLC 分配要求。

三、列出输入/输出地址分配表

根据输入/输出确定的点数,具体分配输入/输出地址,见表 2-2。

表 2-2 输入/输出地址分配表

输入			输出		
输入继电器	电路元件	作用	输出继电器	电路元件	作用
X0	SB1	启动按钮	Y0	KM	正转接触器
X1	SB2	停止按钮			
X2	FR	过载保护			

四、控制电路设计与绘制

根据地址分配表,已经可以确定 PLC 的端口接线,但在实际工程中需要考虑电路的安全,所以要充分考虑保护措施。本电路就要考虑过载保护,用热继电器进行过载保护。根据这些考虑绘制控制电路原理图,如图 2-3 所示。

任务 2 绘制接线图

一、元器件布置图绘制

如果有条件,可以采用一体化的 PLC 实训台。如果没有 PLC 实训台,则可采用一块配线板,在板上布置元器件,如图 2-4 所示。在配线板上用线槽围起来的部分代表控制箱内的电气元件接线,线槽以外的部分代表控制按钮,控制箱内的元器件与外部的元器件必须通过端子排来连接(后面项目同此处理)。由于交流接触器的线圈额定电压为 36 V,所以采用

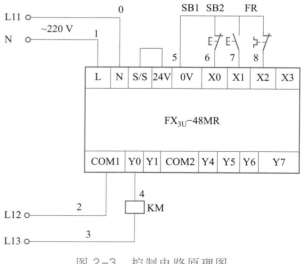

图 2-3 控制电路原理图

一个控制变压器。

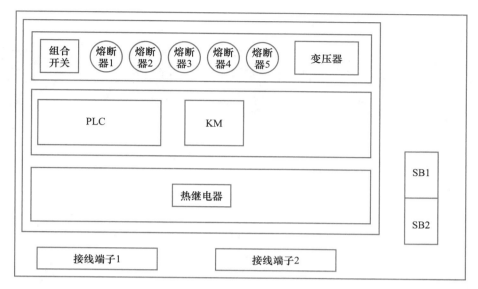

图 2-4 配线板元器件布置图

二、绘制主电路布局接线图

根据电气原理图,绘制出主电路的模拟接线图。图 2-5 所示为采用配线板的主电路模拟接线图,图 2-6 所示为采用实训台的模拟接线图。

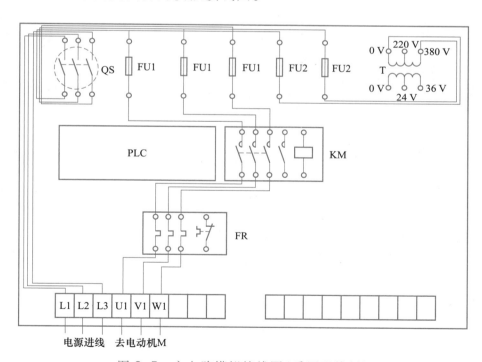

图 2-5 主电路模拟接线图(采用配线板)

根据电气原理图,绘制出控制电路的模拟接线图。图 2-7 所示为采用配线板的模拟接线图,图 2-8 所示为采用实训台的模拟接线图。

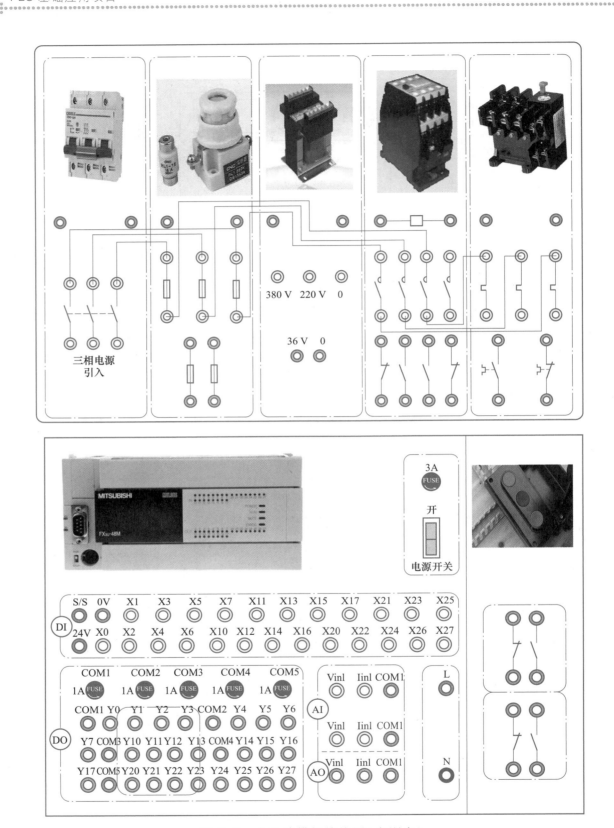

图 2-6　主电路模拟接线图(实训台)

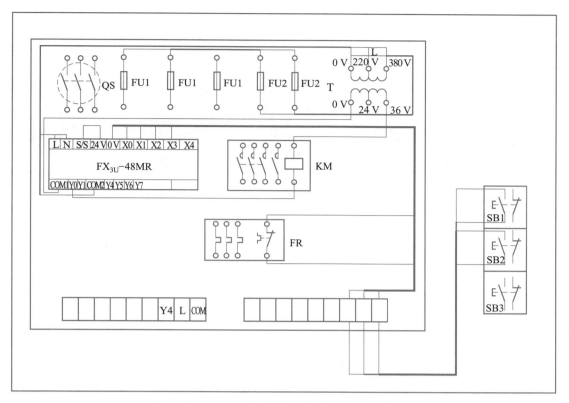

图 2-7　控制电路模拟接线图（采用配线板）

任务 3　安装电路

这个任务的基本操作步骤可以分为：清点工具和仪表→元器件检查（实训台上检查需要用到的元器件）→安装元器件（实训台上已固定）→布线→自检。

一、清点工具和仪表

根据任务的具体内容，选择工具和仪表，见表 2-3。放在固定位置，如图 2-9 所示。

表 2-3　工具、仪表选用

序号	工具或仪表名称	型号或规格	数量	作用
1	一字螺丝刀	100 mm	1	电路连接与元器件安装
2	一字螺丝刀	150 mm	1	电路连接与元器件安装
3	十字螺丝刀	100 mm	1	电路连接与元器件安装
4	十字螺丝刀	150 mm	1	电路连接与元器件安装
5	尖嘴钳	150 mm	1	
6	斜口钳	选择	1	
7	剥线钳	选择	1	
8	电笔	选择	1	
9	万用表	选择	1	

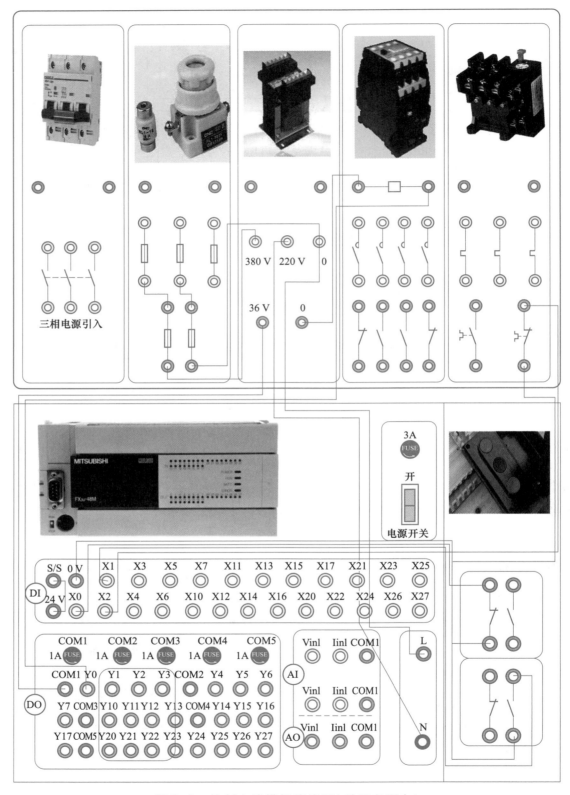

图 2-8　控制电路模拟接线图(采用实训台)

图 2-9 工具摆放

二、列出所用元器件清单

本项目所用元器件清单见表 2-4。

表 2-4 元器件清单

序号	名称	型号与规格	单位	数量
1	PLC	FX_{3U}-48MR 或自定	台	1
2	计算机	自定	台	1
3	绘图工具	自定	套	1
4	绘图纸	B4	张	4
5	三相电动机	Y112M-4,4kW、380V、Δ 形联结;或自定	台	1
6	组合开关	—	个	1
7	交流接触器	CJ10-20,线圈电压 36V	个	2
8	变压器	BK-50	个	1
9	热继电器	JR16-20/3,整定电流 8.8A	个	1
10	熔断器及配套熔体	RL6-60/20A	套	3
11	熔断器及配套熔体	RL6-15/4A	套	2
12	按钮	LA10-3H 或 LA4-3H	个	1
13	接线端子排	JX2-1015,500V(10A、15 节)	条	4
14	线槽	30 mm×25 mm	m	5

三、元器件检查

配备所需元器件后,先进行元器件检测。检测包括两部分:外观检测和采用万用表检测。外观检测主要检测元器件外观有无损坏,元器件上所标注的型号、规格、技术数据是否符合要求,以及一些动作机构是否灵活,有无卡阻现象。

* 元器件外观检测(见表2-5)

表2-5 元器件外观检测

代号	名称	图示	操作步骤、要领及结果
FU	熔断器		1. 看型号中的熔断器额定电流是否符合要求 2. 看外表是否破损 3. 看接线座是否完整 结果:
QS	组合开关		1. 看型号是否符合标准 2. 看外表是否破损 3. 看开关转动是否灵活,是否有卡阻 结果:
KM	交流接触器		1. 看型号中的额定电流、额定电压是否符合要求 2. 看外表是否破损 3. 看触点动作是否灵活,是否有卡阻 4. 看触点结构是否完整,特别是有没有垫片 结果:
SB	按钮		1. 看型号是否符合要求 2. 看外表是否破损 3. 看动作是否灵活,是否有卡阻 4. 看触点结构是否完整,特别是有没有垫片 结果:
	接线端子排		1. 看型号是否符合要求,端口数是否足够 2. 看外表是否破损 3. 看触点结构是否完整,特别是有没有垫片 结果:

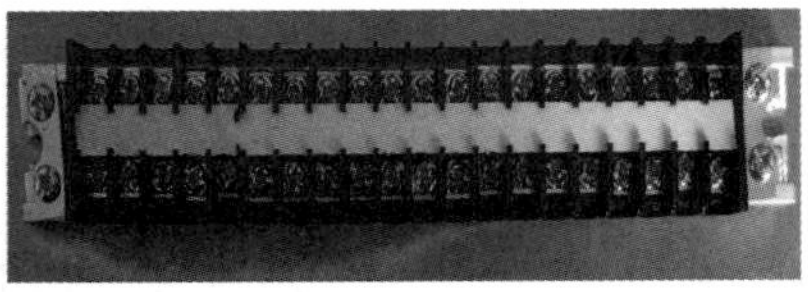

代号	名称	图示	操作步骤、要领及结果
	PLC	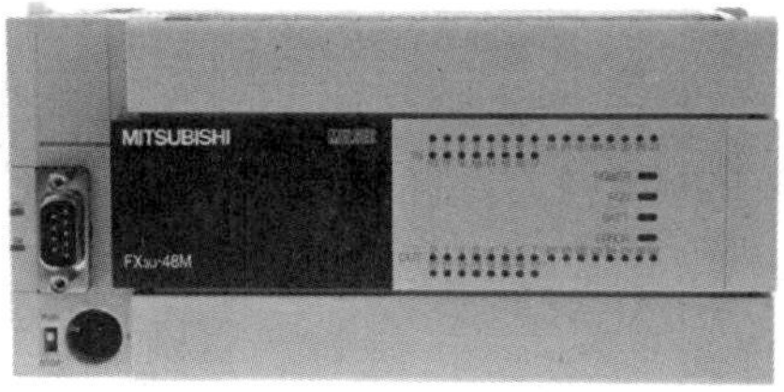	1. 看型号是否符合要求,端口数是否足够 2. 看外表是否破损 3. 看触点结构是否完整,特别是有没有垫片
			结果:
FR	热继电器		1. 看型号是否符合要求,端口数是否足够 2. 看外表是否破损 3. 看触点结构是否完整,特别是有没有垫片
			结果:

- 万用表检测(见表 2-6)

表 2-6 万用表检测

内容	图示	操作步骤、要领及结果
接触器线圈		万用表选择 $R\times100$ 挡,测量线圈电阻。如果阻值在 $1\sim2$ kΩ 之间,则正常;若阻值为无穷大,则线圈断路
		结果:
接触器触点	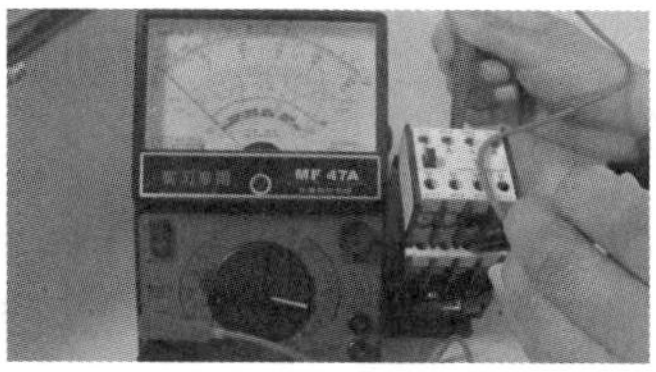	1. 万用表选择 $R\times1$ 挡,测量动断触点电阻。正常时接近零。用手拨动触点,读数变为无穷大 2. 万用表选择 $R\times1$ 挡,测量动合触点电阻。正常时接近无穷大。用手拨动触点,读数变为零
		结果:

内容	图示	操作步骤、要领及结果
熔断器	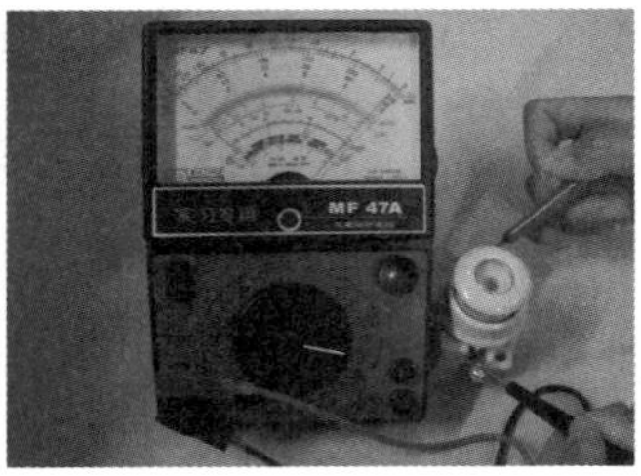	万用表选择 $R\times1$ 挡,测量上下接线座之间的电阻。正常时接近零。如果为无穷大,则可能熔体接触不良或熔体烧坏
		结果:
热继电器	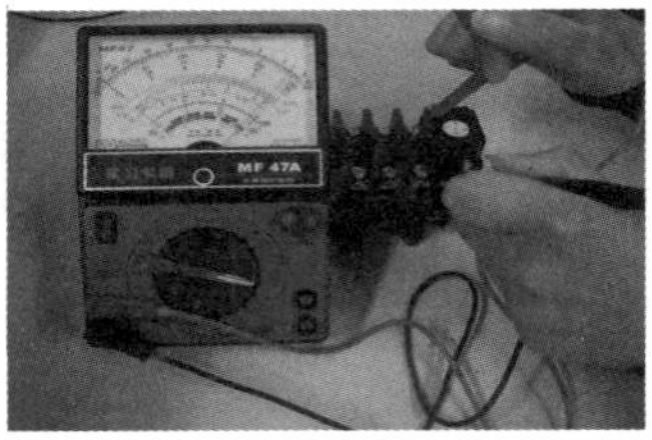	1. 万用表选择 $R\times1$ 挡,测量动断触点电阻。正常时接近零。手动复位按钮,读数变为无穷大 2. 万用表选择 $R\times1$ 挡,测量发热元件触点电阻。正常时接近零
		结果:
接线端子排	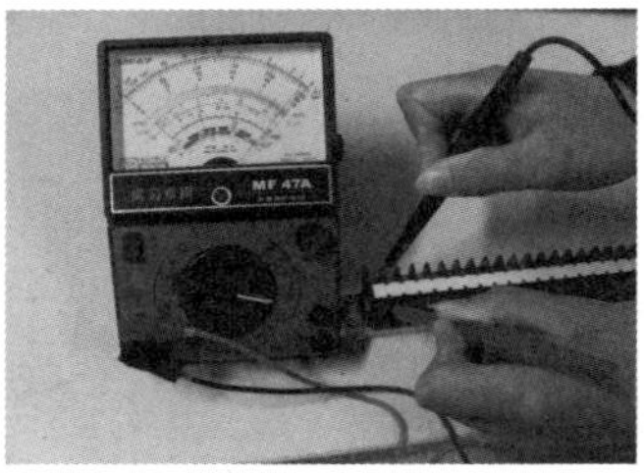	万用表选择 $R\times1$ 挡,测量端子两端触点电阻。正常时接近零
		结果:

◀╎ 提示:用手拨动元器件时,不能用力太猛,否则容易损坏元器件。但也不可太轻,否则起不到模拟通电动作的作用。

四、安装元器件

确定元器件完好之后,就需把元器件固定在配线木板上(实训台已经固定)。元器件要按照元器件布置图来安装。

(1)各个元器件的安装位置应该整齐、均匀,间距合理。

(2)紧固元器件应该用力均匀,元器件应该安装平稳,并且注意元器件的安装方向。具体的安装步骤见表 2-7。

表 2-7　安 装 步 骤

步骤	操作内容	过程图示	操作步骤及要领
1	熔断器安装		
2	组合开关安装		
3	交流接触器安装		1. 组合开关、熔断器的受电端应安装在控制板的外侧,并使熔断器的受电端为底座的中心端
4	PLC 安装		2. 各元器件的安装位置应整齐、匀称、间距合理并便于更换元器件 3. 紧固各元器件时应用力均匀,紧固程度适当。在紧固熔断器、接触器等易碎裂元器件时,应用手按住元器件一边轻轻摇动,一边用螺丝刀轮流旋紧对角线的螺钉,直至手感摇不动后再适当旋紧一些即可
5	接线端子板安装		
6	按钮安装		

▶ 提示:检验元器件质量应在不通电的情况下进行,用万用表检查各触点的分、合情况是否良好。检验接触器时,用手按下主触点并用力均匀,切忌使用螺丝刀并用力过猛,以防触点变形。同时应检查接触器线圈电压与电源电压是否相符。

五、布线

一般来说,主电路和控制电路是分开接的。布线的具体工艺要求如下:

(1)各元器件接线端子引出导线的走向,以元器件的水平中心线为界限,在水平中心线以上的接线端子引出线的导线,必须进入元器件上面的行线槽;在水平中心线以下的接线端子引出的导线,必须进入元器件下面的行线槽。任何导线都不允许从水平方向进入行线槽。

(2)各元器件接线端子上引入或引出的导线,除间距很小和元器件机械强度很差允许直接架空敷设外,其他导线必须经过行线槽进行连接。

(3)进入行线槽内的导线要完全置于行线槽内,并应尽可能避免交叉,装线不得超过其容量的70%,以便能盖上行线槽盖和便于今后装配及维修。

(4)各元器件与行线槽之间的外露导线,应走线合理,并应尽可能做到横平竖直,变换走向要垂直。同一个元器件上位置一致的端子上引出或引入的导线,要敷设在同一平面上,并应做到高低一致或前后一致,不得交叉。

(5)所有接线端子、导线接头上都应套有与电路图上相应接点线号一致的编码套管,并按线号进行连接。

(6)一般一个接线端子只能连接一根导线,如果采用专门设计的端子,可以连接两根或多根导线,并应严格按照连接工序的工艺要求进行。

(7)导线与接线端子或接线桩连接时,不得压绝缘层,不反圈,露铜不过长。

元器件固定好之后,可按照表2-8所示步骤完成布线。

▶ 提示:安装过程根据任务2电路模拟接线图来完成。

表2-8 接线步骤

步骤	操作内容	过程图示	操作步骤及要领
1	"0"号线装接	 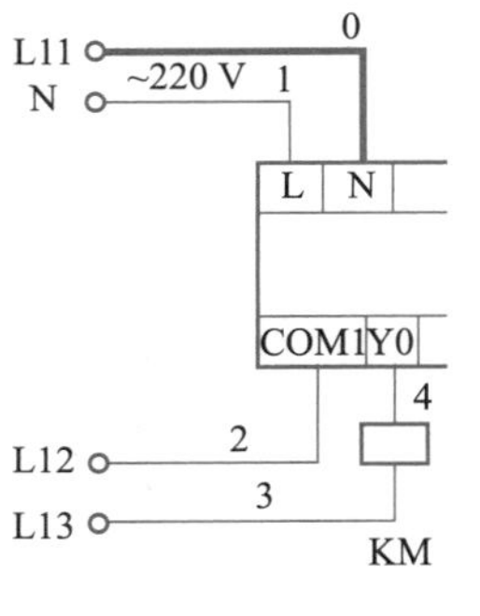	根据原理图中的"0"号线接第一根线,PLC接零端"N"接到电源进线"L11",如左图粗线

续表

步骤	操作内容	过程图示	操作步骤及要领
2	"1"号线装接		 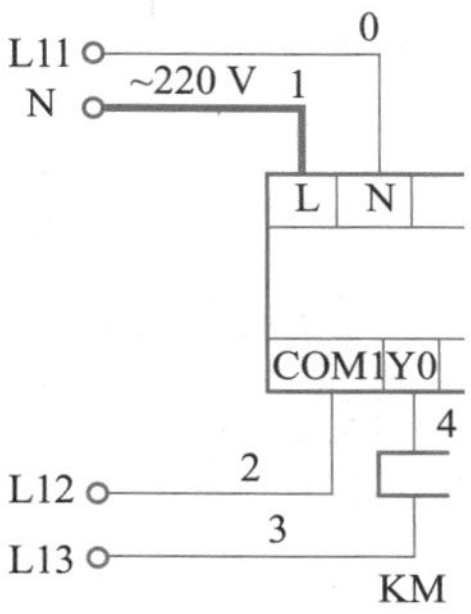 根据原理图中的"1"号线,从 PLC "L"端接到熔断器 2 下接线端子,如左图粗线。完成 PLC 工作电源接线
3	"2"号线装接		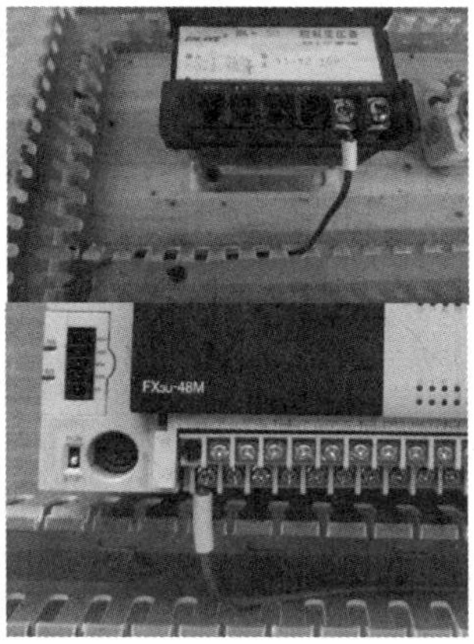 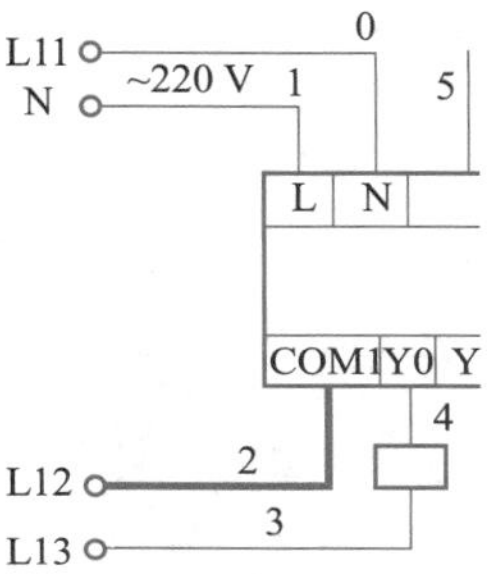 "2"号线是 PLC 外围输出电源的公共端 COM1 与熔断器 3 下接线端相接,形成负载断路保护,如左图粗线
4	"3"号线装接		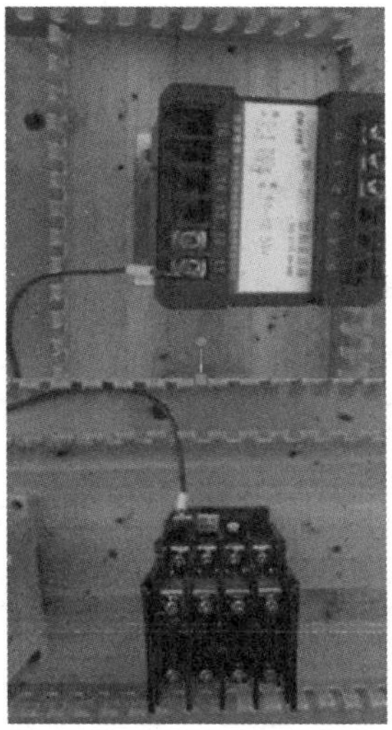 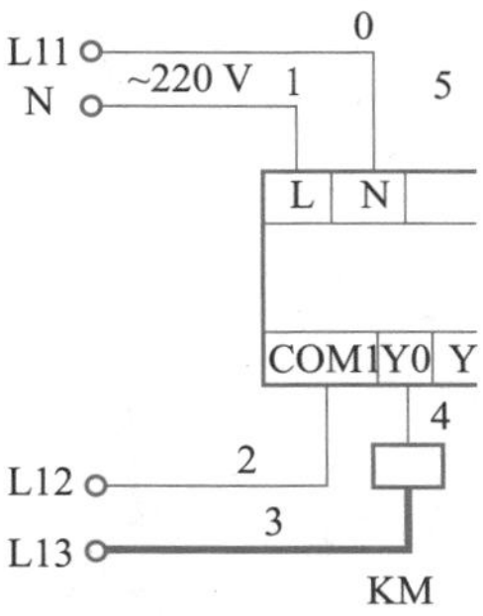 "3"号线是 PLC 外围输出电源另一端与"2"号线形成对负载"KM"线圈的供电,直接与 L13 相接,如左图粗线

续表

步骤	操作内容	过程图示	操作步骤及要领
5	"4"号线装接		接触器"KM"线圈另一端与 PLC 输出端"Y0"相接,同 PLC 梯形图中驱动输出线圈相一致,如左图粗线
6	"5"号线装接		"5"号线将 3 个输入按钮 SB1(动合)、SB2(动断)和复位按钮 FR(动断)一端接一起,与 PLC 的"0V"相连,如左图粗线
7	"6"号线装接		输入按钮 SB1(动合)的另一端接 PLC 输入信号"X0",如左图粗线

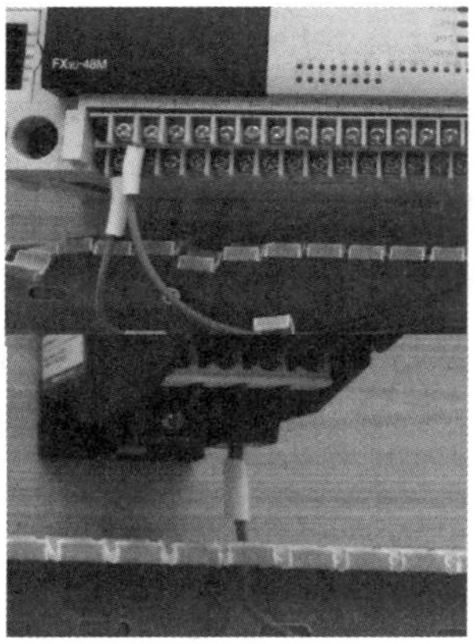

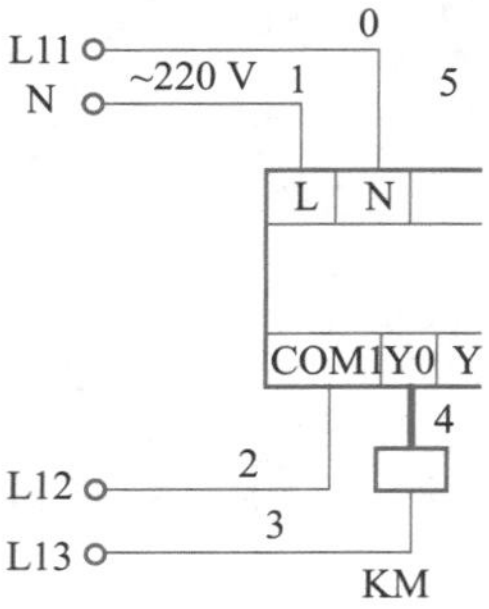

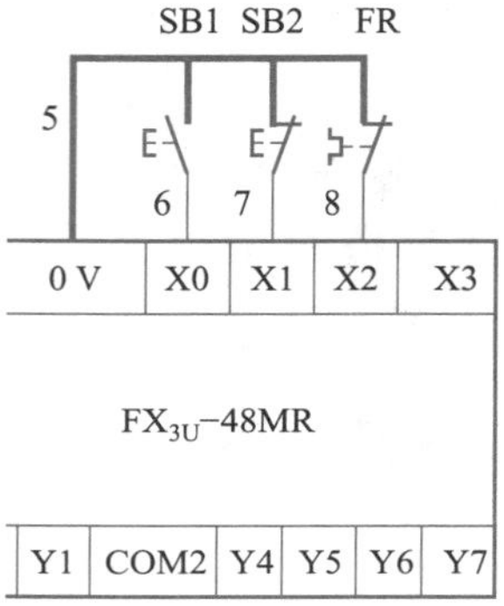

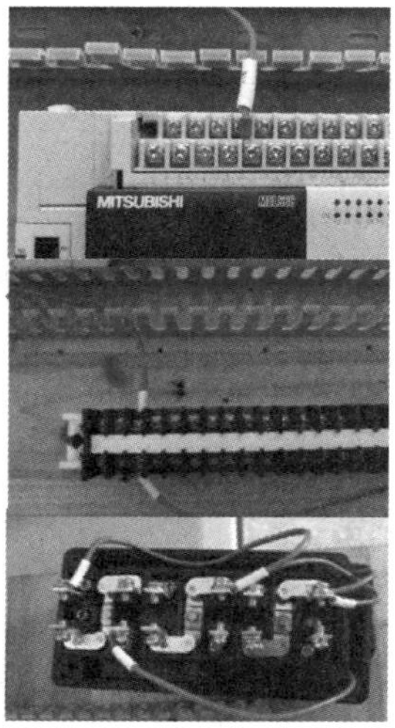

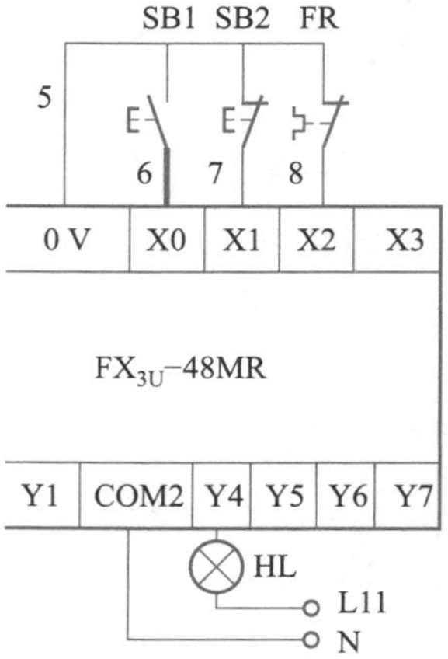

步骤	操作内容	过程图示	操作步骤及要领
8	"7"号线装接		 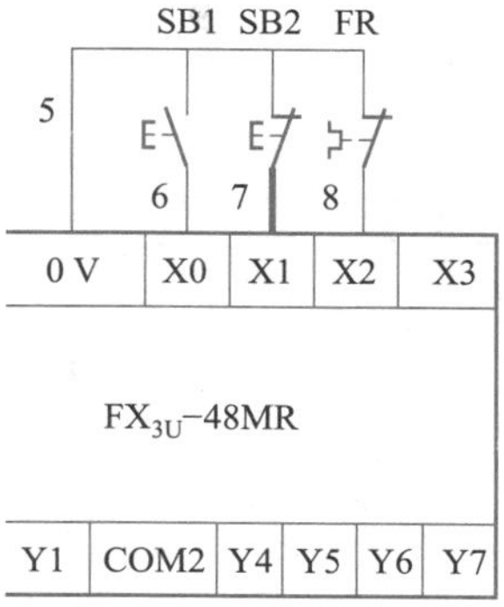 输入按钮 SB2（动断）的另一端接 PLC 输入信号 "X1"，如左图粗线
9	"8"号线装接		 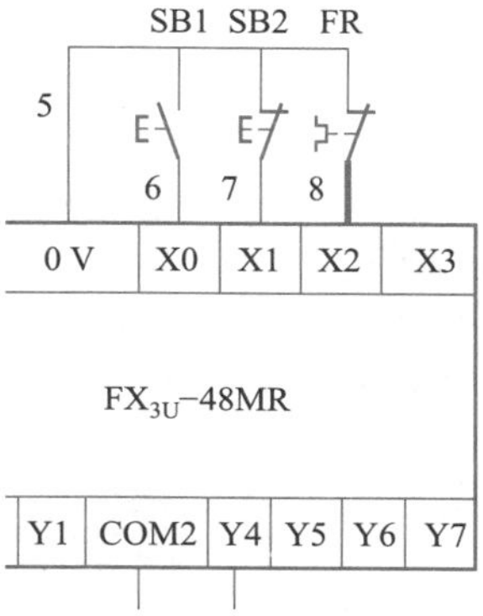 复位按钮 FR（动断）的另一端接 PLC 输入信号 "X2"，如左图粗线
10	"U31""V31""W31"线装接		 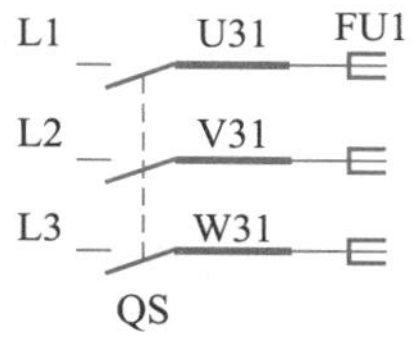 接完控制电路后进行主电路的装接，先装接 "U31""V31""W31" 这 3 根线，如左图粗线
11	"U21""V21""W21"线装接		 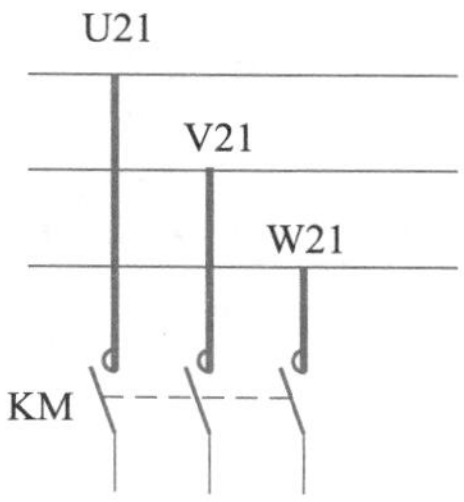 装接 "U21""V21""W21" 这 3 根线，与熔断器 FU1、FU2、KM 主触点相连，如左图粗线

续表

步骤	操作内容	过程图示	操作步骤及要领
12	"U11" "V11" "W11" 线装接		 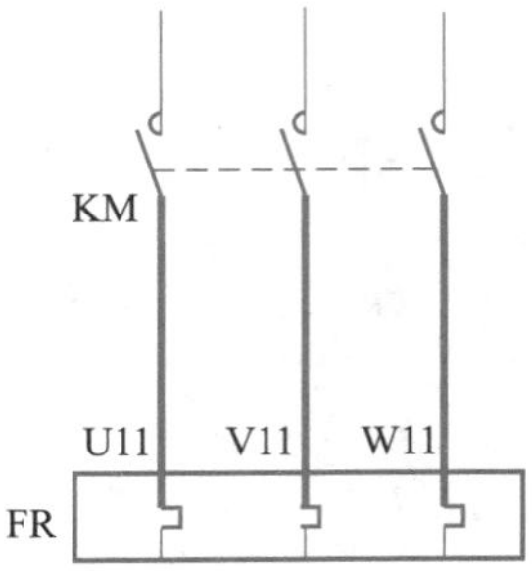 装接 "U11" "V11" "W11" 这 3 根线,KM 主触点与热继电器复位按钮 FR 相连,如左图粗线
13	"U1" "V1" "W1" 线装接		 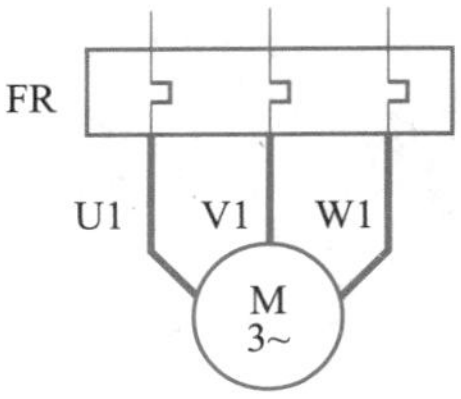 "U1" "V1" "W1" 线接电动机 M,从接触器 KM 的主触点引向电动机 M,如左图粗线
14	"L1" "L2" "L3" 线装接		 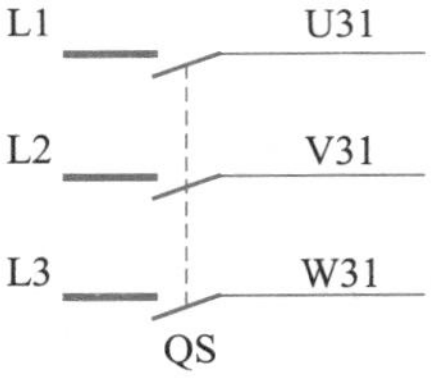 接完主电路,最后装接电源这 3 根线,如左图粗线

续表

步骤	操作内容	过程图示	操作步骤及要领
		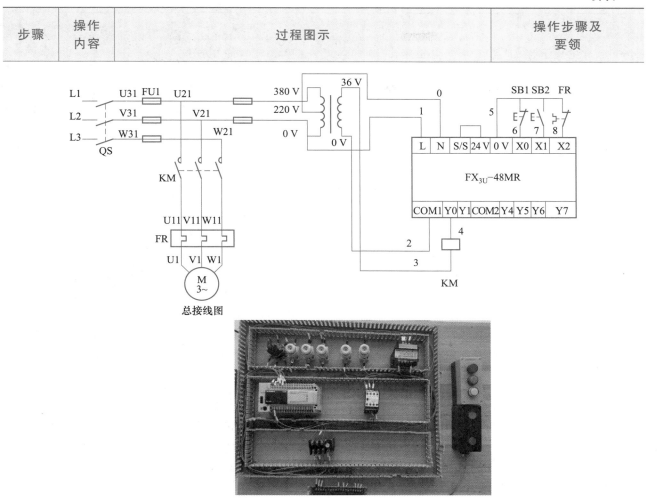	

总接线图

六、自检

安装完成后,必须按要求进行检查。

(1) 检查布线。根据电路图检查是否掉线、错线,是否漏编、错编,接线是否牢固等。

(2) 使用万用表检查。按照表 2-9,使用万用表 R×1 挡检测安装的电路。若检查的阻值与正确的阻值不符,应根据电路图检查是否有错线、掉线、错位、短路等。

任务 4 程序设计

方法一:根据电动机联锁控制的控制要求,编写梯形图程序。编写程序可以采用逐步增加、层层推进的方法。

(1) 不考虑指示灯,只着眼每一转向的单独控制。对一个方向的控制就是电动机的单向持续运转,程序的设计目标就是完成上个项目的任务。按照这个思路,对照确定的输入/输出地址,设计出程序基本框架,如图 2-10 所示。

表 2-9　使用万用表检测电路的过程

测量要求	测量过程				正确阻值	测量结果
	测量任务	总工序	工序	操作方法		
空载	测量主电路	合上 QS,断开控制电路熔断器 FU2,分别测量三相电源 L1、L2、L3 三相之间的阻值	1	所有元器件不动作	∞	
			2	压下 KM	∞	
		接通 FU2,测量 L1、L2 两相之间的阻值	4	所有元器件不动作	变压器一次绕组的阻值	
有载	测量主电路	合上 QS,断开控制电路熔断器 FU2,分别测量三相电源 L1、L2、L3 三相之间的阻值	5	所有元器件不动作	∞	
			6	压下 KM	电动机 M 两相定子绕组阻值之和	
空载或有载	测量 PLC 输入电路	测量 PLC 电源输入端 L、N 之间的阻值	7	所有元器件不动作	变压器二次绕组的阻值	
		测量 PLC 电源输入端 L 与 COM 之间的阻值	8	所有元器件不动作	∞	
		测量 PLC 公共端 COM1 与 X0、X1、X2 间的阻值	9	所有元器件不动作	几欧至几十欧	
		测量 PLC 公共端 COM1 与 X0、X1、X2 间的阻值	10	分别按下两个按钮及用手拨动热继电器	约为 0	
	测量 PLC 输出电路	测量 PLC 输出点 Y0 与公共端 COM1 的阻值	11	所有元器件不动作	二次绕组与 KM 线圈阻值之和	
检测完毕,断开 QS,元器件恢复原样						

图 2-10　程序基本框架

（2）考虑指示灯和过载保护,设计出完整的程序,如图2-11所示。

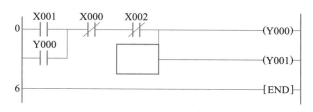

图2-11 完整的程序

方法二:运用中间继电器M0编写程序,如图2-12所示。

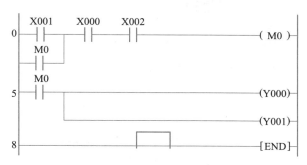

图2-12 运用中间继电器M0编写的程序

任务5 调试

一、程序的输入（见表2-10）

表2-10 程序输入步骤表

序号	内容	图示	操作提示
1	打开程序	MELSOFT系列 GX Developer	双击程序图标,运行编程软件
2	创建新工程	工程(F) 编辑(E) 查找/替换(S) 显示(V) 在线(O) 诊断(D) 创建新工程(N)... Ctrl+N 打开工程(O)... Ctrl+O 关闭工程(C) 保存工程(S) Ctrl+S 另存工程为(A)... 删除工程(D)... 校验(K)... 复制(T)... 编辑数据(F) 改变PLC类型(H)... 读取其他格式的文件(I) 写入其他格式的文件	打开程序之后出现工作界面,单击菜单"工程"→"创建新工程"命令

序号	内容	图示	操作提示
3	设置工程	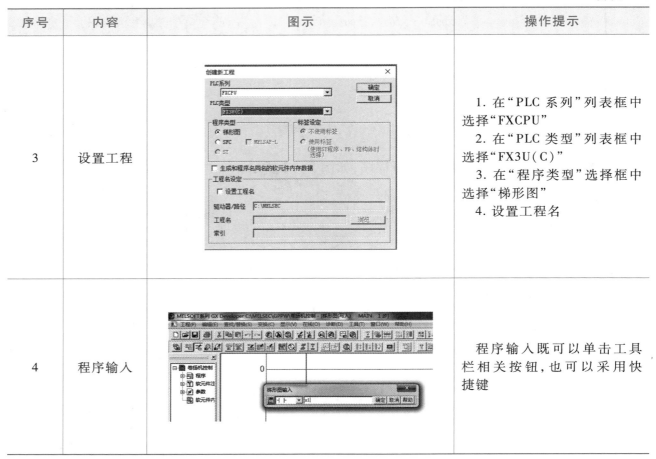	1. 在"PLC 系列"列表框中选择"FXCPU" 2. 在"PLC 类型"列表框中选择"FX3U（C）" 3. 在"程序类型"选择框中选择"梯形图" 4. 设置工程名
4	程序输入		程序输入既可以单击工具栏相关按钮,也可以采用快捷键

二、仿真软件调试

1. 将编写好的程序转换完成后,单击界面的仿真图标 ▣,将程序写入。写入完成后系统处于调试运行界面,如图 2-13 所示。

图 2-13 调试运行界面

2. 将光标放在需要调试的节点处并右击,选择软元件测试或者运用快捷键 Alt+1,打开软元件测试界面,输入"X001",如图 2-14 所示。

3.故障分析

故障现象:强制 X1 为 ON,线圈 M0 未通电(或者按下启动按钮电动机未启动),如图 2-15 所示。

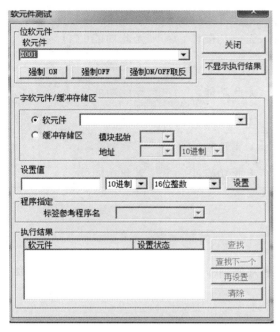

图 2-14 软元件测试界面

图 2-15 故障分析

故障分析:从模拟监控上可以看得出,X0 并未接通,说明在运行过程中,X0 已经被强制为 OFF,所以动断按钮就断开了(或者在外部接线过程中动断按钮已经断开)。

故障排除:通过选择软元件测试或者运用快捷键 Alt+1,打开软元件测试界面输入"X000", 单击"强制 ON"按钮,程序即可恢复正常工作(或者更换动断按钮)。

三、系统调试

◀▥ 提示:必须在教师的现场监护下进行通电调试!

通电调试,验证系统功能是否符合控制要求。调试过程分为两大步:程序输入 PLC 和功能 调试。

(1)单击菜单"在线"→"PLC 写入"命令,下载程序文件到 PLC。

(2)功能调试。按照工作要求,模拟工作过程逐步检测功能是否达到要求。

① 按下启动按钮 SB1,观察电动机是否能够启动运行。如果能,则说明启动程序正确。

② 按下停止按钮 SB2,观察电动机是否能够停转。如果能,则说明停止程序正确。

③ 在转动时,按下热继电器 FR 复位按钮,观察电动机是否能够停转。如果能,则说明过 载保护程序正确。

(3)填写调试情况记录表(见表 2-11)。

表 2-11　调试情况记录表(学生填写)

序号	项目	完成情况记录			备注
		第一次试车	第二次试车	第三次试车	
1	按下启动按钮 SB1,电动机是否能够启动	完成(　)	完成(　)	完成(　)	
		无此功能(　)	无此功能(　)	无此功能(　)	
2	按下停止按钮 SB2,电动机是否能够停转	完成(　)	完成(　)	完成(　)	
		无此功能(　)	无此功能(　)	无此功能(　)	
		无此功能(　)	无此功能(　)	无此功能(　)	
3	过载保护功能是否实现	完整(　)	完整(　)	完整(　)	
		无此功能(　)	无此功能(　)	无此功能(　)	

□【项目评价】

对整个项目的完成情况进行评价和考核。可以分为教师评价和学生自评两部分,具体评价规则见附录中的附表 2 和附表 3。

□【项目拓展】

(1)如果把热继电器过载作为输入信号考虑,地址应该怎么分配?程序怎么修改?

(2)如果在调试过程中出现故障,该如何排除?

(3)如果要对系统进行监控,应如何实现?

□【知识链接】

链接一　梯形图编程基本知识

1. PLC 的梯形图编程中的两个基本概念

(1)软继电器。实际上,PLC 内部并没有继电器那样的实际部件,只有内部寄存器中的触发器。触发器存在两种状态,即 0 状态和 1 状态。对软继电器的线圈定义号只能有一个,而对它的接点状态,可做无数次读出,既可动合又可动断。

(2)能流。在梯形图中,并没有真实的电流流动,为了便于分析 PLC 的周期扫描原理以及信息存储空间分布规律,假想在梯形图中有"电流"流动,这就是"能流"。能流在梯形图中只能单方向流动,即从左向右流动,层次的改变只能先上后下。

2. 梯形图的设计规则

(1)梯形图按自上而下、从左到右的顺序排列,每一行起于左母线,终于右母线,继电器线圈与右母线直接连接,在右母线与线圈之间不能连接其他元素。

（2）在一个梯形图中,同一编号的线圈一般只能使用一次。如果使用两次或两次以上,称为双线圈输出,理论上可以输出两次,如用跳转调用指令的时候。但如果按照一般顺序执行,后边那条会覆盖前边那条,很容易引起逻辑混乱,所以一般应尽量避免。

（3）可以多次使用输入继电器、输出继电器、辅助继电器、定时器、计数器的触点,不受限制。

（4）把触点最多的并联电路编排在最左边。这样可减少或避免串联块的出现,减少程序的步数。

（5）把串联触点最多的支路排在上方。这样可减少或避免并联块的出现,减少程序的步数。

（6）为了便于识别触点的组合和对输出线圈的控制路径,不包含触点的分支应放在垂直方向,不可放在水平方向。

3. 语句编程规则

（1）按从左到右、自上而下的原则,利用PLC基本指令对梯形图编程。

（2）对于复杂电路,适当地改变电路顺序可减少程序的步数。

（3）对于不可编程的电路必须做重新安排,以便正确应用PLC基本指令来进行编程。

链接二　元器件的选择

正确、合理选用元器件是电路安全、可靠工作的保证。正确选择元器件必须严格遵守以下几个基本原则。

（1）按对元器件的功能要求确定元器件的类型。

（2）确定元器件承载能力的临界值及使用寿命。根据电气控制的电压、电流及功率的大小确定元器件的规格。

（3）确定元器件预期的工作环境及供应情况,如防油、防尘、防水、防爆及货源情况。

（4）确定元器件在应用中所要求的可靠性。

（5）确定元器件的使用类别。

下面是本项目中选择常用低压元器件的一些考虑:

1. 按钮的选择

主要根据所需要的触点数、使用场合、颜色标注以及额定电压、额定电流进行选择。

2. 断路器的选择

包括正确选用开关类型、容量等级和保护方式。一般来说,断路器的额定电压和额定电流应不小于电路正常的工作电压和工作电流。

3. 熔断器的选择

一般来说,先确定熔体额定电流,再根据熔体规格,选择熔断器规格,根据被保护电路的性质,选择熔断器的类型。

4. 交流接触器的选择

主要考虑主触点额定电压与额定电流、辅助触点数量、吸引线圈电压等级、使用类别、操作频率等。主触点额定电流应等于或大于负载或电动机的额定电流。

5. 热继电器的选择

热继电器的额定电流应该略大于电路的额定电流,额定电压是 380 V。

6. 导线的选择

导线截面积在 0.5 mm² 以下可以采用硬线,但在不小于 0.5 mm² 时必须采用软线。本控制电路中主电路导线采用 BV 1.5 mm²(黑色),控制电路导线采用 BV 1 mm²(红色);按钮导线采用 BVR 0.75 mm²(红色),接地导线采用 BVR 1.5 mm²(绿/黄双色线)。导线颜色在训练阶段除接地线外,可不必强求,但应使主电路与控制电路有明显区别。

7. 接线端子的选择

根据电路板输出、输入电路接头的数量和电路电流的大小,来选择接线端子的型号。

链接三　常用基本顺控指令的认识与操作

FX$_{3U}$ 系列 PLC 共有 27 条基本指令,在实际应用中运用基本指令便可以编制出符合功能要求的控制程序。

一、输入/输出指令(LD、LDI、OUT)

1. 输入/输出指令格式及梯形图表示法

输入/输出指令格式及梯形图表示法见表 2-12。

表 2-12　输入/输出指令格式及梯形图表示法

指令符号 (名称)	功能	梯形图表示法 及可选操作元件		程序步
LD	动合触点与左母线相连	⊣├	X、Y、M、T、C、S	1
LDI"非"	动断触点与左母线相连	⊣/├	X、Y、M、T、C、S	1
OUT 输出	线圈驱动	⊣( )├	Y、M、T、C、S	Y,M：1 S,特 M：2 T：3;C：3~5

2. 使用说明

① LD 指令、LDI 指令用于将触点连接到母线上。也可以与后述的 ANB、ORB 指令组合使用,在分支点处也可使用。

② OUT 指令是对输出继电器、辅助继电器、定时器、计数器、状态寄存器(这些后面讲解)驱动的指令,对输入继电器不能使用。

③ 在定时器、计数器的计数线圈,使用 OUT 输出指令后,必须设定常数 K。

二、触点串联指令(AND、ANI)

1. 触点串联指令格式及梯形图表示法

触点串联指令格式及梯形图表示法见表 2-13。

表 2-13　触点串联指令格式及梯形图表示法

指令符号 (名称)	功能	梯形图表示法 及可选操作元件		程序步
AND"与"	动合触点串联	┤├─┤├	X、Y、M、T、C、S	1
ANI"与非"	动断触点串联	┤├─┤/├	X、Y、M、T、C、S	1

2. 使用说明

① 用 AND 和 ANI 指令可串联连接 2 个触点。串联触点的数目不受限制,该指令可以多次使用。

② OUT 指令后,通过触点对其他线圈使用 OUT 指令,称之为纵接输出。

三、触点并联指令(OR、ORI)

1. 触点并联指令格式及梯形图表示法

触点并联指令格式及梯形图表示法见表 2-14。

表 2-14　触点并联指令格式及梯形图表示法

指令符号 (名称)	功能	梯形图表示法	可选操作元件	程序步
OR"或"	动合触点并联	┤├ ┤├	X、Y、M、T、C、S	1

续表

指令符号 （名称）	功能	梯形图表示法	可选操作元件	程序步
ORI"或非"	动断触并联	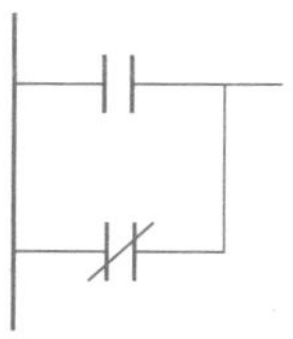	X、Y、M、T、C、S	1

2. 使用说明

① OR、ORI 指令被用做 1 个触点的并联连接指令。如果有 2 个以上的触点串联，并将这种串联回路块与其他回路并联连接时，采用后述的 ORB 指令。

② OR、ORI 是指从该指令步开始，与前述的 LD、LDI 指令步进行并联连接。

四、电路块并联、串联（ORB、ANB）

1. 并联、串联指令格式及梯形图表示法

并联、串联指令格式及梯形图表示法见表 2-15。

表 2-15　电路块并联、串联指令格式及梯形图表示法

指令符号 （名称）	功能	梯形图表示法 及可选操作元件		程序步
ORB 块"或"	电路块并联	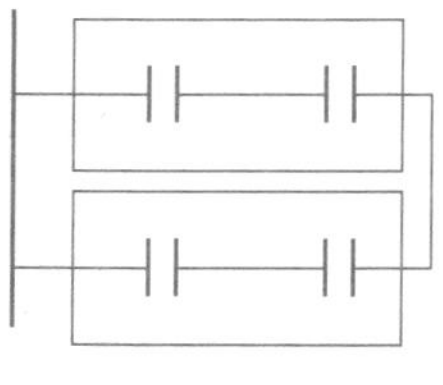	无	1
ANB 块"与"	电路块串联	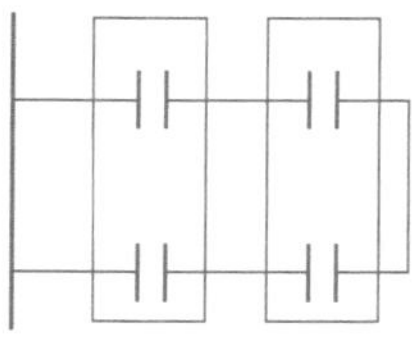	无	1

2. 使用说明

① 有 2 个触点的电路串联或并联结构的称为串联或并联电路块，简称块"与"或块"或"。

② ORB、ANB 指令是不带软元件编号的独立指令。

③ 有多个并联回路时，如对每个回路块使用 ORB 指令，则并联回路没有限制。ORB 指令

可以成批使用,但是由于 LD、LDI 指令可重复次数限制在 8 次以下,因此请务必注意。

④ 同理,ANI 指令也是一样。

五、LDP、LDF、ANDP、ANDF、ORP 和 ORF 指令

1. 指令格式及梯形图表示法

脉冲上升沿、下降沿指令格式及梯形图表示法见表 2-16。

表 2-16　脉冲上升沿、下降沿指令格式及梯形图表示法

指令符号 (名称)	功能	梯形图表示法 及可选操作元件		程序步
LDP 取脉冲 上升沿	上升沿检测运算 开始		X、Y、M、T、C、S	1
LDF 取脉冲下 降沿	下降沿检测运算 开始		X、Y、M、T、C、S	1
ANDP "与" 脉 冲上升沿	上升沿检测串行 连接		X、Y、M、T、C、S	1
ANDF "与" 脉 冲下降沿	下降沿检测串行 连接		X、Y、M、T、C、S	1
ORP "或" 脉 冲上升沿	上升沿检测并行 连接		X、Y、M、T、C、S	1
ORF "或" 脉 冲下降沿	下降沿检测并行 连接		X、Y、M、T、C、S	1

2. 使用说明

① LDP、ANDP 和 ORP 为上升沿微分指令,是进行上升沿检测的触点指令,触点的中间有一个向上的箭头,对应的触点仅在指定位软元件的上升沿(由 OFF 变为 ON)时接通一个扫描周期。

② LDF、ANDF 和 ORF 为下降沿微分指令,是进行下降沿检测的触点指令,触点的中间有一个向下的箭头,对应的触点仅在指定位软元件的下降沿(由 ON 变为 OFF)时接通一个扫描

周期。

六、置位、复位指令（SET、RST）

1. 指令格式及梯形图表示法

置位、复位指令格式及梯形图表示法见表2-17。

表2-17 置位、复位指令格式及梯形图表示法

指令符号 （名称）	功能	梯形图表示法 及可选操作元件		程序步
SET 置位	使元件保持 ON	—[SET__]⊢	Y、M、S	Y,M：1 T,C：2 S,特 M：2 D,V,Z：3
RST 复位	使元件保持 OFF	—[RST__]⊢	Y、M、T、C、S、D、V、Z	

2. 使用说明

① SET：当触发信号接通时，使指定元件接通并保持。

② RST：当触发信号接通时，使指定元件断开并保持或指定当前值或寄存器清零。

③ 对于同一元件 SET、RST 指令可多次使用，顺序也可随意，但是只有最后一次 SET、RST 操作有效。

七、上升沿、下降沿检测线圈指令（PLS、PLF）

1. 指令格式及梯形图表示法

上升沿、下降沿检测线圈指令格式及梯形图表示法见表2-18。

表2-18 上升沿、下降沿检测线圈指令格式及梯形图表示法

指令符号 （名称）	功能	梯形图表示法 及可选操作元件		程序步
PLS（上升沿 脉冲）	上升沿微分输出	—[PLS__]⊢	Y、M	1
PLF（下降沿 脉冲）	下降沿微分输出	—[PLF__]⊢	Y、M	1

2. 使用说明

① PLS 为上升沿微分输出指令。仅在驱动输入为 ON 后的一个扫描周期内，软元件 Y、M

动作。

②PLF 为下降沿微分输出指令。仅在驱动输入为 OFF 后的一个扫描周期内,软元件 Y、M 动作。

八、程序结束指令(END)

1. 指令格式及梯形图表示法

程序结束指令格式及梯形图表示法见表 2-19。

表 2-19　程序结束指令格式及梯形图表示法

指令符号 (名称)	功能	梯形图表示法 及可选操作元件		程序步
END 结束	程序结束	—[END_]|	无	1

2. 使用说明

① 在程序结束时采用 END 指令,PLC 执行第一步至 END 指令间的程序。

② 在程序段中没有 END 指令时,PLC 一直处理到最终的程序步,然后从零开始重复处理。

③ 在程序调试阶段,在各程序段插入 END 指令,可依次检测出各程序段的动作。这时,确认前面的程序动作正确无误后,依次删除插入的 END 指令。

链接四　PLC 的编程

一、GX Developer 编程软件界面简介

双击桌面上的 GX Developer 图标,启动 GX Developer 软件,其窗口如图 2-16 所示。GX Developer 的窗口由标题栏、菜单栏、快捷工具栏、编辑窗口和管理窗口等部分组成。

1. 菜单栏

GX Developer 共有 10 个下拉菜单,每个下拉菜单又有若干菜单项。菜单的使用方法与目前一般应用软件菜单项的使用方法基本相同。常用菜单项都有相应的快捷键按钮,GX Developer 的快捷键直接显示在相应菜单项的右边。

2. 快捷工具栏

GX Developer 的快捷工具有标准、数据切换、梯形图符号、程序、注释、软元件内存、SFC 和 SFC 符号等。选择菜单"显示"→"工具条"命令,则弹出"工具条"对话框,如图 2-17 所示。常用的有标准、梯形图符号、程序等,将鼠标指针停留在快捷按钮上片刻即可获得该按钮的提示信息。

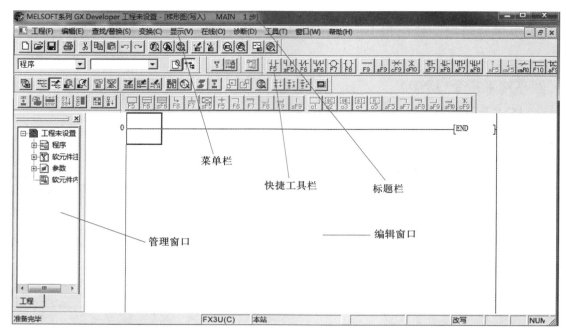

图 2-16 GX Developer 窗口

图 2-17 "工具条"对话框

3. 编辑窗口

PLC 程序需要在编辑窗口进行输入和编辑,其使用方法与其他的软件的编辑窗口相似。GX Developer 中常用的编辑键的用途见表 2-20。

表 2-20　GX Developer 中常用的编辑键的用途

键名	用途	键名	用途
Page Up	梯形图/列表等的显示页面向上翻页	Ctrl+Home	在梯形图模式下,光标移动到 0 步
Page Down	梯形图/列表等的显示页面向下翻页	Ctrl+End	在梯形图模式下,光标移动到 END 指令处
Insert	在光标位置插入空格	Scroll Lock	禁止向上、向下滚动
Delete	删除光标位置的字符	Num Lock	将数字键部分作为专业数字键使用
Home	光标移动到原来位置	←↑→↓	光标的移动、梯形图/列表等显示行的滚动

4. 管理窗口

用于实现项目管理、修改等功能。

二、GX Developer 软件的使用

1. 新建工程

(1) 双击桌面图标 ,进入编程软件界面,如图 2-18 所示。

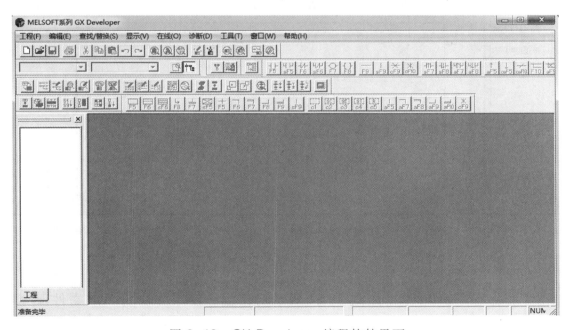

图 2-18　GX Developer 编程软件界面

(2) 单击 按钮或单击菜单"工程"→"创建新工程"命令,弹出如图 2-19 所示"创建新工程"对话框。PLC 系列选择"FXCPU",PLC 类型选择"FX3U(C)",然后单击"确定"按钮,出现

梯形图编程窗口,如图 2-20 所示。单击 按钮,窗口显示可在梯形图和指令表之间切换,如图
2-21 所示。

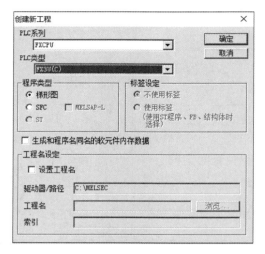

图 2-19 "创建新工程"对话框

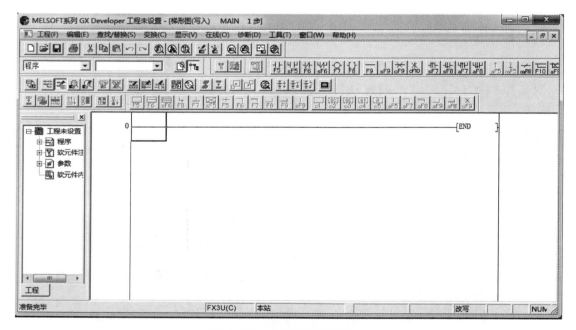

图 2-20 梯形图编程窗口

2. 保存工程

单击"工程保存"命令,弹出如图 2-22 所示对话框。使用方法与一般文件保存对话框
相同。

3. 打开文件

(1)单击菜单"工程"→"打开工程"命令,弹出如图 2-23 所示对话框。

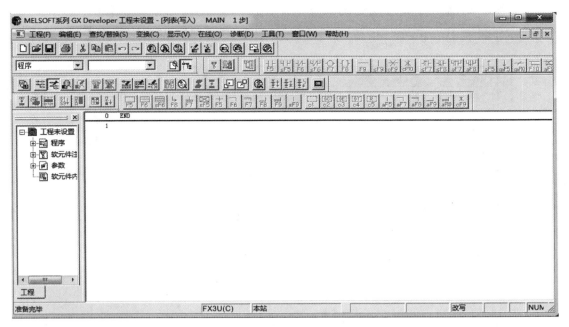

图 2-21　指令表编程窗口

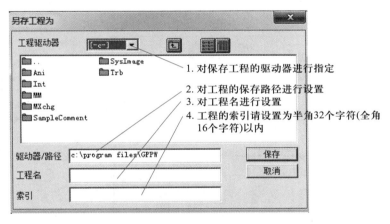

图 2-22　"另存工程为"对话框

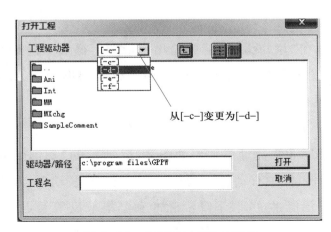

图 2-23　"打开工程"对话框

（2）将工程驱动器从[-c-]变更为[-d-]。

（3）双击对话框中显示的"plc学习"文件夹,对工程路径进行指定,如图2-24所示。

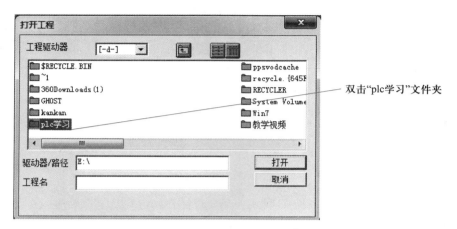

图2-24　对工程路径进行指定的对话框

（4）单击对话框中的"0",指定打开工程名,单击"打开"按钮,打开所指定的工程,如图2-25所示。

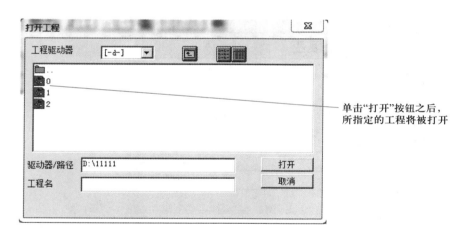

图2-25　"打开工程"对话框

4. 梯形图编程

采用梯形图编程就是在"用户编辑区"中绘出梯形图。梯形图是PLC中使用最广泛的编程语言,所以熟练掌握梯形图编程操作是至关重要的。在画梯形图时,使用最多的是如图2-26所示的"梯形图符号"工具栏。

（1）动合触点的输入方法

单击"⊢⊣"按钮或者按F5快捷键可弹出如图2-27所示的"梯形图输入"对话框。

在"触点选择"下拉列表框中有动合、动断、并联动合、并联动断、线圈、应用指令、上升沿脉冲、下降沿脉冲、并联上升沿脉冲、并联下降沿脉冲和结果取反等触点类型。例如,选择动合触点符号,并在光标闪烁的空白处输入软元件符号,如图2-28所示。

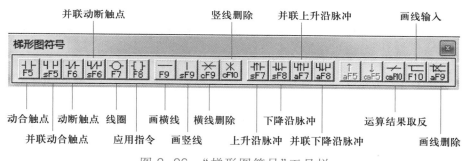

图 2-26　"梯形图符号"工具栏

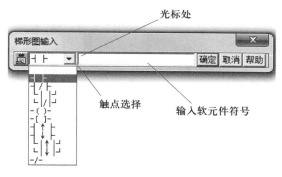

图 2-27　"梯形图输入"对话框

图 2-28　"X003"动合触点输入示意图

完成后单击"确定"按钮,GX Developer 程序编辑的主界面就变为如图 2-29 所示。

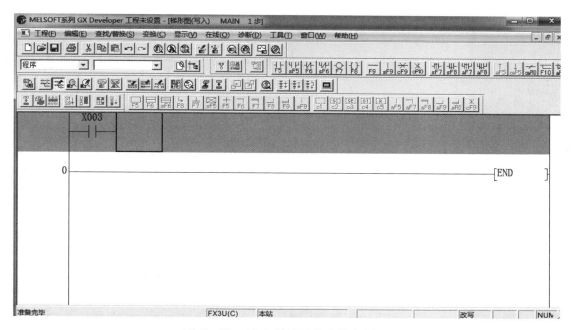

图 2-29　输入"X003"后的主界面

(2)动断触点的输入方法

单击"　"按钮或者按 F6 快捷键弹出如图 2-30 所示的"梯形图输入"对话框,其操作方法与动合触点输入的方法相同。

例如，输入动断触点"X001"，如图 2-30 所示。

完成后单击"确定"按钮，GX Developer 程序编辑的主界面变为图 2-31 所示界面。

图 2-30 "梯形图输入"对话框

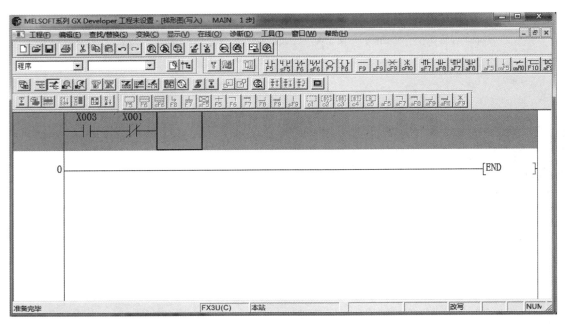

图 2-31 输入"X001"后的主界面

如果在输入过程中出现错误，如图 2-32 所示。此时，单击"确定"按钮后，就会弹出如图 2-33 所示的"指令帮助"对话框，在该对话框"指令选择"选项卡中选择合适的指令，再单击"确定"按钮。

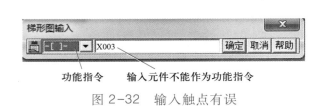

功能指令   输入元件不能作为功能指令

图 2-32 输入触点有误

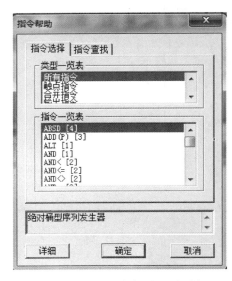

图 2-33 "指令帮助"对话框

例如,输入输出线圈"Y000",如图 2-34 所示。

图 2-34 输入输出线圈"Y000"示意图

完成后单击"确定"按钮,GX Developer 程序编辑的主界面变为如图 2-35 所示。

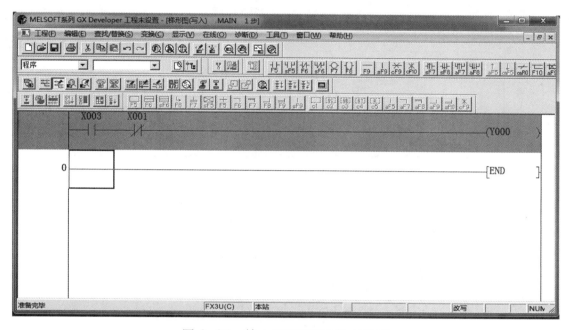

图 2-35 输入"Y000"后的主界面

(3) 并联触点的输入方法

单击"⊣⊢" 按钮或者按 Shift+F5 快捷键可弹出如图 2-36 所示的"梯形图输入"对话框,其操作方法与动合触点输入的方法相同。

图 2-36 Y0 并联动合触点输入示意图

例如,输入并联动合触点"Y000",如图 2-36 所示。

完成后单击"确定"按钮,GX Developer 程序编辑的主界面变为如图 2-37 所示。

(4) 划线的写入(由竖线变为横线)

① 将光标定位到要写入划线的位置。划线写入的基准是以光标的左侧为始点。

② 常用如下两种方法写入划线。

a. 单击"⎯" 按钮,然后通过拖拽光标写入划线,如图 2-38 所示。

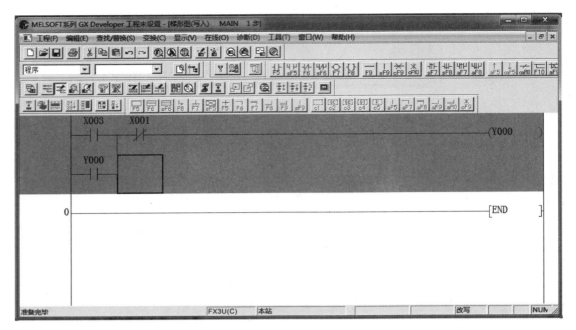

图 2-37　并联 Y0 后的主界面

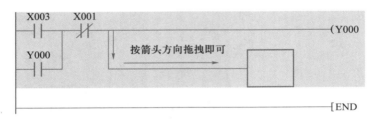

图 2-38　拖拽写入划线示意图

b. 按快捷键 F10 后,再按 Shift+方向键写入划线,如图 2-39 所示。

（5）竖线输入

单击"▼"按钮或者按 Shift+F9 快捷键弹出如图 2-40 所示的"竖线输入"对话框,输入竖线写入的数量。如果不输入写入数量,只能写入一条竖线。

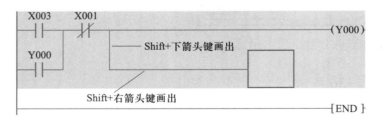

图 2-39　使用功能键写入划线

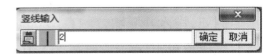

图 2-40　竖线输入示意图

例如,输入 2 条竖线,如图 2-40 所示。

完成后单击"确定"按钮,GX Developer 程序编辑的主界面变为如图 2-41 所示。

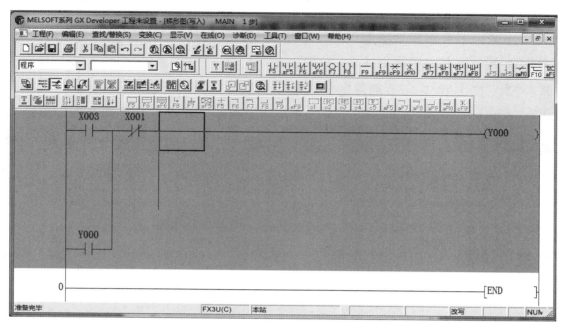

图 2-41　输入 2 条竖线后的主界面

（6）横线输入

单击"F9"按钮或者按 F9 快捷键弹出如图 2-42 所示的"横线输入"对话框，输入横线写入的数量。如果不输入写入数量，只能写入 1 条横线。

例如，输入 2 条横线，如图 2-42 所示。

完成后单击"确定"按钮，GX Developer 程序编辑的主界面变为如图 2-43 所示。

图 2-42　"横线输入"对话框

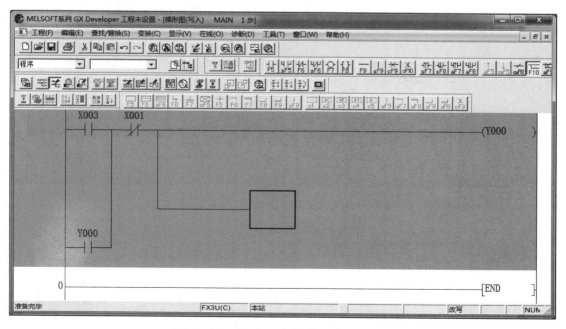

图 2-43　输入 2 条横线后的主界面

（7）删除划线

① 将光标定位到要删除划线的位置。划线删除的基准是以光标的左侧为始点。

② 常用如下两种方法删除划线。

a. 单击"[aF9]"按钮后,在需要删除的划线上使用鼠标拖拽即可删除。

b. 按快捷键 Alt+F9 后,再按 Shift+方向键在需要删除的划线上进行移动即可删除。

删除横线和竖线时,可以分别使用"[cF9]""[cF10]"按钮,对应的快捷键分别是 Ctrl+F9、Ctrl+F10。操作方法与删除划线相同。

（8）删除触点或线圈

将光标移至要删除的触点处,通过 Delete 键可以删除梯形图触点。

例如,删除"X003",如图 2-44 所示。

图 2-44　要删除的软元件示意图

按 Delete 键后,GX Developer 程序编辑的主界面变为如图 2-45 所示。

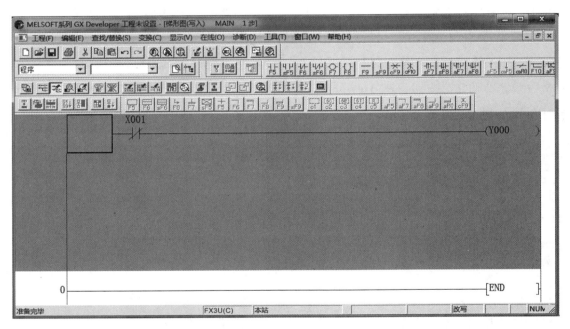

图 2-45　删除"X003"后的主界面

删除线圈的操作方法与删除触点的相同。

（9）创建软元件注释

在梯形图中,通过软元件注释的创建,可以使程序易于阅读。具体设置步骤如下。

① 将光标移动到创建软元件注释的位置,如"X003"。

② 单击如图 2-46 所示的 按钮,然后双击"X003"软元件,弹出如图 2-47 所示的"注释输入"对话框,在文本框中输入文字"启动"。

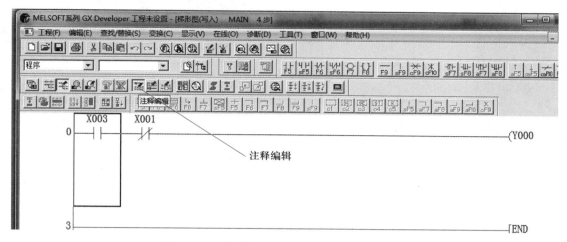

图 2-46 创建软元件的"注释编辑"按钮

③ 单击"确定"按钮,出现如图 2-48 所示"X003"软元件的注释信息,软元件的注释信息创建完毕。

图 2-47 "注释输入"对话框

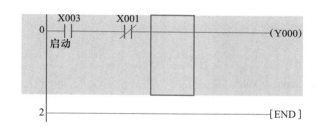

图 2-48 注释信息

5. 梯形图程序其他内容的操作

（1）梯形图程序变换

当梯形图程序输入完后,程序呈现灰色状态,选择菜单"变换（C）"→"变换（C）"命令或按 F4 快捷键或单击"程序"工具栏中的" "程序变换按钮,都可以变换梯形图程序,变换后程序呈现白色状态,如图 2-49 所示。

（2）梯形图程序检查

梯形图程序变换后,就可以进行程序检查。选择菜单"工具（T）"→"程序检查（P）"命令或单击"程序"工具栏的" "程序检查按钮,此时会弹出如图 2-50 所示的"程序检查（MAIN）"对话框,单击"执行"按钮对 MAIN 主程序进行检查,如果信息框中显示"MAIN 没有错误。",说明梯形图程序正确。

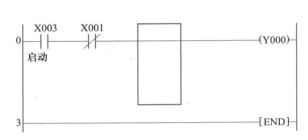

图 2-49 变换后的程序

图 2-50 "程序检查（MAIN）"对话框

例如,对图 2-51（a）所示的程序进行检查,就会出现错误。程序检查结果显示:MAIN 主程序第 7 步,双线圈（Y0）错误,如图 2-51（b）所示。经过检查,避免了运行时出现误动作。

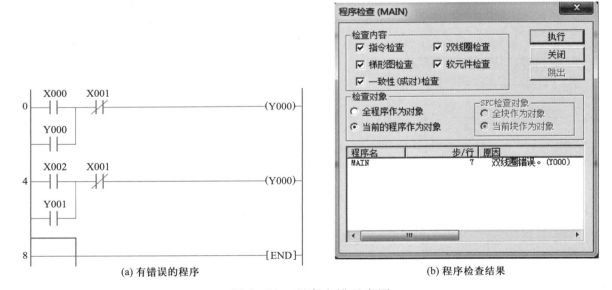

(a) 有错误的程序　　　　　　　　　　(b) 程序检查结果

图 2-51 程序出错示意图

（3）梯形图程序写入 PLC

当梯形图程序输入、保存完毕后,就可以下载到 PLC 进行调试和运行了。首先将 PLC 通过数据下载线与计算机相连。

确定 PLC 与计算机连接无误后接通电源,选择菜单"在线"→"传输设置（C）"命令,先进行端口设置,选择正确的 COM 端口,弹出如图 2-52 所示"PC I/F 串口详细设置"对话框,然后,拨动 PLC 面板上的"STOP"与"RUN"的转换开关,将 PLC 的状态模式改为"STOP"。选择菜单

"在线"→"PLC 写入（W）"命令,在弹出的"PLC 写入"对话框中选中"程序"下的"MAIN"复选框,如图 2-53 所示,然后单击"执行"按钮。

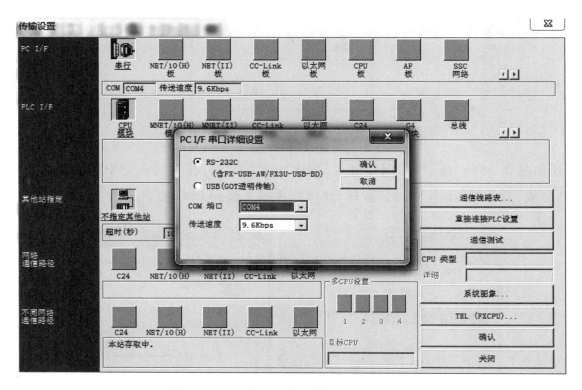

图 2-52　"PC I/F 串口详细设置"对话框

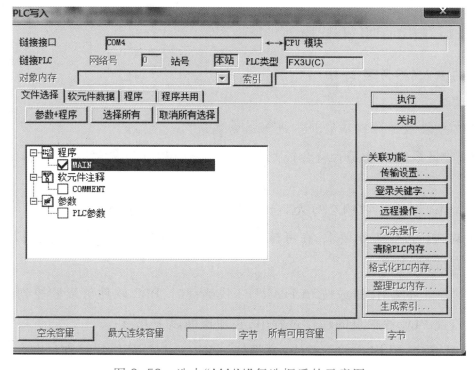

图 2-53　选中"MAIN"复选框后的示意图

这时出现如图 2-54 所示的"MELSOFT 系列 GX Developer"提示框,单击"是"按钮。

图 2-54　"MELSOFT 系列 GX Developer"对话框

出现如图 2-55(a)所示的"PLC 写入"程序进度提示框;程序写入完毕出现图 2-55(b)所示的"已完成"提示框,单击"确定"按钮,这样程序就下载到 PLC 里了。

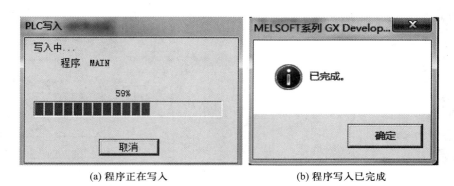

(a) 程序正在写入　　　　　　　　　(b) 程序写入已完成

图 2-55　"PLC 写入"程序进度提示框

链接五　PLC 程序的调试与监控

一、程序的输入(参考表 2-10)

二、系统调试

🔊 提示:必须在教师的现场监护下进行通电调试!

通电调试,验证系统功能是否符合控制要求。调试过程分为两大步:程序输入 PLC 和功能调试。

(1)选择菜单"在线"→"PLC 写入"命令,将程序文件下载到 PLC。

(2)功能调试。按照工作要求,在考核装置的装配流水线面板上按要求模拟。

(3)连接调试(监控)。

当单击工具栏上的 🔍 按钮或按 Ctrl+Alt+F3 快捷键时,PLC 软件可以监控到外部各元器件的动作过程。监控 PLC 各触点的动作过程中,必须遵循以下几点:

① 在监控时,需要用 PLC 的下载线(数据线)将 PLC 与计算机连接在一起。

② 在监控过程中,不能断开下载线。

③ 在监控过程中,不能对程序进行修改,只能观察各元器件的动作情况(包括触点的闭合和断开,线圈的通电和断电)。

假设我们要监控一台电动机的启停控制的动作情况,程序如图 2-56 所示。

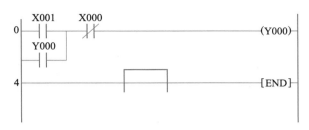

图 2-56　电动机启停控制程序

当单击工具栏上的按钮或按 Ctrl+Alt+F3 快捷键时,程序变为如图 2-57 所示的情况。

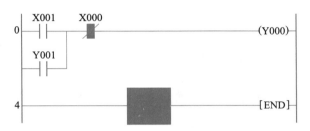

图 2-57　监控后的动作示意图

当 X1 所接的外部设备由 OFF 变为 ON 时,即 ————。输出设备 Y0 通电。效果图如图 2-58 所示。

图 2-58　X1 由 OFF 变为 ON 的效果图

当 X1 所接的外部设备由 ON 变为 OFF 时,即 ————。效果图如图 2-59 所示。

图 2-59　X1 由 ON 变为 OFF 的效果图

当 X0 由 ON 变为 OFF 时,即 ————。线圈 Y0 断电。效果图如图 2-60 所示。再恢复 X0,效果如图 2-61 所示。

图 2-60　X0 由 ON 变为 OFF 的效果图

图 2-61　X0 由 OFF 变为 ON 的效果图

图中符号说明：

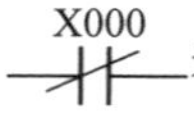

$\dashv\!\!\!\!\diagup\!\!\!\!\vdash$ X000 表示 PLC 所接的是外部设备动断触点。一般作为停止或过载用。

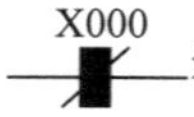

X000 表示 PLC 所接外部设备的动断触点断开。

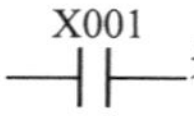

$\dashv\vdash$ X001 表示 PLC 所接的是外部设备的动合触点。一般作为启动用。

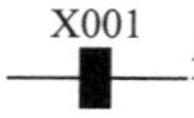

X001 表示 PLC 所接外部设备的动合触点闭合。

$\dashv$(Y000)$\vdash$ 表示线圈 Y0 通电。

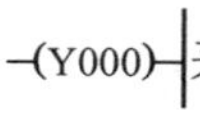

$\dashv$(Y000)$\vdash$ 表示线圈 Y0 断电。

因此，通过监控可以判断 PLC 程序的正确性以及发生错误时程序所处的具体位置。

项目 3　卷扬机控制

□【项目目的】

（1）应用 PLC 实现对三相异步电动机的正反转控制。

（2）掌握卷扬机控制电路的工程设计与安装。

□【项目任务】

在实际生产中，三相异步电动机的正反转控制是一种典型的基本控制。如机床工作台的左移和右移、摇臂钻床钻头的正反转、数控机床的进刀和退刀等，均需要对电动机进行正反转控制。用于有落差搬运物品的卷扬机控制，也是一个典型的三相异步电动机正反转控制。

现有一小型煤矿，需设计安装一卷扬机，通过卷扬机带动一小车，把矿井里挖出的煤运到地面。具体控制过程为：井下工人按下上井按钮，卷扬机带动装满煤的小车，把煤运到地面；到地面后，按下停止按钮，卷扬机停止，卸煤；按下下井按钮，小车下行到井里；按下停止按钮，卷扬机停止，继续装煤。如此循环工作，如图 3-1 所示。

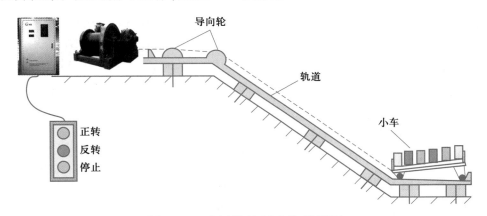

图 3-1　卷扬机控制实物模拟图

□【项目分析】

（1）功能分析

通过对设备的工作过程分析，可以知道小车只有两个不同的运行状态，分别是上行和下行，所以带动卷扬机的三相异步电动机就要有两个转向，实际上是控制三相异步电动机的正反转。

（2）电路分析

整个电路的总控制环节可以采用闸刀开关,也可以采用保护特性更优良、使用寿命更长、安装更方便的空气断路器(空气开关),本设计采用组合开关。电动机采用三相异步电动机,电动机实现正反转的换相环节采用交流接触器。用1个热继电器实现过载保护,用5个熔断器实现主电路和控制电路的短路保护。控制按钮需要3个,分别用于正转、反转的启动及停止。总的控制采用1台三菱 FX$_{3U}$ 系列可编程控制器。主要元器件清单见表3-1。

表 3-1　主要元器件清单

序号	符号	名称	数量
1	FR1	热继电器	1
2	FU1	主电路熔断器	3
3	FU2	控制电路熔断器	2
4	KM	交流接触器	2
5	M	电动机	1
6	QS	主电源组合开关	1
7	SB1	停止按钮	1
8	SB2	正转启动按钮	1
9	SB3	反转启动按钮	1
10	PLC	可编程控制器	1

□【项目实施】

任务一　电路设计与绘制

一、主电路设计与绘制

根据功能分析,主电路需要两个交流接触器分别控制正、反转。按照电动机的工作原理可知,只要把通入三相异步电动机的三相交流电的相序调换其中两相,就可以改变电动机的转向。因此在主电路设计中要保证2个接触器分别动作时,能使得其中两相的相序对调。主电路如图3-2所示。

二、确定 PLC 的输入/输出点数

1. 确定输入点数

根据项目任务的描述,需要2个启动按钮、1个停止按钮。考虑到过载保护需要1个过载信号,所以共有4个输入信号,即输入点数为4,需要 PLC 的4个输入端子。

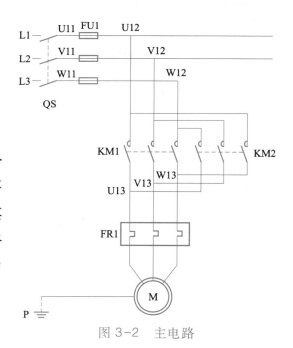

图 3-2　主电路

2. 确定输出点数

由功能分析可知,只有 2 个交流接触器需要 PLC 驱动,所以只需要 PLC 的 2 个输出端子。根据输入/输出点数,可以选择对应的 PLC 的型号,实训装置上的 FX_{3U}-48MR 完全能满足需要。

三、列出输入/输出地址分配表

根据确定的点数,输入/输出地址分配见表 3-2。

表 3-2　输入/输出地址分配表

输入			输出		
输入继电器	电路元件	作用	输出继电器	电路元件	作用
X0	SB1	停止按钮	Y0	KM1	正转接触器
X1	SB2	正转按钮	Y1	KM2	反转接触器
X2	SB3	反转按钮			
X3	FR1				

四、控制电路设计与绘制

根据地址分配表,已经可以确定 PLC 的端口接线,但在实际工程中要考虑电路的安全,所以要充分考虑保护措施。本电路就要考虑过载保护和联锁保护。用热继电器进行过载保护,用交流接触器的动断触点进行联锁保护。根据这些要求绘制控制电路,如图 3-3 所示。

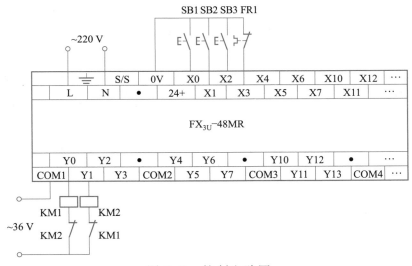

图 3-3　控制电路图

任务二　接线图绘制

一、元器件布置图绘制

元器件布置可以采用一体化的 PLC 实训台,如果没有 PLC 实训台,也可采用配线木板,在木板上布置元器件。画出采用配线木板的模拟电气元件布置图,如图 3-4 所示。

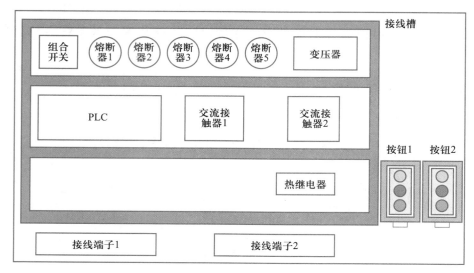

图 3-4　模拟电气元件布置图

二、绘制主电路布局接线图

根据电气原理图,绘制出主电路的模拟接线图。图 3-5 所示为采用配线木板的主电路模拟接线图。图 3-6 所示为采用实训台的模拟接线图。

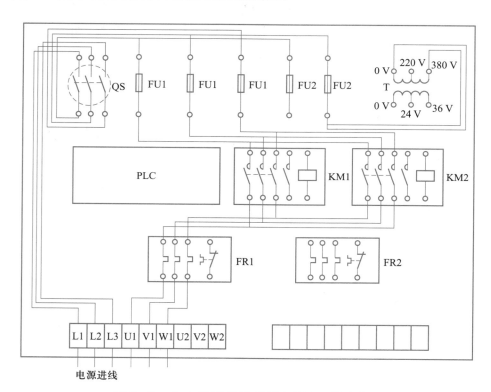

图 3-5　主电路模拟接线图(采用配线木板)

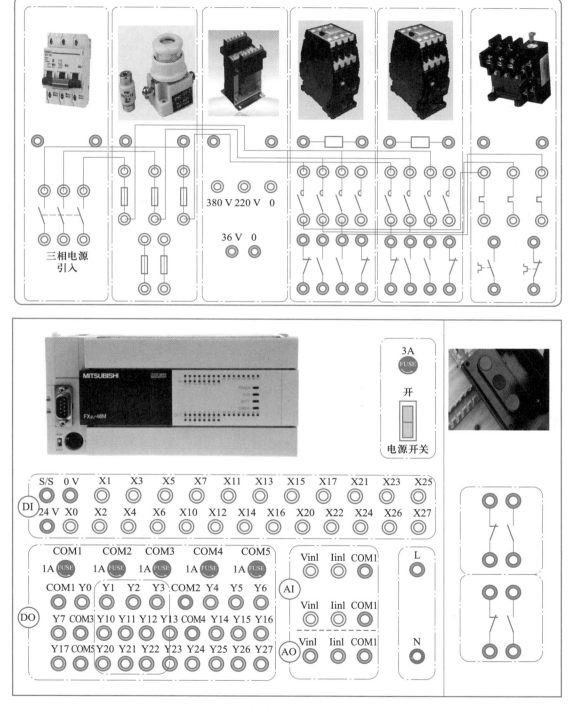

图 3-6　主电路模拟接线图(采用实训台)

根据电气原理图,绘制出控制电路的模拟接线图。图 3-7 所示为采用配线木板的模拟接线图。图 3-8 所示为采用实训台的模拟接线图。

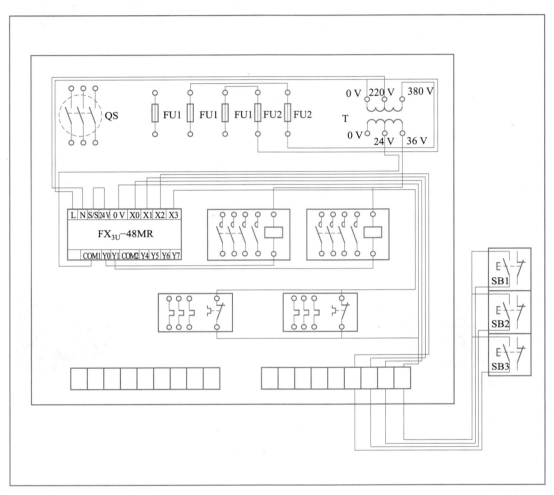

图 3-7 控制电路模拟接线图(采用配线木板)

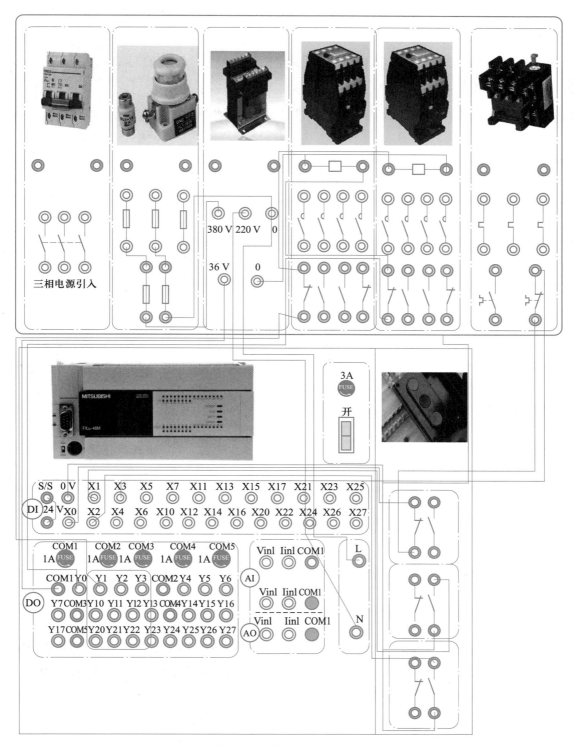

图 3-8 控制电路模拟接线图(采用实训台)

任务三 安装电路

本任务的基本操作步骤为:清点工具和仪表→选用元器件及导线→元器件检查(实训台上

检查需要用到的元器件）→安装元器件（实训台上已固定）→布线→自检。

一、清点工具和仪表

根据任务的具体内容选择工具和仪表，并放在固定位置。参考项目 2 相关内容。

二、选用元器件及导线

根据项目 2 介绍的原则以及国家相关的技术文件和电气元件选型表，选择元器件，见表 3-3。

表 3-3　元器件清单

序号	名称	型号与规格	单位	数量
1	可编程控制器	FX_{3U}-48MR 或自定	台	1
2	计算机	自定	台	1
3	绘图工具	自定	套	1
4	绘图纸	B4	张	4
5	三相电动机	Y112M-4,4 kW、380 V、$\triangle$ 形联结;或自定	台	1
6	组合开关	—	个	1
7	交流接触器	CJ10-20,线圈电压 36 V	个	2
8	变压器	BK-50	个	1
9	热继电器	JR16-20/3,整定电流 8.8 A	个	1
10	熔断器及配套熔芯	RL6-60/20A	套	3
11	熔断器及配套熔芯	RL6-15/4A	套	2
12	三联按钮	LA10-3H 或 LA4-3H	个	1
13	接线端子排	JX2-1015,500V（10A、15 节）	条	4
14	线槽	30 mm×25 mm	m	5

三、元器件检查

配备所需元器件后，须先进行元器件检测。检测包括两部分:外观检测和采用万用表检测。外观检测主要检测元器件外观有无损坏,元器件上所标注的型号、规格、技术数据是否符合要求,以及一些动作机构是否灵活,有无卡阻现象。

● 元器件外观检测

具体的检测方法参考前面项目。

● 万用表检测

具体的检测方法参考前面项目。

四、安装元器件

确定元器件完好之后,就需把元器件固定在配线木板上（实训台已经固定,无须重新安装）。

五、布线

元器件固定好之后，可进行布线，具体步骤参考项目 2 表 2-8。

六、自检

安装完成后，必须按要求进行检查。该功能检查可以分为两种：

（1）按照电路图进行检查。对照电路图逐步检查是否错线、掉线，接线是否牢固等。

（2）使用万用表检测。将电路分成多个功能模块，根据电路原理使用万用表检查各个模块的电路，如果测量的阻值与正确的有差异，则应逐步排查，以确定最后错误点。万用表检测电路的过程按照表 3-4 所示进行（注：阻值视采用的具体元器件而定，表内有的阻值是编者所采用元器件的阻值）。

表 3-4　万用表检测电路过程对照表

测量要求	测量过程				正确阻值	测量结果
	测量任务	总工序	工序	操作方法		
空载	测量主电路	合上 QS，断开控制电路熔断器 FU2，分别测量三相电源 L1、L2、L3 三相之间的阻值，接通 FU2，测量 L1、L2 两相之间的阻值	1	所有元器件不动作	∞	
			2	压下 KM1	∞	
			3	压下 KM2	∞	
			4	所有元器件不动作	变压器一次绕组的阻值	
有载	测量主电路	合上 QS，断开控制电路熔断器 FU2，分别测量三相电源 L1、L2、L3 三相之间的阻值	5	所有元器件不动作	∞	
			6	压下 KM1	电动机 M 两相定子绕组阻值之和	
			7	压下 KM2	电动机 M 两相定子绕组阻值之和	
			8	同时压下 KM1 和 KM2	∞	
空载或有载	测量 PLC 输入电路	测量 PLC 电源输入端 L、N 之间的阻值	9	所有元器件不动作	变压器二次绕组的阻值	
		测量 PLC 电源输入端 L 与 COM 之间的阻值	10	所有元器件不动作	∞	
		测量 PLC 公共端 COM 与 X0、X1、X2、X3 之间的阻值	11	所有元器件不动作	几欧至几十欧	

续表

测量要求	测量过程				正确阻值	测量结果
	测量任务	总工序	工序	操作方法		
空载或有载	测量 PLC 输入电路	测量 PLC 公共端 COM 与 X0、X1、X2、X3 之间的阻值	12	分别按下三个按钮及用手拨动热继电器	约为 0	
	测量 PLC 输出电路	测量 PLC 输出点 Y0 与公共端 COM1 的阻值	13	所有元器件不动作	二次绕组与 KM1 线圈阻值之和	
		测量 PLC 输出点 Y1 与公共端 COM1 的阻值	14	所有元器件不动作	二次绕组与 KM2 线圈阻值之和	
检测完毕,断开 QS,元器件恢复原样						

任务四　程序设计

根据电动机正反转联锁控制的要求,编写梯形图程序。编写程序可以采用逐步增加、层层推进的方法。

（1）不考虑正反转,只着眼每一转向的单独控制。对一个方向的控制就是电动机的单向持续运转,这个程序的设计就是上个项目的任务。按照这个思路,对照确定的输入/输出地址,设计出程序基本框架,如图 3-9 所示。

（2）考虑到两个接触器不能同时通电输出,否则会出现相间短路故障,所以在程序中需要增加输出的联锁,如图 3-10 所示。

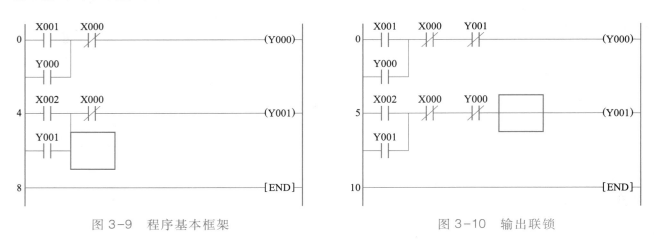

图 3-9　程序基本框架　　　　　　　　　图 3-10　输出联锁

（3）按照功能分析,需要正反转可以随时互相变换,所以在程序中加入按钮联锁,如图 3-11 所示。

（4）把过载信号作为输入信号，如图 3-12 所示。

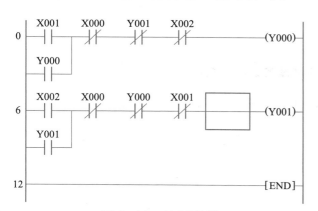

图 3-11　按钮联锁

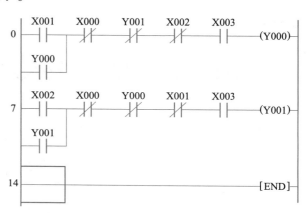

图 3-12　过载信号作为输入信号

任务五　调试

一、程序的输入

参考项目 2 相关内容。

二、系统调试

（一）仿真调试

在通电调试之前，可以采用编程软件自带的仿真功能进行调试。

步骤如下：

（1）单击"软元件登录监视"按钮，如图 3-13 所示。

图 3-13　"软元件
登录监视"按钮

（2）进入软元件登录监视界面，如图 3-14 所示。

图 3-14　软元件登录监视界面

（3）单击图 3-14 所示界面右边的"软元件登录"按钮，在显示的界面中输入"X3"，如图 3-15 所示。

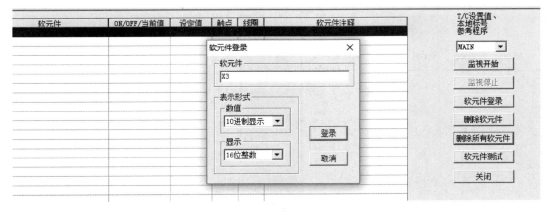

图 3-15　输入"X3"

（4）关掉软元件登录界面，单击"X3"，进入软元件测试界面，如图 3-16 所示。单击"强制 ON"按钮，从而使得在程序中的 X3 的状态和实际热继电器的状态一致。

图 3-16　软元件测试界面

（5）回到程序编辑界面，单击"梯形图逻辑测试起动/结束"按钮，如图 3-17 所示。进入测试界面，如图 3-18 所示。

（6）单击小界面上的"菜单启动"→"继电器内存监视"，在出现的小界面中，单击"软元件"→"位软元件窗口"下级的 X 和 Y，出现如图 3-19 所示界面。

（7）双击"X001"（也可简写为"X1"）或"X002"（正转或反转启动），如果程序正确，就会出现如图 3-20 所示界面。

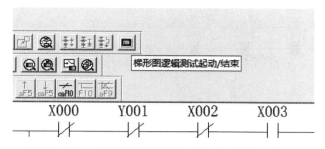

图 3-17 "梯形图逻辑测试起动/结束"按钮

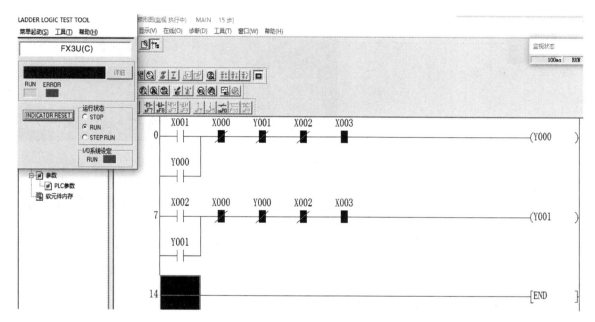

图 3-18 测试界面

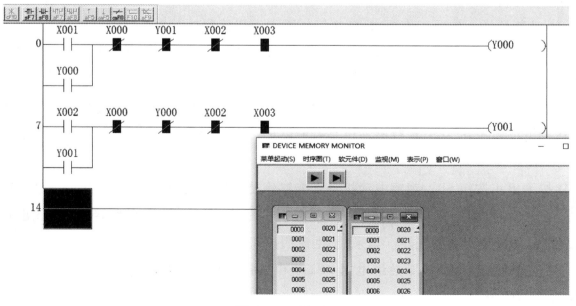

图 3-19 界面 1

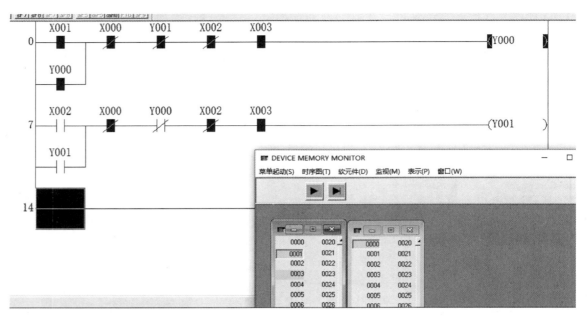

图 3-20　界面 2

同样可以双击"X000"或"X003",模拟按下停止按钮和热继电器,验证程序是否正确。

仿真验证正确后,就可以进行通电调试。

(二)通电调试

◀Ⅲ 提示:必须在教师的现场监护下进行通电调试!

通电调试可以验证系统功能是否符合控制要求。调试过程分为两大步:程序输入 PLC 和功能调试。

(1)用菜单命令"在线"→"PLC 写入",下载程序文件到 PLC。

(2)功能调试。按照工作要求,模拟工作过程逐步检测功能是否达到要求。

① 按下正转按钮 SB2,观察电动机正转是否能够启动运行。如果能,则说明正转启动程序正确。

② 按下停止按钮 SB1,观察电动机是否能够停转。如果能,则说明正转停止程序正确。

③ 按下反转按钮 SB3,观察电动机是否能够反转启动运行。如果能,则说明反转启动程序正确。

④ 按下停止按钮 SB1,观察电动机是否能够停转。如果能,则说明反转停止程序正确。

⑤ 在正转时,按下反转按钮 SB3,观察电动机是否能够反转。在反转时,按下正转按钮 SB2,观察电动机是否能够正转。如果能,则说明按钮联锁正确。

⑥ 在正转或反转时,按下热继电器 FR1 复位按钮,观察电动机是否能够停转。如果能,则说明过载保护程序正确。

(3)填写调试情况记录表(见表 3-5)。

表 3-5 调试情况记录表(学生填写)

序号	项目	完成情况记录			备注
		第一次试车	第二次试车	第三次试车	
1	按下正转按钮 SB2,观察电动机是否能够正转	完成( )	完成( )	完成( )	
		无此功能( )	无此功能( )	无此功能( )	
2	按下停止按钮 SB1,观察电动机是否能够停转	完成( )	完成( )	完成( )	
		无此功能( )	无此功能( )	无此功能( )	
3	按下反转按钮 SB3,观察电动机是否能够反转	完成( )	完成( )	完成( )	
		无此功能( )	无此功能( )	无此功能( )	
4	按下停止按钮 SB1,观察电动机是否能够停转	完成( )	完成( )	完成( )	
		无此功能( )	无此功能( )	无此功能( )	
5	按钮互锁是否正确	完成( )	完成( )	完成( )	
		无此功能( )	无此功能( )	无此功能( )	
6	过载保护功能是否实现	完整( )	完整( )	完整( )	
		无此功能( )	无此功能( )	无此功能( )	

□【项目评价】

对整个项目的完成情况进行评价和考核。可以分为教师评价和学生自评两部分,具体评价规则见附录中的附表 2 和附表 3。

□【项目拓展】

(1)如果不把热继电器过载作为输入信号考虑,地址应该怎么分配?程序如何修改?

(2)如果在调试过程中出现过载保护不能实现的故障,该如何排除?

□【知识链接】

三相异步电动机的工作原理

三相异步电动机在结构上分为定子和转子两部分,定子上有均匀分布的凹槽,小型异步电动机通常用高强度的漆包线绕制成一定形状的线圈再嵌放在凹槽内,大中型电动机则用绝缘处理后的铜条嵌入。转子结构有不同的分类,但也有导电材料制成的绕组。

在三相异步电动机的定子铁心中放置三组结构完全相同的绕组,各相绕组在空间互差 120°电角度,向这三相绕组中通入对称的三相交流电,则在定子与转子的空气隙中产生一个旋转磁场(磁场的轴线位置随时间而旋转的磁场),而转子导体开始时是静止的,所以转子导体将切割旋转磁场而产生感应电动势(感应电动势的方向用右手定则判定),从而在转子导体中产生与感应电动势方向基本一致的感应电流。转子的载流导体在定子磁场中受到电磁力的作用(力的方向用左手定则判定),电磁力对转子轴产生电磁转矩,从而驱动转子沿着旋转磁场方向旋转。从以上原理可以知道,只要改变旋转磁场的方向就可以改变电动机的转向。而旋转磁场的方向是由三相交流电的相序决定的。只要改变通入三相异步电动机定子绕组三相交流电其中两相的相序,就可改变电动机的转向。

项目 4 大型打孔机控制

□【项目目的】

（1）掌握辅助继电器的应用。

（2）掌握两台电动机顺序启停控制的原理。

（3）掌握大型打孔机控制电路的工程设计与安装。

□【项目任务】

在实际工作中，常常需要两台或者多台电动机顺序启动、逆序停止。例如两台交流异步电动机 M1 和 M2，按下启动按钮 SB1 后，第一台电动机 M1 启动，再按下启动按钮 SB2 后，第二台电动机 M2 启动。完成相应的工作后，按下停止按钮 SB3，先停止第二台电动机 M2，再按下停止按钮 SB4，停止第一台电动机 M1。电路的特点是：电路只有启动了 M1 之后才能启动 M2，否则无法直接启动 M2；同理，只有当 M2 停止后才能停止 M1，否则无法直接停止 M1。

某公司需要设计安装一台大型打孔机，以满足生产需要。打孔机的具体控制过程为：首先将加工工件放置于打孔工作台上，按下启动按钮 SB1 后，清理电动机 M1 启动，带动传动机构，对打孔工作台进行清理。之后按下启动按钮 SB2，启动主轴电动机 M2，对加工工件进行打孔工作。当完成打孔工作后，按下停止按钮 SB3，停止主轴电动机 M2，再按下停止按钮 SB4，将清理电动机 M1 停止，最后取下加工工件。这就是打孔机一个完整的加工过程，如图 4-1 所示。

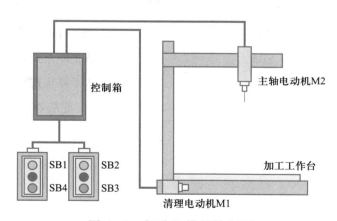

图 4-1 打孔机模拟控制图

□【项目分析】

（1）功能分析

通过对设备的工作过程分析，可以将工作过程分为两部分：从启动到正常工作部分和从正常工作到完全停止部分。总体来看，打孔机控制电路其实就是两台电动机的顺序启动、逆序停止的控制电路。

（2）电路分析

整个电路的总控制环节可以采用组合开关，也可以采用保护特性更优良、使用寿命更长、安装更方便的空气断路器（空气开关）。电动机采用三相异步电动机，采用交流接触器实现2台异步电动机的通电与断电。用1个热继电器实现主轴电动机的过载保护。用5个熔断器实现主电路和控制电路的短路保护。控制按钮需要4个，分别用于2台电动机的启动及停止。总的控制采用1台三菱 FX_{3U} 系列可编程控制器。主要元器件清单见表4-1。

表 4-1　主要元器件清单

序号	符号	名称	数量
1	PLC	可编程控制器	1个
2	FR	热继电器	1个
3	FU1	主电路熔断器	3个
4	FU2	控制电路熔断器	2个
5	KM1、KM2	交流接触器	2个
6	M1	清理电动机	1台
7	M2	主轴电动机	1台
8	QS	主电路组合开关	1个
9	SB1	M1 启动按钮	1个
10	SB2	M2 启动按钮	1个
11	SB3	M2 停止按钮	1个
12	SB4	M1 停止按钮	1个
13	T	变压器	1个

□【项目实施】

任务一　电路设计与绘制

一、主电路设计与绘制

根据功能分析，主电路需要2个交流接触器来分别控制清理电动机 M1 和主轴电动机 M2

的通电和断电。主轴电动机 M2 具有过载保护功能,由热继电器 FR 完成此功能。主电路具有短路保护功能,由 3 个熔断器 FU1 完成此功能。具体的主电路如图 4-2 所示。

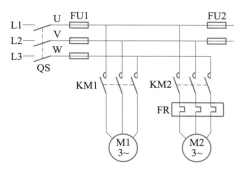

图 4-2　主电路图

二、确定 PLC 的输入/输出点数

(1) 确定输入点数

根据项目任务的描述,需要 2 个启动按钮、2 个停止按钮、1 个过载保护触点,所以一共有 5 个输入信号,即输入点数为 5,需 PLC 的 5 个输入端子。

(2) 确定输出点数

由功能分析可知,只有 2 个交流接触器需要 PLC 驱动,所以只需要 PLC 的 2 个输出端子。

根据输入/输出点数,可以选择对应的 PLC 的型号,实训装置上的 FX_{3U}-48MR,完全能够满足需要。

三、列出输入/输出地址分配表

根据确定的点数,输入/输出地址分配见表 4-2。

表 4-2　输入/输出地址分配表

输入			输出		
输入继电器	电路元件	作用	输出继电器	电路元件	作用
X0	SB1	M1 启动按钮	Y0	KM1	清理接触器
X1	SB2	M2 启动按钮	Y1	KM2	主轴接触器
X2	SB3	M2 停止按钮			
X3	SB4	M1 停止按钮			
X4	FR	过载保护			

四、控制电路设计与绘制

根据地址分配表,已经可以确定 PLC 的端口接线,但在实际工程中要考虑电路的安全,所以要充分考虑保护措施。本电路采用热继电器进行过载保护。根据这些考虑绘制的控制电路如图 4-3 所示。

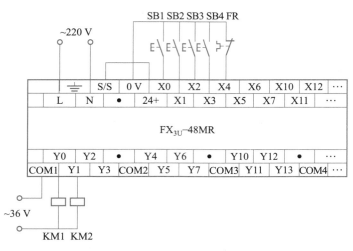

图 4-3 控制电路

任务二 接线图绘制

一、元器件布置图绘制

如果有条件,可以采用一体化的 PLC 实训台。

如果没有 PLC 实训台,则可采用一块配线木板,在木板上布置元器件。画出采用配线木板的模拟电气元件布置图,可参考图 3-4。

二、绘制布局接线图

根据电气原理图,绘制出主电路的模拟接线图。如果采用 PLC 实训台,那么就先在 PLC 的实训台上,选好各个模块,然后用导线将各个模块按照电路图进行连接,最终组成完整的电气连接。

图 4-4 所示是采用 PLC 实训台时的主电路连接图。图 4-5 所示是采用 PLC 实训台时的控制电路连接图。

如果采用配线木板,那么根据电气原理图,绘制出主电路的模拟接线图和控制电路的模拟接线图。图 4-6 所示为采用配线木板的主电路模拟接线图,图 4-7 所示为采用配线木板的控制电路模拟接线图。

任务三 安装电路

本任务的基本操作步骤可以分为:清点工具和仪表→选用元器件及导线→元器件检查(实训台上检查需要用到的元器件)→安装元器件(实训台上已固定)→布线→自检。

一、清点工具和仪表

根据任务的具体内容,选择工具和仪表,参考项目 2 相关内容。

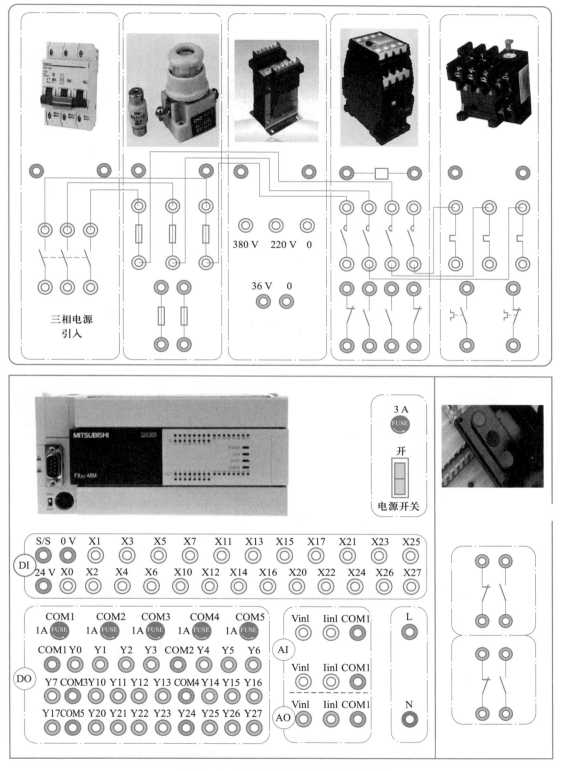

图 4-4　PLC 实训台主电路连接图

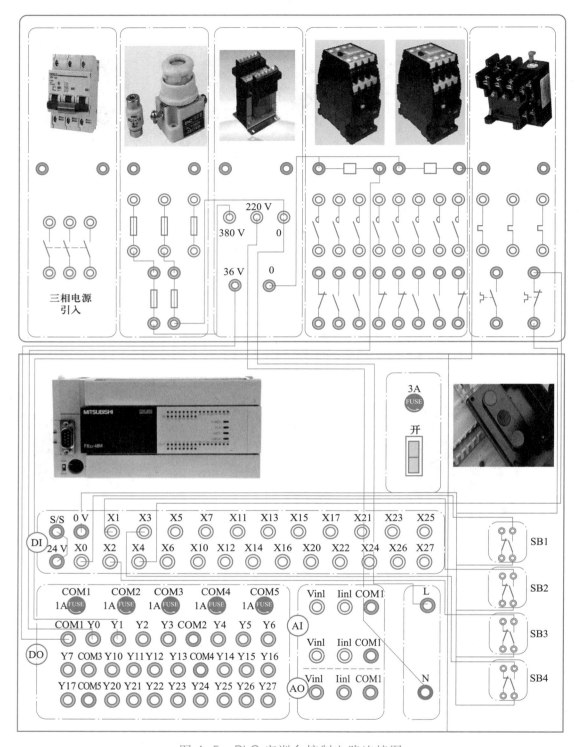

图 4-5　PLC 实训台控制电路连接图

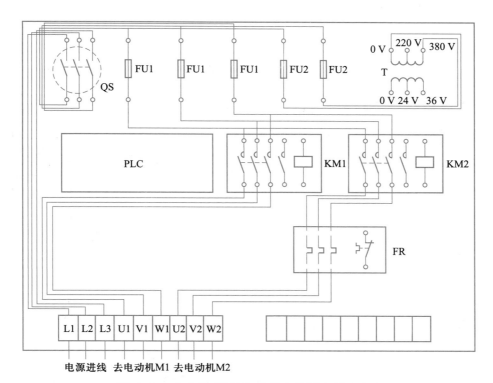

图 4-6　主电路模拟接线图（采用配线木板）

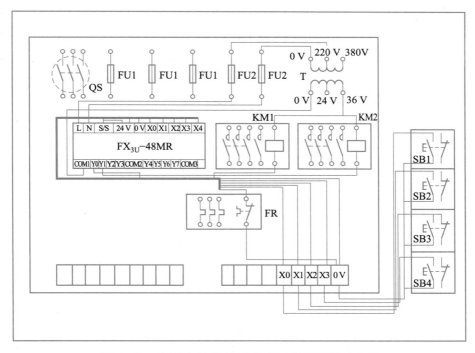

图 4-7　控制电路模拟接线图（采用配线木板）

二、选用元器件及导线

正确、合理选用元器件及导线,是电路安全、可靠工作的保证。选择的基本原则参考项目 2

相关内容。

元器件清单见表 4-3。

表 4-3　元器件清单

序号	名称	型号与规格	单位	数量	备注
1	可编程控制器	FX$_{3U}$-48MR 或自定	台	1	
2	计算机	自定	台	1	
3	绘图工具	自定	套	1	
4	绘图纸	B4	张	4	
5	三相电动机	Y112M-4,4 kW,380 V,Δ形联结;或自定	台	2	
6	组合开关	—	个	1	
7	交流接触器	CJ10-20,线圈电压 36 V	个	2	
8	变压器	BK-50	个	1	
9	热继电器	JR16-20/3,整定电流 8.8 A	个	1	
10	熔断器及配套熔体	RL6-60/20A	套	3	
11	熔断器及配套熔体	RL6-15/4A	套	2	
12	三联按钮	LA10-3H 或 LA4-3H	个	1	
13	接线端子排	JX2-1015,500 V(10A、15 节)	条	4	
14	线槽	30 mm×25 mm	m	5	

三、元器件检查

配备所需元器件后,需先进行元器件检测。具体的元器件检查步骤与方法参考前面的内容。

四、安装元器件

确定元器件完好之后,就需把元器件固定在配线木板上(实训台已经固定)。安装步骤参考前面的内容。

五、布线

元器件固定好之后,即可进行布线。具体的布线工艺和安装步骤参考前面的内容。

六、自检

安装完成后,必须按要求进行检查。

1. 检查线路

对照电路图,检查线路是否存在漏线、错线、掉线、接触不良、安装不牢靠等故障。

2. 使用万用表检测

将电路分成多个功能模块,根据电路原理及使用万用表检查各个模块的电路。万用表检测电路的过程按照表 4-4 所示进行。

表 4-4　万用表检测电路过程对照表

测量要求	测量过程				正确阻值	测量结果
	测量任务	总工序	工序	操作方法		
空载	测量主电路	合上 QS,断开控制电路熔断器 FU2,分别测量三相电源 U、V、W 三相之间的阻值,接通 FU2,测量 U、V 两相之间的阻值	1	所有元器件不动作	∞	
			2	压下 KM1	∞	
			3	压下 KM2	∞	
			4	所有元器件不动作	变压器一次绕组的阻值	
有载	测量主电路	合上 QS,断开控制电路熔断器 FU2,分别测量三相电源 U、V、W 三相之间的阻值	5	所有元器件不动作	∞	
			6	压下 KM1	电动机 M1 两相定子绕组阻值之和	
			7	压下 KM2	电动机 M2 两相定子绕组阻值之和	
空载或有载	测量 PLC 输入电路	测量 PLC 电源输入端 L、N 之间的阻值	8	所有元器件不动作	变压器二次绕组的阻值	
		测量 PLC 电源输入端 L 与 COM 之间的阻值	9	所有元器件不动作	∞	
		测量 PLC 公共端 COM 与 X0 之间的阻值	10	按下启动按钮 SB1	0	
		测量 PLC 公共端 COM 与 X1 之间的阻值	11	按下启动按钮 SB2	0	
		测量 PLC 公共端 COM 与 X2 之间的阻值	12	按下停止按钮 SB3	0	
		测量 PLC 公共端 COM 与 X3 之间的阻值	13	按下停止按钮 SB4	0	
		测量 PLC 公共端 COM 与 X4 之间的阻值	14	所有元器件不动作 按下热继电器测试按钮 FR	0 ∞	

续表

测量要求	测量过程				正确阻值	测量结果
	测量任务	总工序	工序	操作方法		
空载或有载	测量PLC输出电路	测量 PLC 输出点 Y0 与公共端 COM1 的阻值	15	所有元器件不动作	二次绕组与 KM1 线圈阻值之和	
		测量 PLC 输出点 Y1 与公共端 COM1 的阻值	16	所有元器件不动作	二次绕组与 KM2 线圈阻值之和	

检测完毕,断开 QS,元器件恢复原样

任务四　程序设计

一、方法 1:梯形图编程设计

根据电动机顺序启停的控制要求,编写梯形图程序。编写程序可以采用逐步增加、层层推进的方法。

(1)顺序启动程序。只考虑按下启动按钮的过程,暂时不考虑停止按钮和过载保护,但是要将两台电动机自锁考虑进去。当按下启动按钮 SB1(X0)后,启动清理电动机 M1,再按下启动按钮 SB2(X1),启动主轴电动机 M2。

按照这个思路,对照确定的输入/输出地址,设计出程序的基本框架,如图 4-8 所示。

(2)逆序停止程序。当按下停止按钮 SB3(X2)后,先停止主轴电动机 M2,再按下停止按钮 SB4(X3),停止清理电动机 M1。

按照这个思路,对照确定的输入/输出地址,设计出程序的基本框架,如图 4-9 所示。

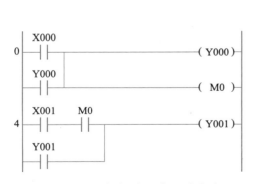

图 4-8　顺序启动程序基本框架

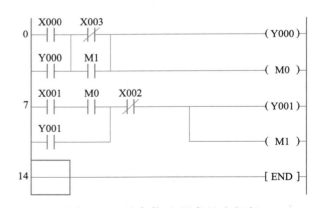

图 4-9　逆序停止程序基本框架

(3)将过载保护也考虑进去,过载保护对应的输入点是 X4。当发生过载故障时,直接将主轴电动机 M2 停止。在编写这部分程序的时候,需要注意以下问题:过载保护是由热继电器 FR 完成的,而在控制电路中接入的是辅助动断触点,所以在程序中 X4 要用动合触点,只有这样才能保证程序的正常运行。

图 4-10 所示是完整的顺序启动、逆序停止程序。

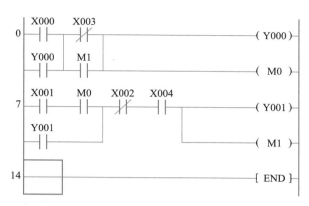

图 4-10　完整的顺序启动、逆序停止程序

二、方法 2：SFC 编程设计

根据电动机顺序启停的控制要求，编写 SFC 程序。编写程序可以采用逐步增加、层层推进的方法。

（1）SFC 程序设计。新建 SFC 程序，并将前两个块分别命名为"主程序"和"控制程序"，如图 4-11 所示。

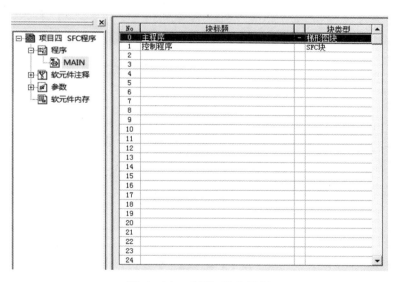

图 4-11　SFC 程序设计

（2）主程序设计。双击打开"主程序"，编写如图 4-12 所示的主程序。

（3）控制程序设计。双击打开"控制程序"，编写如图 4-13 所示的控制程序。注意：由于过载保护 X4 接的是动断触点，为保证程序的正确性，在 SFC 中，X4 也要使用动断触点。程序编写完成后，即可实现顺序启动、逆序停止的控制功能。

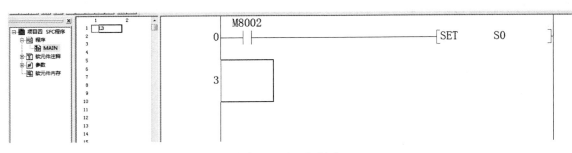

图 4-12　主程序

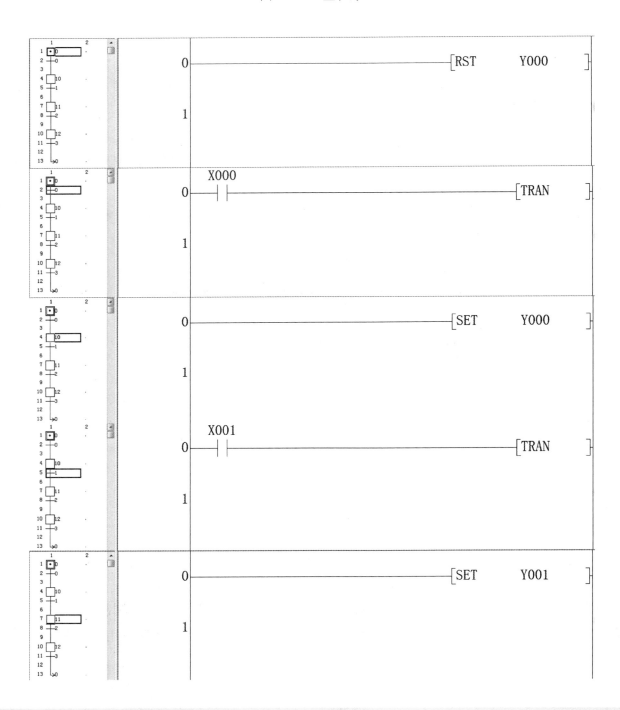

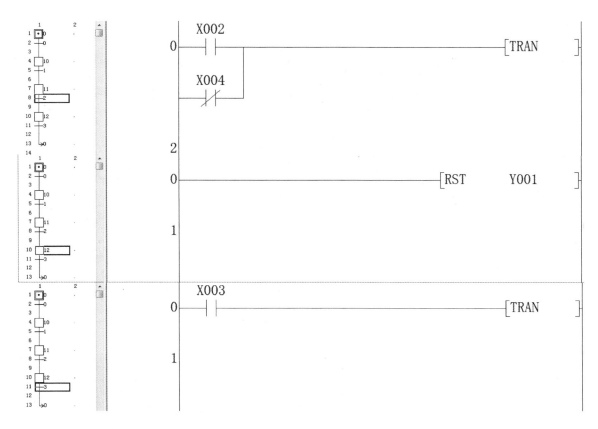

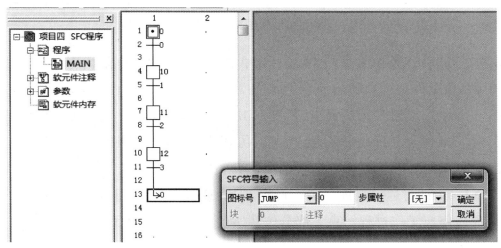

图 4-13　控制程序

任务五　调试

一、程序的输入

参考项目 2 相关内容。

二、模拟仿真调试

（1）程序编写完成后,可以进行模拟仿真调试实验。按下逻辑测试功能按钮,编写的程序会自动写入仿真器中,如图 4-14 所示。

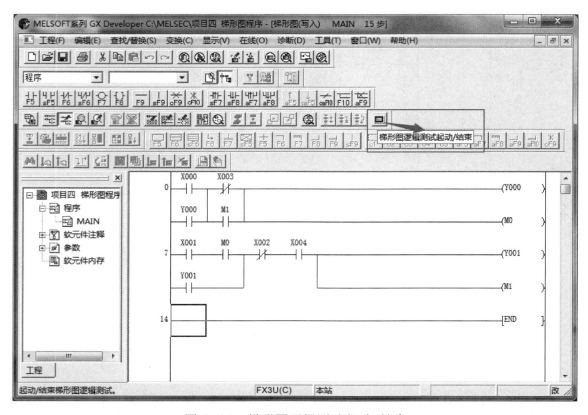

图 4-14　梯形图逻辑测试起动/结束

（2）仿真器设置:打开仿真器后,单击"菜单启动",选择"继电器内存监视"功能。在"软元件"菜单中的"位软元件窗口",分别将 PLC 的 X/Y 仿真按钮调出来。双击某个 X 点,相应位置变成黄色,表示该 X 点已经闭合通电,再次双击该 X 点,相应位置变成初始状态,表示该 X 点已经断电。例如 X4 触点接的是动断触点,所以仿真器中要将 X4 强制闭合,如图 4-15 所示。

（3）相应窗口调出来后,就可以进行模拟仿真实验了。先双击 X0,此时 Y0 应该通电变成黄色,再按下 X1,Y1 即可通电变成黄色。再按下 X2 或者 X4,Y1 断电,再按下 X3,Y0 断电,整个顺序启动、逆序停止工作过程结束。部分仿真实验如图 4-16 所示。

三、系统调试

📢 提示:必须在教师的现场监护下进行通电调试!

通电调试,验证系统功能是否符合控制要求。调试过程分为两大步:程序输入 PLC 和功能调试。

（1）选择菜单命令"在线"—"PLC 写入",下载程序文件到 PLC。

（2）功能调试。按照工作要求,模拟工作过程逐步检测功能是否达到要求。

① 按下启动按钮 SB1,观察电动机 M1 是否正常启动、运行。当 SB1 未按下时,按下 SB2 是没有反应的。如果 M1 能正常运行,则说明 M1 启动程序正确。

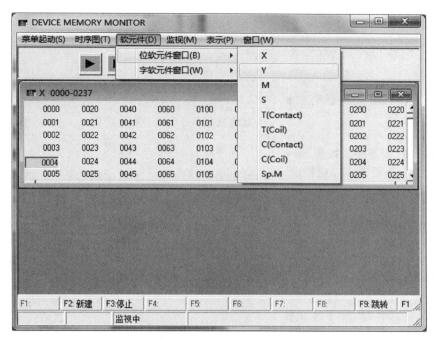

图 4-15   仿真器设置

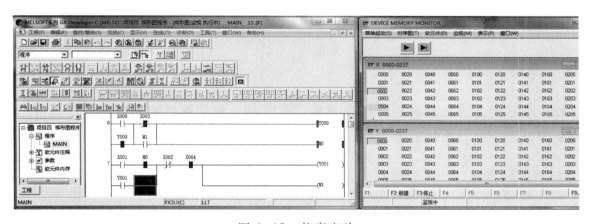

图 4-16   仿真实验

② 按下启动按钮 SB2,观察电动机 M2 是否正常启动、运行。如果 M2 能正常运行,则说明 M2 启动程序正确。

③ 按下停止按钮 SB3,观察电动机 M2 是否能正常停转。当 SB3 未按下时,按下 SB4 是无法停止 M1 的。如果 M2 能正常停止运行,则说明 M2 停止程序正确。

④ 按下停止按钮 SB4,观察电动机 M1 是否能正常停转。如果 M1 能正常停止运行,则说明 M1 停止程序正确。

⑤ 按下热继电器 FR,观察主轴电动机 M2 是否能立即停止工作。如果能,则说明过载程序正确。

(3)填写调试情况记录表(见表 4-5)

表 4-5 调试情况记录表(学生填写)

序号	项目	完成情况记录			备注
		第一次试车	第二次试车	第三次试车	
1	按下启动按钮 SB1,观察电动机 M1 是否能够运转	完成( ) 无此功能( )	完成( ) 无此功能( )	完成( ) 无此功能( )	
2	M1 启动之后,按下停止按钮 SB4,观察电动机 M1 是否能够停止转动	完成( ) 无此功能( )	完成( ) 无此功能( )	完成( ) 无此功能( )	
3	M1 没有运转时,按下启动按钮 SB2,观察 M2 是否能够动作	完成( ) 无此功能( )	完成( ) 无此功能( )	完成( ) 无此功能( )	
4	M1 运转时,按下启动按钮 SB2,观察 M2 是否能够动作	完成( ) 无此功能( )	完成( ) 无此功能( )	完成( ) 无此功能( )	
5	M1、M2 都在运转时,按下停止按钮 SB3,观察 M2 是否停止运转	完成( ) 无此功能( )	完成( ) 无此功能( )	完成( ) 无此功能( )	
6	过载保护功能是否实现	完整( ) 无此功能( )	完整( ) 无此功能( )	完整( ) 无此功能( )	

□【项目评价】

对整个项目的完成情况进行评价和考核。可以分为教师评价和学生自评两部分,具体评价规则见附录中的附表 2 和附表 3。

□【项目拓展】

(1) 如果要求在 M1 上也设有过载保护,电路应该怎么接? 程序如何修改?

(2) 如果在调试过程中出现 M2 不能运转的故障,该如何排除?

(3) 如果使电路具有断电保持功能,应如何实现?

□【知识链接】

辅助继电器的基本知识

辅助继电器是 PLC 中数量最多的一种继电器,一般的辅助继电器与电力拖动控制系统中的中间继电器相似。辅助继电器一般用大写英文字母 M 表示,辅助继电器采用 M 与十进制数共同组成编号,例如 M0、M100、M500、M8013 等,当然也有特殊的场合,辅助继电器只有作为输入或输出继电器时,才能使用八进制数进行编号。

需要说明的是,辅助继电器没有具体的驱动线圈以及动合、动断触点,它只是 PLC 内部的一组数据,在进行 PLC 编程的时候,直接调用即可。另外,由于辅助继电器没有具体的动合、动断触点,所以不能直接驱动外部的负载,如果要驱动负载的话,只能由输出继电器的外部触点驱动。

在进行 PLC 编程时,辅助继电器的动合、动断触点可无限次使用,而实物的中间继电器只有固定的几个动合、动断触点。在这点上,要把辅助继电器和实物的中间继电器区分开来。

辅助继电器的分类见表 4-6。

表 4-6　辅助继电器的分类

名称	触点范围	触点数量	功能说明
通用型辅助继电器	M0～M499	500 点	通用型,不具有断电保持功能
断电保持型辅助继电器	M500～M3071	2 572 点	具有断电保持功能
特殊型辅助继电器	M8000～M8255	256 点	具有特殊的用途

下面就辅助继电器的功能以及用法做一些讲解。

1. 通用型辅助继电器(M0～M499)

FX$_{3U}$ 系列通用型辅助继电器的元件编号为 M0～M499,共有 500 点通用辅助继电器。它和电力拖动课程中的中间继电器功能基本一样,在电力拖动课程中,一旦中间继电器的线圈通电,那么这个中间继电器就会动作,动断触点先断开,然后动合触点闭合。当系统断电之后,中间继电器立即会恢复到最初始的状态。同理,在 PLC 运行时,如果辅助继电器在程序中被驱动,那么这个辅助继电器的动断触点断开,动合触点闭合。如果 PLC 正在工作时,系统的电源突然断电,则全部的辅助继电器均停止工作,动合、动断触点也恢复至初始状态。当系统电源再次接通时,除了因外部输入信号而变为通电的辅助继电器以外,其余的辅助继电器仍将保持断电状态,它们不具有断电保持的功能。

下面就以电动机的自锁控制系统为例,讲解通用型辅助继电器的用法和特点,如图 4-17 所示。

工作过程:当启动按钮 X0 按下之后,通用型辅助继电器 M0 通电吸合,交流接触器 Y0 通电吸合,同时辅助继电器 M0 的动合触点闭合进行自锁,此时,电动机开始连续运转。当意外断电之后,辅助继电器 M0 断电,同时 M0 的动合触点断开,电动机也断电停止转动。当再次上电之后,由于 M0 不具有断电保持功能,故电动机不能再次连续运转。

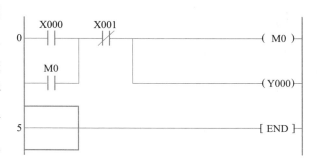
图 4-17　电动机自锁控制系统

通用型辅助继电器常在逻辑运算中作为辅助运算、状态暂存、移位等。

如果确实需要通用型辅助继电器具有断电保持功能,则可以根据实际需要,通过程序,将 M0～M499 设为断电保持型辅助继电器。

2. 断电保持型辅助继电器(M500～M3071)

FX$_{3U}$ 系列有 M500～M3071 共 2 572 个断电保持型辅助继电器。

其中 M500～M1023 共 524 点,可通过参数设定将其改为通用型辅助继电器。

M1024～M3071 共 2 048 点,为专用断电保持辅助继电器。其中 M2800～M3071 用于上升沿、下降沿指令的接点时,有一种特殊性,这将在后面说明。

断电保持辅助继电器与普通辅助继电器不同的是具有断电保护功能,即能记忆电源中断瞬时的状态,并在重新通电后再现其状态。它之所以能在电源断电时保持其原有的状态,是因为电源中断时用 PLC 中的锂电池保存它们映像寄存器中的内容。其中 M500～M1023 可由软件将其设定为通用辅助继电器。

下面通过电动机正反转控制小车自动往返系统来说明断电保持辅助继电器的应用及其特点,如图 4-18 所示。

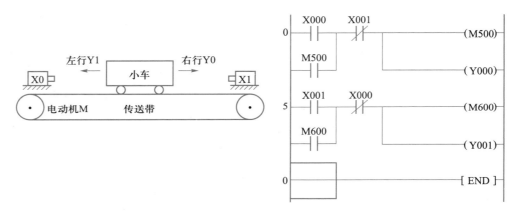

图 4-18　小车自动往返系统

小车的正反向运动中,用 M500、M600 控制继电器驱动小车运动。X0、X1 为左、右两侧的行程开关,作用是作为左、右两侧的限位输入信号。运行的过程是:当 X0 按下时→辅助继电器 M500 通电吸合→右行交流接触器 Y0 通电吸合→电动机 M 正转→小车开始向右行驶。

当向右行驶的过程中,系统突然停电→小车中途停止。当再次上电后,由于辅助继电器 M500 属于断电保持型辅助继电器,故上电之后依然保持断电前的状态,所以辅助继电器 M500 再次通电→右行交流接触器 Y0 也再次通电→电动机 M 依然保持正转→小车再次向右行驶。

当到达行程开关 X1 时,由于机械碰撞,使得 X1 闭合→辅助继电器 M500 断电→右行交流接触器 Y0 断电→电动机停止正转→小车停止右行,同时由于 X1 的闭合→辅助继电器 M600 通电吸合→左行交流接触器 Y1 通电吸合→电动机 M 反转→小车改变方向,开始向左行驶。

当再次碰撞到行程开关 X0 的时候,小车就会再次改变运行方向,而向右行驶。可见由于 M500 和 M600 具有断电保持功能,所以在小车中途因停电停止后,一旦电源恢复,M500 或 M600 仍记忆原来的运行状态,将由它们控制相应输出继电器,小车继续沿原方向运动。若不用断电保持型辅助继电器,当小车中途断电后,即使再次通电,小车也不能运动。

3. 特殊辅助继电器(M8000~M8255)

PLC 内部有大量的特殊辅助继电器,它们都有各自的特殊功能。FX$_{3U}$ 系列中有 256 个特殊辅助继电器,可分成触点型和线圈型两大类。

(1) 触点型

其线圈由 PLC 自动驱动,用户只可使用其触点。例如:

M8000:运行监视器(在 PLC 运行中接通),M8001 与 M8000 相反逻辑。

M8002:初始脉冲(仅在运行开始时瞬间接通),M8003 与 M8002 相反逻辑。

M8011、M8012、M8013 和 M8014 分别是产生 10 ms、100 ms、1 s 和 1 min 时钟脉冲的特殊辅助继电器。

M8000、M8002、M8012 的波形图如图 4-19 所示。

(2) 线圈型

由用户程序驱动线圈后 PLC 执行特定的动作。例如:M8033、M8034 的线圈等。

M8030:M8030 的线圈通电时,当锂电池电压降低时,PLC 面板上的指示灯不亮。

M8033:M8033 的线圈通电时,在 PLC 停止(STOP)时,元件映像寄存器中(Y、M、C、T、D 等)的数据仍保持。

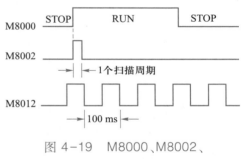

图 4-19　M8000、M8002、M8012 的波形图

M8034:线圈通电时,全部输出继电器断电不输出。

M8035:强制运行(RUN)模式。

M8036:强制运行(RUN)指令。

M8037:强制停止(STOP)指令。

M8039:线圈通电时,PLC 以 D8039 中指定的扫描时间工作。

部分特殊辅助继电器的功能及作用可参考相关说明书。

项目 5　数控车床主轴电动机控制

□【项目目的】

（1）掌握 PLC 定时器的应用。

（2）掌握交流电动机 Y-Δ 降压启动控制电路的工程设计与安装。

□【项目任务】

在实际的生产过程中,三相交流异步电动机因其结构简单、价格便宜、可靠性高等优点被广泛应用。但在启动过程中启动电流较大,所以容量大的电动机必须采取一定的方式启动,Y-Δ 换接启动就是一种简单方便的降压启动方式。

对于正常运行的定子绕组为三角形接法的笼型异步电动机来说,如果在启动时将定子绕组接成星形,待启动完毕后再接成三角形,就可以降低启动电流,减轻对电网的冲击。这样的启动方式称为星-三角降压启动,简称 Y-Δ 启动。完成各种工件加工的数控车床的主轴电动机控制电路,就是一个典型的 Y-Δ 降压启动电路。

某数控车间有一个数控车床安装调试的项目,要求对其主轴电动机采用 Y-Δ 启动运行方式。具体的控制过程为:在给主轴电动机正确地通电后,按下启动按钮 SB1,主轴电动机的内部绕组接成 Y 形,在经过 5 s 的启动延时后,再将主轴电动机的内部绕组接成 Δ 形,这样就完成了 Y-Δ 启动过程。当加工完工件之后,按下停止按钮 SB2,主轴电动机停止工作,如图 5-1 所示。

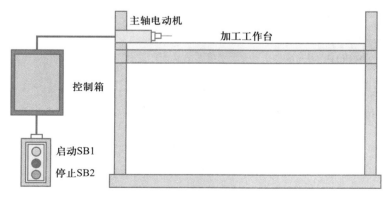

图 5-1　数控车床主轴电动机模拟控制图

【项目分析】

（1）功能分析

通过对设备的工作过程分析,可以将工作过程分为两部分:从启动到正常工作部分和从正常工作到完全停止部分。总体来看,主轴电动机控制电路其实就是 Y-Δ 降压启动控制电路。

（2）电路分析

整个电路的总控制环节可以采用组合开关,也可以采用保护特性更优良、使用寿命更长、安装更方便的空气断路器(空气开关)。电动机采用三相异步电动机,采用交流接触器实现异步电动机的通电与断电。用 1 个热继电器实现主轴电动机的过载保护。用 5 个熔断器实现主电路和控制电路的短路保护。控制按钮需要 2 个,分别用于启动以及停止。总的控制采用 1 个三菱 FX_{3U} 系列可编程控制器。主要元器件清单见表 5-1。

表 5-1　主要元器件清单

序号	符号	名称	数量
1	PLC	可编程控制器	1 个
2	FR	热继电器	1 个
3	FU1	主电路熔断器	3 个
4	FU2	控制电路熔断器	2 个
5	KM1、KM2、KM3	交流接触器	3 个
6	M	主轴电动机	1 台
7	QS	主电路组合开关	1 个
8	SB1	启动按钮	1 个
9	SB2	停止按钮	1 个
10	TC	变压器	1 个

【项目实施】

任务一　电路设计与绘制

一、主电路设计与绘制

根据功能分析,主电路应包含以下部分:

（1）需要 3 个交流接触器,1 个控制主电路是否通电,另外 2 个分别负责将主轴电动机的绕组接成 Y 形和 Δ 形。

（2）主轴电动机 M 具有过载保护功能,由热继电器 FR 完成此功能。

（3）主电路具有短路保护功能,由 3 个熔断器 FU1 完成此功能。

具体的主电路如图 5-2 所示。

二、确定 PLC 的输入/输出点数

（1）确定输入点数

根据项目任务的描述,需要 1 个启动按钮、1 个停止按钮、1 个过载保护触点,所以一共有 3 个输入信号,即输入点数为 3,需 PLC 的 3 个输入端子。

（2）确定输出点数

由功能分析可知,一个接触器控制主电路是否通电,两个交流接触器需要 PLC 驱动,所以只需要 PLC 的 3 个输出端子。

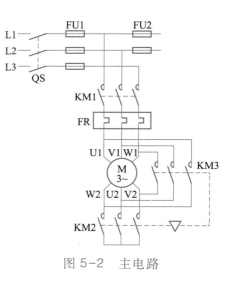

图 5-2　主电路

根据输入/输出点数,可以选择对应的 PLC 的型号,实训装置上的 FX_{3U}-48MR 完全能满足需要。

三、列出输入/输出地址分配表

根据确定的点数,输入/输出地址分配见表 5-2。

表 5-2　输入/输出地址分配表

输入			输出		
输入继电器	电路元件	作用	输出继电器	电路元件	作用
X0	SB1	启动按钮	Y0	KM1	通电接触器
X1	SB2	停止按钮	Y1	KM2	Y 形接触器
X2	FR	过载保护	Y2	KM3	△ 形接触器

四、控制电路设计与绘制

根据地址分配表,已经可以确定 PLC 的端口接线,但在实际工程中要考虑电路的安全,所以要充分考虑保护措施。本电路用热继电器进行过载保护。根据这些考虑绘制的控制电路如图 5-3 所示。

任务二　接线图绘制

一、元器件布置图绘制

如果有条件,可以采用一体化的 PLC 实训台。

如果没有 PLC 实训台,则可采用一块配线木板,在木板上布置元器件。画出采用配线木板的模拟元器件布置图,可参考图 3-4。

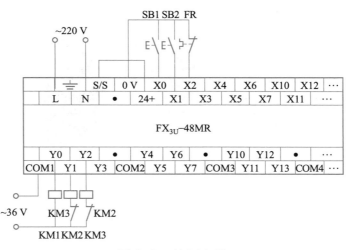

图 5-3　控制电路

二、绘制布局接线图

根据电气原理图,绘制出主电路的模拟接线图。如果采用 PLC 实训台,那么就先在 PLC 的实训台上,选好各个模块,然后用导线将各个模块按照电路图进行连接,最终组成完整的电气连接。

图 5-4 是采用 PLC 实训台时的主电路连接图。图 5-5 是采用 PLC 实训台时的控制电路连接图。

如果采用配线木板,那么根据电气原理图,绘制出主电路的模拟接线图和控制电路的模拟接线图。图 5-6 所示为采用配线木板的主电路模拟接线图,图 5-7 所示为采用配线木板的控制电路模拟接线图。

任务三　安装电路

本任务的基本操作步骤可以分为:清点工具和仪表→选用元器件及导线→元器件检查(实训台上检查需要用到的元器件)→安装元器件(实训台上已固定)→布线→自检。

一、清点工具和仪表

根据任务的具体内容,选择工具和仪表,参考项目 2 相关内容。

二、选用元器件及导线

正确、合理选用元器件及导线,是电路安全、可靠工作的保证。选择的基本原则参考项目 2 相关内容。

根据以上原则以及国家相关的技术文件和元器件选型表,选择元器件,见表 5-3。

三、元器件检查

配备所需元器件后,需先进行元器件检测。具体的元器件检查步骤与方法参考前面的内容。

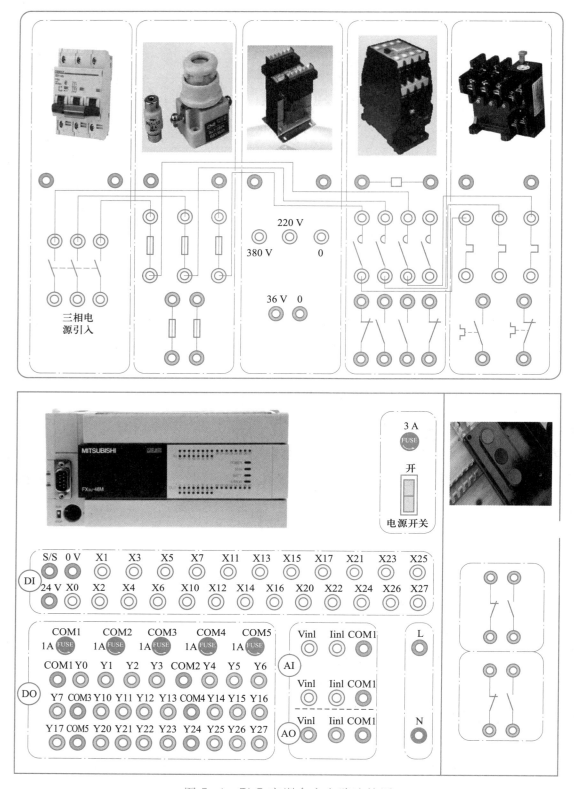

图 5-4   PLC 实训台主电路连接图

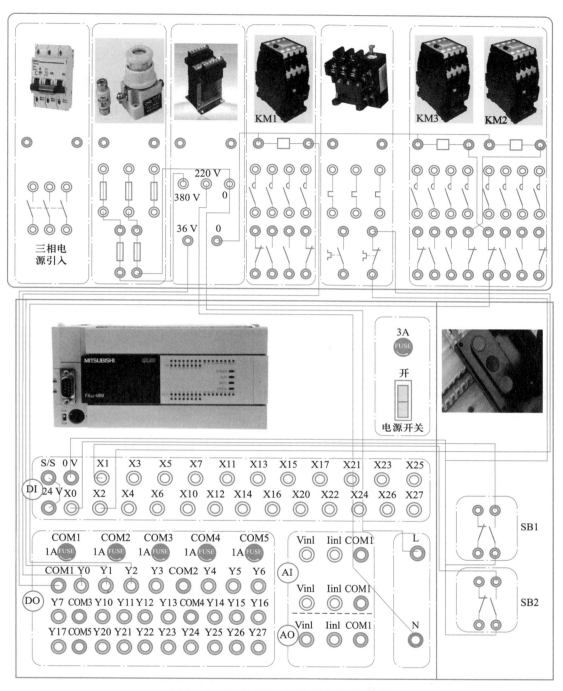

图 5-5　PLC 实训台控制电路连接图

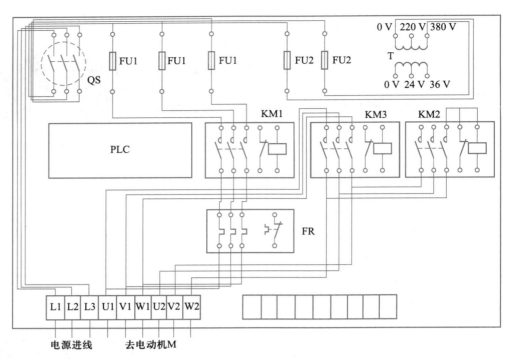

图 5-6　主电路模拟接线图（采用配线木板）

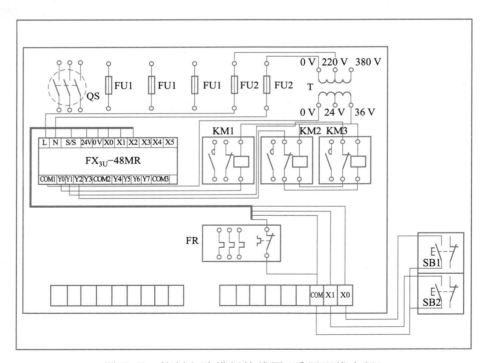

图 5-7　控制电路模拟接线图（采用配线木板）

表 5-3　元器件清单

序号	名称	型号与规格	单位	数量	备注
1	可编程控制器	FX_{3U}-48MR 或自定	台	1	
2	计算机	自定	台	1	
3	绘图工具	自定	套	1	
4	绘图纸	B4	张	4	
5	三相电动机	Y112M-4,4kW、380V、△ 形联结;或自定	台	1	
6	组合开关	—	个	1	
7	交流接触器	CJ10-20,线圈电压 380V	个	3	
8	变压器	BK-50	个	1	
9	热继电器	JR16-20/3,整定电流 8.8A	个	1	
10	熔断器及配套熔体	RL6-60/20A	套	3	
11	熔断器及配套熔体	RL6-15/4A	套	2	
12	三联按钮	LA10-3H 或 LA4-3H	个	1	
13	接线端子排	JX2-1015,500V(10A、15 节)	条	4	
14	线槽	30 mm×25 mm	m	5	

四、安装元器件

确定元器件完好之后,需要把元器件固定在配线木板上(实训台已经固定)。安装步骤参考前面的内容。

五、布线

元器件固定好之后,即可进行布线。具体的布线工艺和安装步骤参考前面的内容。

六、自检

安装完成后,必须按要求进行检查。

1. 检查线路

对照电路图,检查线路是否存在漏线、错线、掉线、接触不良、安装不牢靠等故障。

2. 使用万用表检测

将电路分成多个功能模块,根据电路原理使用万用表检查各个模块的电路。如果测量的阻值与正确的有差异,则应逐步排查,以确定最后错误点。

万用表检测电路的过程按照表 5-4 所示进行。

表 5-4　万用表检测电路的过程

测量要求	测量过程				正确阻值	测量结果
	测量任务	总工序	工序	操作方法		
空载	测量主电路	合上 QS,断开控制电路熔断器 FU2,分别测量三相电源 U、V、W 三相之间的阻值	1	所有元器件不动作	∞	
			2	压下 KM1	∞	
			3	压下 KM2	∞	
			4	压下 KM3	∞	
		接通 FU2,测量 U、V 两相之间的阻值	5	所有元器件不动作	变压器一次绕组的阻值	
有载	测量主电路	合上 QS,断开控制电路熔断器 FU2,分别测量三相电源 U、V、W 三相之间的阻值	6	所有元器件不动作	∞	
			7	压下 KM1	电动机 M 两相定子绕组之间的绝缘阻值	
			8	压下 KM2	∞	
			9	压下 KM3	∞	
空载或有载	测量 PLC 输入电路	测量 PLC 电源输入端 L、N 之间的阻值	10	所有元器件不动作	变压器二次绕组的阻值	
		测量 PLC 电源输入端 L 与公共端 COM 之间的阻值	11	所有元器件不动作	∞	
		测量 PLC 公共端 COM 与 X0 之间的阻值	12	按下启动按钮 SB1	0	
		测量 PLC 公共端 COM 与 X1 之间的阻值	13	按下停止按钮 SB2	0	
		测量 PLC 公共端 COM 与 X2 之间的阻值	14	所有元器件不动作	0	
				按下热继电器测试按钮 FR	∞	
	测量 PLC 输出电路	测量 PLC 输出点 Y0 与公共端 COM 的阻值	15	所有元器件不动作	二次绕组与 KM1 线圈阻值之和	
		测量 PLC 输出点 Y1 与公共端 COM 的阻值	16	所有元器件不动作	二次绕组与 KM2 线圈阻值之和	
		测量 PLC 输出点 Y2 与公共端 COM 的阻值	17	所有元器件不动作	二次绕组与 KM3 线圈阻值之和	

检测完毕,断开 QS,元器件恢复原样

任务四　程序设计

一、方法 1:梯形图编程设计

根据电动机顺序启停的控制要求,编写梯形图程序。编写程序可以采用逐步增加、层层推进的方法。在编写程序的时候,应该考虑到 KM1 持续通电,所以 KM1 需要自锁控制,而 KM2 和 KM3 不能同时通电,所以 KM2 和 KM3 要进行联锁控制,具体的程序设计如下:

（1）KM1 通电程序。当按下启动按钮 SB1(X0)时,交流接触器 KM1(Y0)吸合(暂时不考虑停止按钮 SB2 和过载保护 FR)。

按照这个思路,对照确定的输入/输出地址,设计出程序的基本框架,如图 5-8 所示。

（2）Y 形联结程序。当按下启动按钮 SB1(X0)时,交流接触器 KM1(Y0)吸合。同时接通 100 ms 定时器 T0 进行 5 s 的启动延时,同时 Y 形交流接触器 KM2(Y1)吸合。

按照这个思路,对照确定的输入/输出地址,设计出程序的基本框架,如图 5-9 所示。

图 5-8　主电路通电程序基本框架

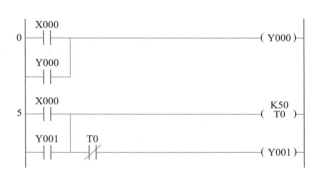

图 5-9　主电路 Y 形联结程序基本框架

（3）Δ 形联结程序。当启动延时经过 5 s 后,即 T0 定时器动作,先将 Y 形交流接触器 KM2(Y1)断开,然后接通 Δ 形交流接触器 KM2(Y2)。

按照这个思路,对照确定的输入/输出地址,设计出程序的基本框架,如图 5-10 所示。

（4）综合程序。最后将停止按钮 SB2(X1)和过载保护 FR(X2)考虑进去,这样就组成了一个完整的 Y-Δ 启动程序。

按照这个思路,对照确定的输入/输出地址,设计出 Y-Δ 启动程序,如图 5-11 所示。

二、方法 2:SFC 编程设计

根据电动机顺序启停的控制要求,编写 SFC 程序。编写程序可以采用逐步增加、层层推进的方法。

（1）SFC 程序设计。新建 SFC 程序,并将前两个块分别命名为"主程序"和"控制程序",如图 5-12 所示。

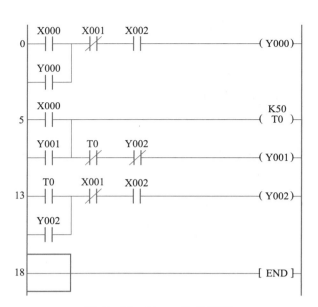

图 5-10　主电路 Δ 形联结程序基本框架　　　　图 5-11　Y-Δ 启动程序

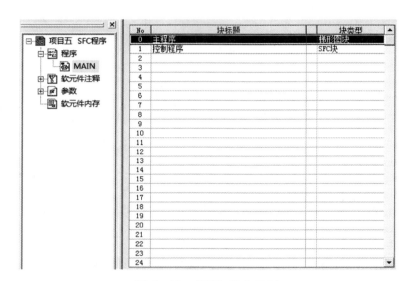

图 5-12　SFC 程序设计

（2）主程序设计。双击打开"主程序"，编写如图 5-13 所示的主程序。

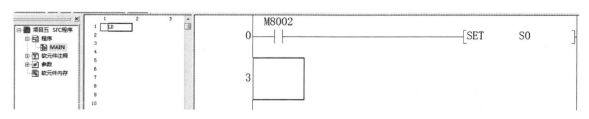

图 5-13　主程序设计

（3）控制程序设计。双击打开"控制程序"，编写如图 5-14 所示的控制程序。注意：由于过载保护 X2 接的是动断触点，为保证程序的正确性，在 SFC 中，X2 也要使用动断触点。程序编写完成后，即可实现 Y-△ 启动的控制功能。

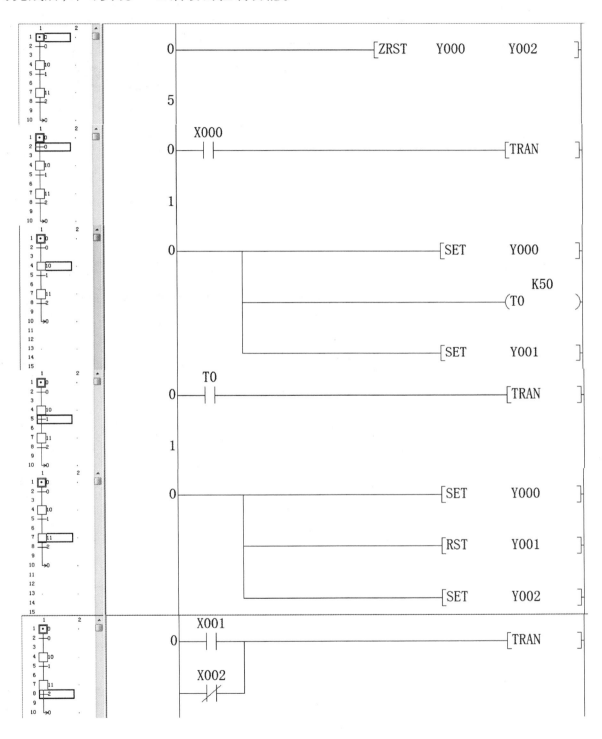

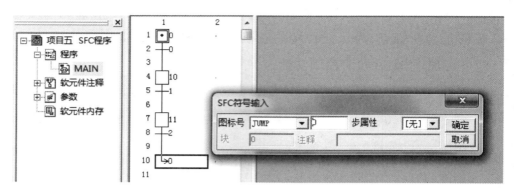

图 5-14　控制程序设计

任务五　调试

一、程序的输入

参考项目 2 相关内容。

二、模拟仿真调试

（1）程序编写完成后，可以进行模拟仿真调试实验。按下逻辑测试功能按钮，编写的程序会自动写入仿真器中，如图 5-15 所示。

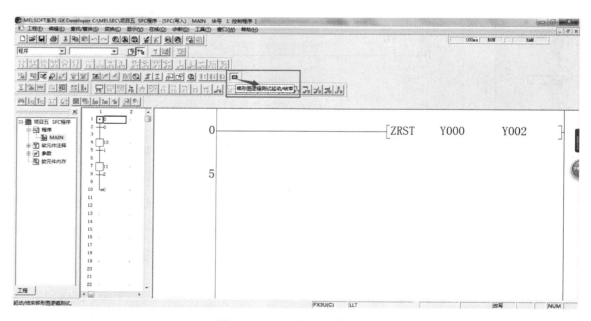

图 5-15　程序写入仿真器

（2）仿真器设置：打开仿真器后，单击"菜单启动"，选择"继电器内存监视"功能。再选择"软元件"菜单中的"位软元件窗口"，分别将 PLC 的 X/Y 仿真按钮调出来。双击某个 X 点，相应位置变成黄色，表示该 X 点已经闭合通电。再次双击该 X 点，相应位置变成初始状态，表示该 X 点已经断电。例如 X2 触点接的是动断触点，所以仿真器中要将 X2 强制闭合。

（3）相应窗口调出来后，就可以进行模拟仿真实验了。先双击 X0，此时 Y0 和 Y1 应该同时通电变成黄色，同时计时器 T0 进行 5 s 的计时，如图 5-16 所示。

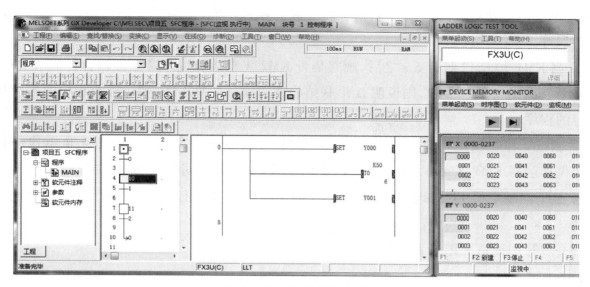

图 5-16　星形联结启动

5 s 计时结束后，Y1 自动断开，同时 Y2 通电吸合，整个工作过程结束。当按下停止按钮 X1 或者过载保护按钮 X2 的时候，Y0 和 Y1 同时断电，如图 5-17 所示。

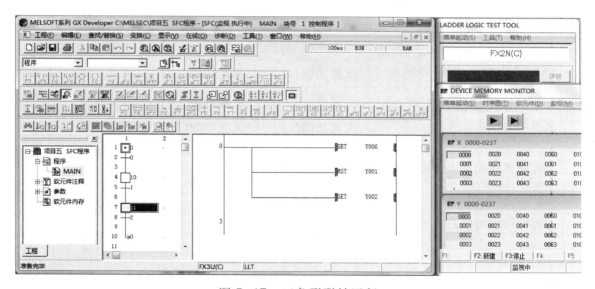

图 5-17　三角形联结运行

三、系统调试

🔊 提示：必须在教师的现场监护下进行通电调试！

通电调试，验证系统功能是否符合控制要求。调试过程分为两大步：程序输入 PLC 和功能调试。

（1）选择菜单命令"在线"→"PLC 写入"，下载程序文件到 PLC。

（2）功能调试。按照工作要求,模拟工作过程逐步检测功能是否达到要求。

① 按下启动按钮 SB1,观察 KM1 和 KM2 是否正常吸合。如果 KM1 和 KM2 能够正常吸合,则说明主电路通电程序和 Y 形联结程序正确。如果不能,则需要检测线路是否正确、程序是否错误等。

② 当 KM1 和 KM2 吸合 5 s 之后,观察是否 KM2 先释放,然后 KM3 再吸合。如果 KM2 和 KM3 能够正常地释放和吸合,则说明 Δ 形联结程序正确。如果不能,则应检测相应的连接线路和对应的程序。

③ 当按下停止按钮 SB2 时,交流接触器 KM1 和 KM3 立即断电,电动机 M 也迅速停止工作。如果接触器 KM1、KM3 以及电动机 M 能够正常动作,则说明停止程序正确。

④ 按下热继电器 FR,观察主轴电动机 M 是否能够立即停止工作。如果能,则说明过载程序正确。

（3）填写调试情况记录表(见表 5-5)。

表 5-5　调试情况记录表(学生填写)

序号	项目	完成情况记录			备注
		第一次试车	第二次试车	第三次试车	
1	按下启动按钮 SB1,观察 KM1、KM2 是否吸合	完成（　　）	完成（　　）	完成（　　）	
		无此功能（　　）	无此功能（　　）	无此功能（　　）	
2	KM1、KM2 吸合 5 s 之后,是否 KM2 先释放,KM3 再吸合	完成（　　）	完成（　　）	完成（　　）	
		无此功能（　　）	无此功能（　　）	无此功能（　　）	
3	按下停止按钮 SB2,电动机是否能够停止运转	完成（　　）	完成（　　）	完成（　　）	
		无此功能（　　）	无此功能（　　）	无此功能（　　）	
4	接触器联锁是否正确	完成（　　）	完成（　　）	完成（　　）	
		无此功能（　　）	无此功能（　　）	无此功能（　　）	
5	过载保护功能是否实现	完成（　　）	完成（　　）	完成（　　）	
		无此功能（　　）	无此功能（　　）	无此功能（　　）	

□【项目评价】

对整个项目的完成情况进行评价和考核。可以分为教师评价和学生自评两部分,具体评价规则见附录中的附表 2 和附表 3。

□【项目拓展】

（1）如果要求电动机还具有正反转功能,电路应该怎么接?程序如何修改?

（2）如果在调试过程中,出现 KM3 不吸合的故障,该如何排除?

（3）如果在调试过程中需要监控定时器的状态,如何在软件中实现?

□【知识链接】

定时器的基本知识

PLC 中的定时器相当于电力拖动控制系统中的通电型时间继电器,只是 PLC 中的定时器没有具体的动合、动断触点,它是看不见摸不着的,只是 PLC 内部的一组数据。在进行 PLC 编程时,它可以提供无限对动合、动断延时触点。另外,由于定时器没有具体的动合、动断触点,所以不能直接驱动外部的负载,如果要驱动负载,只能由输出继电器的外部触点驱动。

定时器一般用大写英文字母 T 表示,定时器采用 T 与十进制数共同组成编号,如 T10、T150、T250 等。

FX$_{3U}$ 系列中定时器可分为两种,即通用型定时器和积算型定时器。它们是在 PLC 内部通过对一定周期的时钟脉冲计数实现定时的,时钟脉冲的周期有 1 ms、10 ms、100 ms 三种,当定时器所计的脉冲个数达到预先设定值时,定时器的触点就会动作,动断触点先断开,动合触点再闭合。预先的设定值可用十进制定时常数 K 进行设置。

在进行 PLC 编程时,定时器的动合与动断触点可无限次使用,而电力拖动中的时间继电器只有固定的几个动合、动断触点。在这点上,要把定时器和电力拖动中的时间继电器区分开来。

定时器的分类见表 5-6。

表 5-6　定时器的分类

名称	触点范围	触点数量	功能说明
100 ms 通用型定时器	T0 ~ T199	200 点	通用型,不具有断电保持功能
10 ms 通用型定时器	T200 ~ T245	46 点	
1 ms 断电保持型定时器	T246 ~ T249	4 点	具有断电保持功能
100 ms 断电保持型定时器	T250 ~ T255	6 点	

下面就定时器的功能以及用法做一些讲解。

1. 通用型定时器

（1）100 ms 通用型定时器

100 ms 通用型定时器的触点范围为 T0 ~ T199,共有 200 个触点,其中 T192 ~ T199 为子程序和中断服务程序专用定时器。这类定时器是对 100 ms 时钟累积计数,设定值为 1 ~ 32 767,所以其定时范围为 0.1 ~ 3 276.7 s。

定时时间计算方法:定时时间 $T=$ 定时常数 $K×100$ ms。

例如选用定时器 T0,当 $K=10$ 时:定时时间为 $10×100$ ms $=1$ s。

（2）10 ms 通用型定时器

10 ms 通用型定时器的触点范围为 T200～T245,共有 46 个触点。这类定时器是对 10 ms 的时钟信号进行累积计数,设定值为 1～32 767,所以其定时范围为 0.01～327.67 s。

定时时间计算方法:定时时间 $T=$ 定时常数 $K×10$ ms。

例如选用定时器 T200,当 $K=100$ 时:定时时间为 $100×10$ ms $=1$ s。

通用型定时器的特点是不具备断电保持功能,即当输入电路断开或停电时定时器会恢复到最初始的设定状态。

2. 通用型定时器的控制方法

定时器的控制方法就是利用 PLC 的定时器和其他元器件构成各种时间控制,这是各类控制系统经常用到的功能。在 FX$_{3U}$ 系列 PLC 中定时器是通电延时型,即当定时器的输入信号接通后,定时器的当前值计数器开始对其相应的时钟脉冲进行累积计数,当该计数值与预先设定值相等时,定时器动作,其动断触点先断开,然后动合触点闭合。通电延时控制分为通电延时接通控制和通电延时断开控制两类。

（1）通电延时接通控制

顾名思义,通电延时接通控制就是在接通定时器电源之后,定时器开始计数,当计数值到达预先设定值时,定时器动作,其动合触点闭合,这个过程就称为通电延时接通控制。下面用一个小例子说明。

在图 5-18 中,当启动按钮 X0 按下时,PLC 内部的辅助继电器 M0 接通并自锁,由于 M0 通电,所以 M0 的动合触点接通了定时器 T0,T0 的当前值计数器开始对 100 ms 的时钟脉冲进行累积计数。当该计数器累积到设定值 20 时,即从 X0 按下后累积延时 2 s,等 2 s 延时结束后,定时器 T0 开始动作,T0 的动合触点闭合,输出继电器 Y0 接通。

当停止按钮 X1 按下时,PLC 内部辅助继电器 M0 断电,其自锁触点和动合触点断开,定时器 T0 被复位,定时器 T0 的动合触点断开,输出继电器 Y0 断电。需要说明的是,定时器 T0 是 100 ms 通用型定时器,不具有断电保持功能。

具体的工作过程是:按下启动按钮 X0→辅助继电器 M0 通电→M0 自锁且动合触点闭

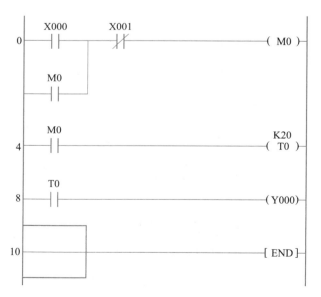

图 5-18　通电延时接通控制程序

合→接通定时器 T0→定时器开始计数→到达设定值 20 后→定时器 T0 动合触点闭合→输出继电器 Y0 通电→开始正常工作。

按下停止按钮 X1→M0 断电→T0 断电→Y0 断电→系统停止工作。

（2）通电延时断开控制

顾名思义，通电延时断开控制就是在接通定时器电源之后，定时器开始计数，当计数值到达预先设定值时，定时器的动断触点断开，这个过程就称为通电延时断开控制。下面用一个小例子说明。

在图 5-19 中，当按钮 X0 按下时，PLC 内部的辅助继电器 M0 接通并自锁，由于 M0 通电，所以 M0 的动合触点接通了定时器 T0，T0 的当前值计数器开始对 100 ms 的时钟脉冲进行累积计数。当该计数器累积到设定值 20 时，即从 X0 按下后延时 2 s，等 2 s 延时结束后，定时器 T0 开始动作，T0 的动断触点断开，输出继电器 Y0 断电，系统停止工作。

当按钮 X1 按下时，PLC 内部辅助继电器 M0 断电，其自锁触点和动合触点断开，定时器 T0 被复位，定时器 T0 的动断触点闭合，输出继电器 Y0 通电，系统开始工作。需要说明的是，定时器 T0 是 100 ms 通用型定时器，不具有断电保持功能。

具体的工作过程是：按下按钮 X0→辅助继电器 M0 通电→M0 自锁且动合触点闭合→接通定时器 T0→定时器开始计数→到达设定值 20 后→定时器 T0 动断触点断开→输出继电器 Y0 断电。

按下按钮 X1→M0 断电→T0 断电→Y0 通电。

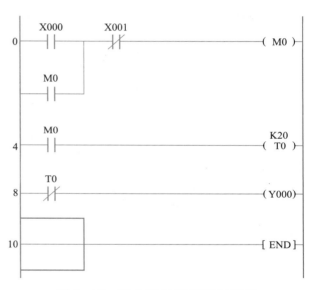

图 5-19　通电延时断开控制程序

3. 积算型定时器

（1）1 ms 积算型定时器

1 ms 积算型定时器的触点范围是 T246～T249，共有 4 个触点，是对 1 ms 时钟脉冲进行累积计数，定时的时间范围为 0.001～32.767 s。需要说明的是，这些定时器具有断电保持功能。

定时时间计算方法：定时时间 T＝定时常数 $K×1$ ms。

例如选用定时器 T246，当 K＝10 时：定时时间为 10×1 ms＝10 ms。

（2）100 ms 积算型定时器

100 ms 积算型定时器的触点范围是 T250～T255，共有 6 个触点，是对 1 ms 时钟脉冲进行累积计数，定时的时间范围为 0.1～3276.7 s。需要说明的是，这些定时器具有断电保持功能。

定时时间计算方法:定时时间 T =定时常数 $K \times 100$ ms。

例如选用定时器 T250,当 $K=10$ 时:定时时间为 10×100 ms $=1$ s。

4. 定时器的其他应用

（1）断电延时型定时器

PLC 中的定时器为通电延时型,而断电延时型定时器可以用图 5-20 所示的梯形图来实现。

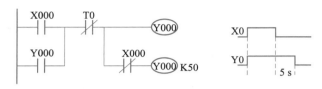

图 5-20　断电延时型定时器

（2）通断电均延时型定时器（如图 5-21 所示）

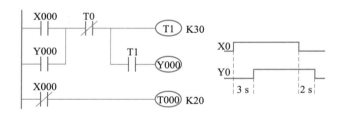

图 5-21　通断电均延时型定时器

（3）定时脉冲电路（如图 5-22 所示）

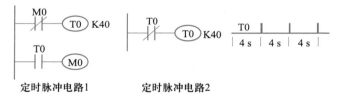

定时脉冲电路1　　　　　定时脉冲电路2

图 5-22　定时脉冲电路

（4）振荡电路（如图 5-23 所示）

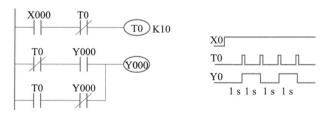

图 5-23　振荡电路

（5）占空比可调振荡电路（如图 5-24 所示）

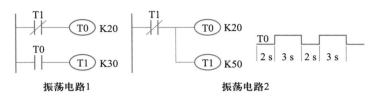

图 5-24　占空比可调振荡电路

（6）上升沿单稳态电路（如图 5-25 所示）

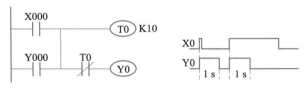

图 5-25　上升沿单稳态电路

（7）下降沿单稳态电路（如图 5-26 所示）

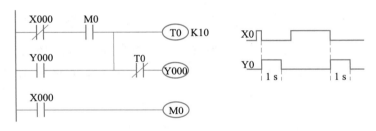

图 5-26　下降沿单稳态电路

✳ **阅读材料**

　　数控机床是打造高端制造业的核心。由华中科技大学研制出的世界首台完全拥有自主知识产权的铸锻铣一体化 3D 打印数控机床通过自我技术创新打破国外技术壁垒，实现弯道超车。该机床将原本需要多项工序、多台机械设备共同加工完成的零件制造，集成一体完成所有工艺，能够在提高加工精度、加工质量的同时，大大节约整个生产流程，节约 40% ~ 70% 的时间。该项技术不但增强了我国在高端机床领域的国际话语权，同时也帮助解决了国内航空技术领域的部分难点，在实现科技自立自强的同时也助推了航天强国建设。

项目 6　机械手控制

□【项目目的】

（1）了解步进电机、直流电动机和伺服电机的原理，学会其基本控制方法。

（2）了解气动技术的基本知识。

（3）了解传感器的使用和接线方法。

（4）学会使用 PLC 高速指令。

（5）了解 SFC 编程的基本思想。

□【项目任务】

机械手是模仿人手工作发展而来的，它可以自由地伸缩、旋转。在现代化工厂的生产流水线中，机械手可以代替工人从事装卸、搬运、旋紧螺钉、向容器注入液体等一些机械式的重复工作，使工人从重复和繁重的工作中解脱。因此，机械手在自动化生产线中得到了越来越广泛的应用。

现在以机械手搬运工件为例学习使用 PLC 实现机械手的原点复位、工件夹紧和工件搬运控制。

现有一个机械零件加工生产线，生产线中具有 A、B 两个生产工位点。A 工位点是对工件进行打磨加工，B 工位点是对打磨好的工件进行钻孔加工。为了提高生产效率，需要一个机械手把工件从 A 工位点搬运到 B 工位点，机械手的工作任务如图 6-1 所示。

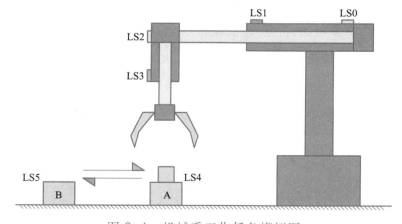

图 6-1　机械手工作任务模拟图

【项目分析】

（1）功能分析

通过对机械手工作过程的分析可知，机械手总共需要完成 6 个动作，第 1 个动作：机械手下降到 LS3 位置传感器有效；第 2 个动作：机械手上升到 LS2 位置传感器有效；第 3 个动作：机械手夹紧工件；第 4 个动作：机械手张开机械爪；第 5 个动作：机械手伸长到 LS1 位置传感器有效；第 6 个动作：机械手缩回到 LS0 位置传感器有效。

机械手的伸缩运动由步进电机或伺服系统控制，这样可以达到精确控制的要求。机械手的下降、上升运动和机械爪的夹紧松开由电磁阀控制气动元件实现。由于现实条件有限，在这个机械手项目中采用模拟训练方式，即采用指示灯和交流接触器模拟机械手的运动动作，采用行程开关模拟传感器探测信号。机械手模拟控制如图 6-2 所示，其中传感器 LS0~LS3 使用行程开关 SQ1~SQ4 进行模拟。

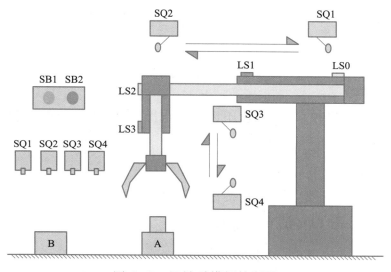

图 6-2　机械手模拟控制图

（2）电路分析

整个电路的电源由转换开关控制，由于机械手一般采用的是步进电机或伺服系统控制，在实训中这些设备难以大量地备齐，所以使用交流接触器模拟机械手的伸展、缩回、下降、上升、抓取和释放运动，并配以相应的指示灯作为指示，整个实训只训练学生机械手的模拟控制，不涉及机械手的主电路。整个电路需要 5 个交流接触器作为机械手动作模拟，采用 2 个按钮分别作为机械手的启动和停止控制，2 个接线排，2 个熔断器起到整个控制电路的短路保护作用。采用一个三菱 FX_{3U} 系列 PLC 作为整个系统的控制器。主要元器件见表 6-1。

表 6-1　主要元器件

序号	符号	名称	数量
1	SQ	行程开关	4 个
2	TC	控制变压器	1 个
3	FU2	控制电路熔断器	2 个
4	KM	交流接触器	5 个
5	QS	主电源组合开关	1 个
6	SB1	启动按钮	1 个
7	SB2	停止按钮	1 个
8	PLC	可编程控制器	1 台

□【项目实施】

任务一　电路设计与绘制

一、主电路设计与绘制

由于本项目只是训练机械手的控制,不涉及主电路,所以主电路的绘制省略。

二、确定 PLC 的输入/输出点数

（1）确定输入点数

根据项目任务的描述,需要 1 个启动按钮、1 个停止按钮、4 个行程开关,所以一共有 6 个输入信号,即输入点数为 6,需 PLC 的 6 个输入端子。

（2）确定输出点数

由功能分析可知,机械手的动作由 5 个交流接触器进行模拟,并且相应地有 6 个指示灯指示动作,PLC 输出控制的点数总共需要 5 个,即 5 个输出端子。

根据输入/输出点数,可以选择对应的 PLC 的型号,实训装置上的 FX_{3U}-48MR 完全能满足需要。

三、列出输入/输出地址分配表

根据确定的点数,输入/输出地址分配见表 6-2。

表 6-2　输入/输出地址分配表

输入			输出		
输入继电器	电路元件	作用	输出继电器	电路元件	作用
X0	SB1	启动按钮	Y0	KM1	机械手伸长

输入			输出		
输入继电器	电路元件	作用	输出继电器	电路元件	作用
X1	SB2	停止按钮	Y1	KM2	机械手缩回
X2	SQ1	缩回到位位置传感器	Y2	KM3	机械手下降
X3	SQ2	伸长到位位置传感器	Y3	KM4	机械手上升
X4	SQ3	下降到位位置传感器	Y4	KM5	机械手夹紧
X5	SQ4	上升到位位置传感器			

四、控制电路设计与绘制

根据项目地址分配表可以确定 PLC 的端子接线,本项目的电路图主要需要注意正确地连接好 PLC 的电源线和控制线路。本实训项目选择三菱 PLC 作为控制器,PLC 的工作电源为单相 220 V 交流电。使用的交流接触器的线圈控制电压为 36 V 交流电,而接入控制板的电源为三相电源,因此需要使用控制变压把 380 V 的三相交流电降压得到 220 V 和 36 V 的交流电。控制电路原理图如图 6-3 所示。

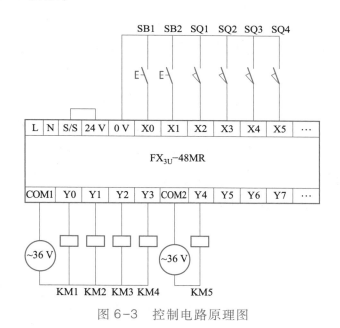

图 6-3　控制电路原理图

任务二　接线图绘制

一、元器件布置图绘制

如果有条件,可以采用一体化的 PLC 实训台。

如果没有配套的 PLC 实训台,可以使用配线木板布置元器件进行模拟实训。使用配线木板布置元器件如图 6-4 所示。

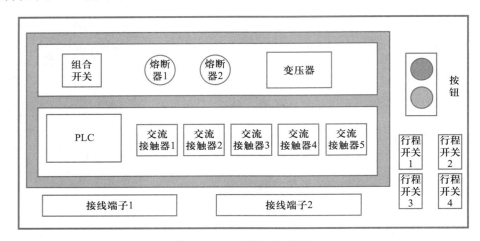

图 6-4　元器件布置图

二、绘制控制电路布局接线图

使用实训台的接线图如图 6-5 所示,为了便于读图,图中 PLC 与交流接触器、行程开关只模拟接了一部分线,剩下的交流接触器和行程开关与相应的元器件接线方法一样。其中按钮和行程开关接线端子的一端都需要接入 PLC 输入端的 COM 端子,因此这跟公共线在开关处进行连接,这样可以节省导线。交流接触器线圈除了一个端子与 PLC 的输出端(Y***)相连外,另一个端子都连接在一起,并接到变压器的 36 V 端子上。

由于本实训项目不涉及主电路,所以在绘制电路图时只需绘制控制电路布局接线图即可。在控制电路中,三菱 PLC 的电源是交流 220 V,交流接触器则是交流 36 V,采用一个控制变压器进行分压。控制变压器的接线方法是 0-2 组合接线端子接入 380 V 的三相电源的任意两相,则 0-1 组合接线端子得到降压的 220 V 交流电,11-12 组合接线端子得到降压的 36 V 交流电。在连接电路时需要注意电源的接线,避免出现电源线接错造成事故。没有实训台使用配线木板模拟控制电路接线,如图 6-6 所示。

任务三　安装电路

本任务的基本操作步骤可以分为:清点工具和仪表→选用元器件及导线→元器件检查(实训台上检查需要用到的元器件)→安装元器件(实训台上已固定)→布线→自检。

一、清点工具和仪表

根据任务的具体内容,选择工具和仪表,参考项目 2 相关内容。

二、选用元器件及导线

训练学生正确、合理选用元器件的能力,既培养了学生遵守电气规范的良好职业素质,更是电路能够安全、可靠工作的保证。因此需要根据实际电路选择元器件,选择元器件的基本原则可参照前面的内容。

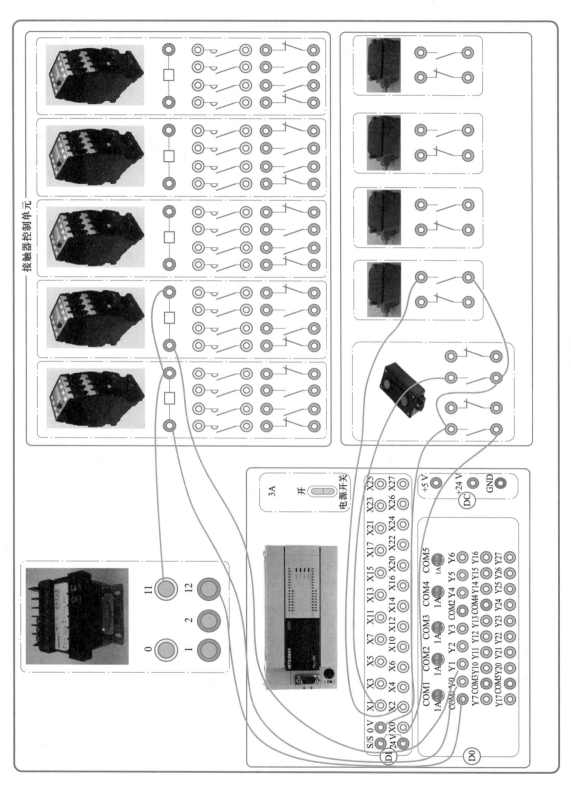

图 6-5　实训台接线图

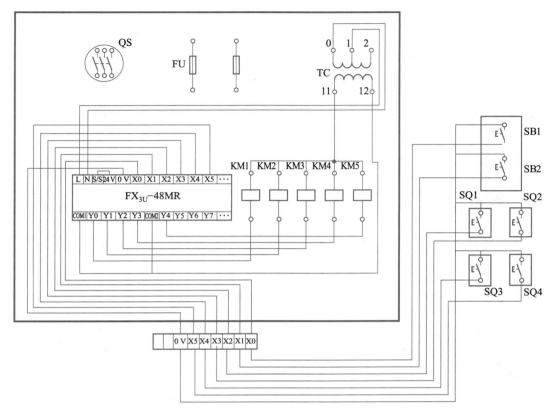

图 6-6　模拟控制电路接线图（采用配线木板）

根据选择元器件的原则以及国家相关的技术文件和元器件选型表,选择元器件,见表 6-3。

表 6-3　元器件清单

序号	名称	型号与规格	单位	数量
1	可编程控制器	FX$_{3U}$-48MR 或自定	台	1
2	计算机	自定	台	1
3	绘图工具	自定	套	1
4	绘图纸	B4	张	4
5	组合开关	HZ100-10/3	个	1
6	交流接触器	CJ20-10,线圈电压 36V	个	5
7	变压器	BK-50	个	1
8	行程开关	YBLX-K1/311	个	4
9	熔断器及配套熔体	RL6-15/4A	套	2
10	控制变压器	BK-50	个	1
11	三联按钮	LA10-3H 或 LA4-3H	个	1
12	接线端子排	JX2-1015,500 V（10 A、15 节）	条	2

序号	名称	型号与规格	单位	数量
13	导线	BV–1 mm² (颜色自定)	m	20
14	导线	BV–0.75 mm² (颜色自定)	m	10
15	线槽	30 mm×25 mm	m	5

三、元器件检查

配备所需元器件后,需先进行元器件检测。检测包括两部分:外观检测和使用万用表检测。外观检查主要检测元器件外观有无损坏,元器件上所标注的型号、规格、技术数据是否符合要求,以及一些动作机构是否灵活,有无卡阻现象。

1. 元器件外观检测(见表6-4)

本项目新增加了行程开关,所以对行程开关进行介绍,其余元器件在前面项目中已经介绍过,在此不再重复。

表6-4　元器件外观检测

代号	名称	图示	操作步骤、要领及结果
QS	行程开关		1. 看型号中标定的额定电流是否符合要求 2. 看外表是否破损,接线端子上是否缺少螺钉 3. 按动行程开关,查看开关接触片是否良好接触,松开后是否能够自然归位 结果:正常

2. 万用表检测(见表6-5)

表6-5　万用表检测

内容	图示	操作步骤、要领及结果
行程开关的动断触点		万用表选择测通断挡位。使用表笔测量动断触点的电阻值,当阻值在 0~2 Ω 时,正常,阻值为无穷大表示没有接通 结果:动断触点正常
行程开关的动合触点		万用表选择测通断挡位。使用表笔测量动合触点的电阻值,当阻值显示无穷大时,正常,阻值显示接近 0 时表示接通 结果:动合触点正常

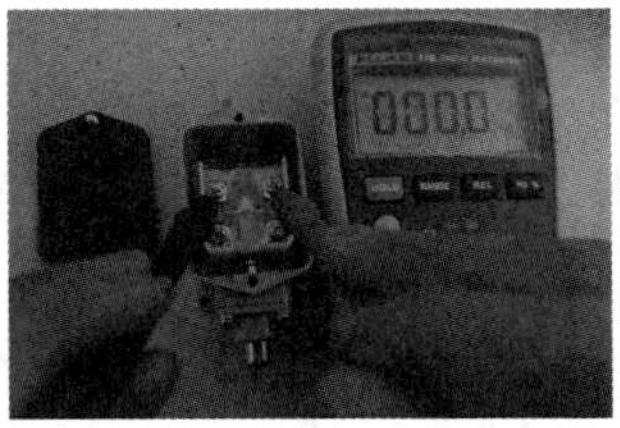

确定元器件完好之后,就需把元器件固定在配线木板上(实训台已经固定)。行程开关安装步骤见表6-6。其余元器件的安装参考前面的内容。

表 6-6　行程开关安装步骤

操作内容	过程图示	操作要领
行程开关安装		1. 行程开关安装在配线木板的左下角,4 个行程开关间距均匀,排列整齐 2. 行程开关有 4 个螺钉固定孔,在安装时需要确定螺钉和固定孔大小是否合适,以免造成行程开关的螺钉固定孔损坏

四、布线

一般来说,主电路和控制电路是分开接的。配线的具体工艺要求参见前面项目。元器件固定好之后,即可进行布线,具体步骤参考前面的项目。

五、自检

安装完成后,必须按要求进行检查。检查项目包括短路检查、断路检查、接触是否良好检查等,见表6-7。

表 6-7　万用表检测电路过程

序号	检测任务	操作方法	正确阻值	测量阻值	备注
1	检测主电源	合上组合开关 QS,检测 L1、L2 电源端子分别与变压器 0、2 端间的电阻值	使用万用表测得阻值接近 0 Ω		
2	检测 PLC 电源	用表笔测量 PLC 的 L、N 接线端子	66 Ω 左右(变压器线圈电阻值)		
3		用表笔测量 PLC 的 L、N 接线端子分别与变压器的 0、1 端子间的电阻值	测得阻值分别是 0 或 66 Ω(变压器线圈电阻值)		
4	检测 PLC 输出控制指示灯的 COM 与电源 L 接线端	表笔一端接触 PLC 的 COM 端,另一端接触电源的 L	无穷大		
5	检测指示灯回路的公共端与电源 L 接线端	用表笔一端接触指示灯的公共端,另一端接触电源的 L	为 0		

续表

序号	检测任务	操作方法	正确阻值	测量阻值	备注
6	检测 PLC 控制交流接触器控制线圈的 COM 端与控制变压器 11、12 端	表笔一端接触 COM 端,另一端分别接触 11、12 端	测得阻值分别是 0 或 3 Ω(控制变压器线圈电阻值)		
7	测量交流接触器的控制线圈接线端子与控制变压器 11、12 端的电阻	表笔一端接触交流接触器线圈端,另一端分别接触 11、12 端	测得阻值分别是 0 或 3 Ω(控制变压器线圈电阻值)		

任务四 程序设计

通过前面对机械手的功能分析可以知道,机械手的工作过程是由一个一个动作组成的,而且这些动作都是固定的,是一种典型的顺序控制流程。一般的可编程控制器的编译软件支持 SFC(状态转移图)的编程模式。

SFC 的编写特点是需要在 SFC 流程图程序之前编写主控程序,当 PLC 上电后首先执行该段程序,当在主控程序中激活了 S0 后才能顺序地执行流程图,否则流程图不能执行。主控程序不属于 SFC 类型程序,而是属于梯形图程序。

（1）主控程序

现在设计一个主控程序使 PLC 在第一次上电时自动激活流程图程序的 S0,而在第二次上电后将不能再自动进入流程图程序中。实现这个功能可采用上电脉冲(M8002)和计数器(C)的方法,需要注意的是使用的计数器 C 要有断电保持功能。在计数的中间状态使用辅助继电器 M 进行传递。主控程序如图 6-7 所示。

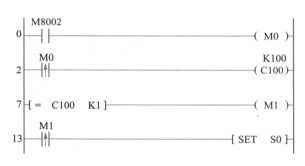

图 6-7 主控程序

（2）流程图程序

在编写流程图程序时,第一状态(S0)作为系统的初始态,在这个状态下等待启动命令(X0)的输入。当 X0 条件满足后,流程图程序跳转到 S10 状态执行程序,在该状态下 Y2、Y12 输出有效。在 S10 状态下如果 X4 条件满足,则流程图程序跳转到 S11 状态执行,此时定时器 T0 开始计时,S10 状态中的 Y2、Y12 断开。流程图程序执行示意图如图 6-8 所示。

机械手的动作顺序是:机械手下降→手爪抓紧→机械手上升→机械手伸出→机械手下降→手爪松开→机械手上升→机械手缩回→如此反复。根据机械手动作顺序编写 SFC 程序流程,如图 6-9 所示。读者可以参考 SFC 流程图完成程序的编写。

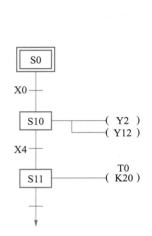

图 6-8 流程图程序执行示意图

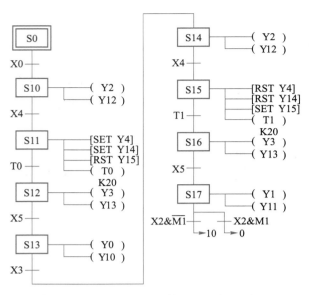

图 6-9 机械手动作 SFC 流程图

任务五 调试

一、程序的输入(见表 6-8)

表 6-8 程序的输入

序号	内容	图示	操作提示
1	打开程序		双击程序图标,运行编程软件
2	创建新工程		打开程序之后出现工作界面,单击菜单命令"工程"→"创建新工程"

序号	内容	图示	操作提示
3	设置工程	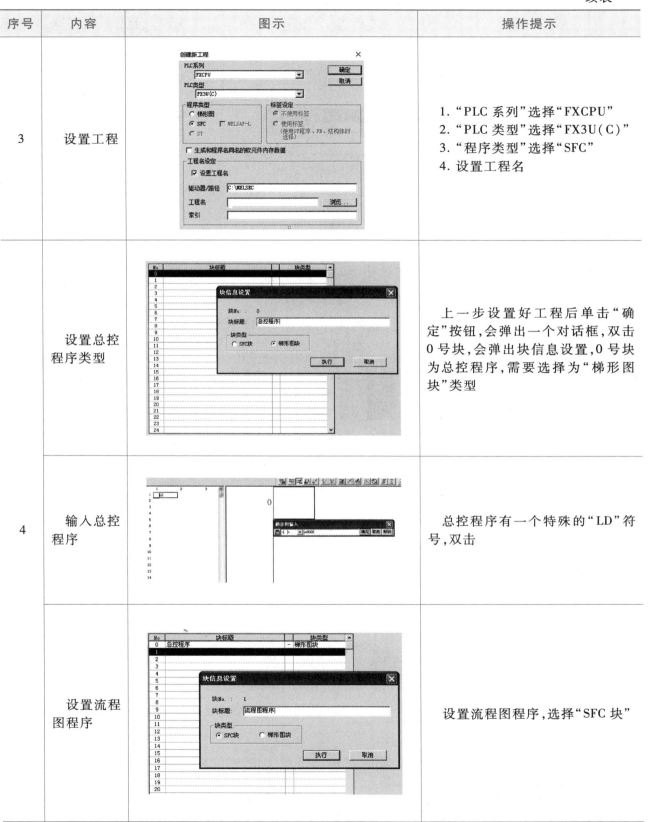	1."PLC 系列"选择"FXCPU" 2."PLC 类型"选择"FX3U（C）" 3."程序类型"选择"SFC" 4. 设置工程名
	设置总控程序类型		上一步设置好工程后单击"确定"按钮,会弹出一个对话框,双击0 号块,会弹出块信息设置,0 号块为总控程序,需要选择为"梯形图块"类型
4	输入总控程序		总控程序有一个特殊的"LD"符号,双击
	设置流程图程序		设置流程图程序,选择"SFC 块"

序号	内容	图示	操作提示
5	程序输入	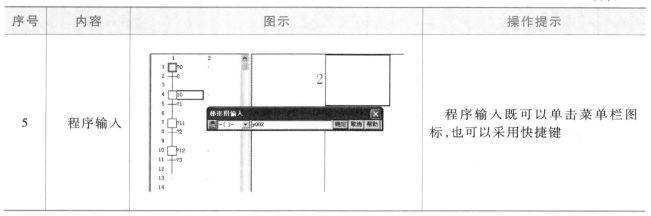	程序输入既可以单击菜单栏图标,也可以采用快捷键

二、系统调试

1.模拟调试:利用软件的模拟调试功能对程序进行调试。

在第一个条件处右击,选择"调试"→"当前值更改"。

第一步:强制闭合 X0,模拟启动按钮的动作,如图 6-10 所示。

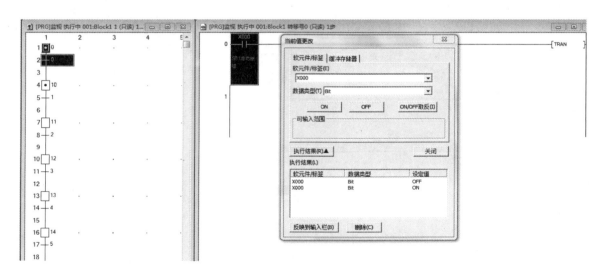

图 6-10　模拟调试强制闭合 X0

执行结果:Y2 和 Y12 有输出,机械手动作,相应的指示灯点亮,如图 6-11 所示。

第二步:强制闭合 X4,模拟机械手下降到位信号,如图 6-12 所示。

执行结果:Y4 和 Y14 置位(机械手爪夹紧、夹紧指示灯点亮),复位 Y15(松开指示灯灭)定时器开始计时,如图 6-13 所示。

以此类推,完成程序的模拟仿真,同时在梯形图程序块中可以强制断开停止按钮来模拟停止过程,如图 6-14 所示。运行效果是当机械手动作完成一个流程后才能自动停止工作。

2.通电调试,验证系统功能是否符合控制要求。调试过程分为两大步:程序输入 PLC 和功能调试。

图 6-11　模拟调试强制闭合 X0 后运行结果

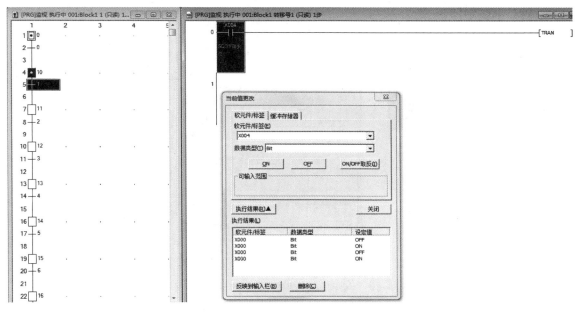

图 6-12　模拟调试强制闭合 X4

🔊 提示:必须在教师的现场监护下进行通电调试!

（1）用菜单命令"在线"→"PLC写入",下载程序文件到PLC。

（2）功能调试。按照工作要求,模拟工作过程,逐步检测功能是否达到要求。机械手的工作过程是一个流程,所以正确的功能程序是按照顺序执行各个相应的动作。

① 第一次上电时,把PLC的开关拨到运行状态,按下启动按钮SB1,交流接触器KM3吸合,表明机械手下降抓取功能程序正常。

② 按下下降到位模拟传感器SQ4,KM3释放。交流接触器KM5吸合,模拟机械手夹紧,以

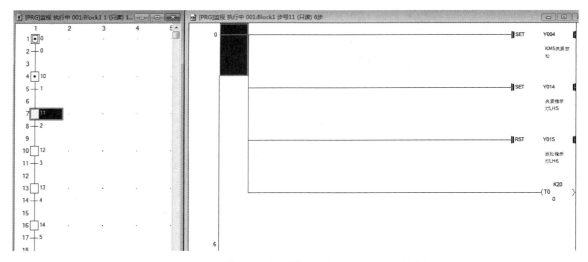

图 6-13　模拟调试强制闭合 X4 后运行结果

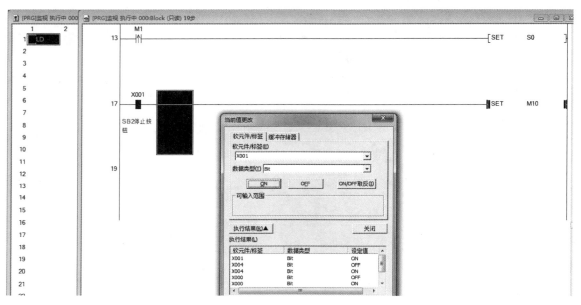

图 6-14　模拟调试强制断开停止按钮 X1

上动作正确则表示机械手抓取工件功能程序正确。

③ KM5 吸合和 LH5 亮 2 s 后。交流接触器 KM4 吸合,表明机械手上升功能程序正确,并且机械手夹紧工件进行搬运。

④ 按下 SQ3,交流接触器 KM4 断开。交流接触器 KM1 吸合,表示机械手伸长功能程序正确。

⑤ 按下 SQ2,交流接触器 KM1 断开。交流接触器 KM3 吸合,表示机械手到达 B 点下降功能程序正确。

⑥ 按下 SQ4,KM3 释放,2 s 后交流接触器 KM5 断开,模拟机械手释放,表示机械手释放功

能程序正确。

　　⑦ 指示灯 LH6 亮 2 s 后,交流接触器 KM4 吸合,表明机械手释放后上升功能程序正确。

　　⑧ 按下 SQ3,交流接触器 KM4 断开。交流接触器 KM2 吸合,表示机械手缩回程序正确。

　　⑨ 按下 SQ1,交流接触器 KM2 断开,表示机械手归位功能程序正确。

（3）填写调试情况记录表(见表 6-9)。

表 6-9　调试情况记录表(学生填写)

序号	项目	完成情况记录			备注
		第一次试车	第二次试车	第三次试车	
1	第一次上电,按下启动按钮 SB1,KM3 是否吸合	完成（　）	完成（　）	完成（　）	
		无此功能（　）	无此功能（　）	无此功能（　）	
2	按下 SQ4,KM3 断开,KM5 吸合	完成（　）	完成（　）	完成（　）	
		无此功能（　）	无此功能（　）	无此功能（　）	
3	LH5 亮 2 s 后,KM4 吸合	完成（　）	完成（　）	完成（　）	
		无此功能（　）	无此功能（　）	无此功能（　）	
4	按下 SQ3,KM4 断开,KM1 吸合	完成（　）	完成（　）	完成（　）	
		无此功能（　）	无此功能（　）	无此功能（　）	
5	按下 SQ2,KM1 断开,KM3 吸合	完成（　）	完成（　）	完成（　）	
		无此功能（　）	无此功能（　）	无此功能（　）	
6	按下 SQ4,KM3 断开,2 s 后 KM5 断开	完整（　）	完整（　）	完整（　）	
		无此功能（　）	无此功能（　）	无此功能（　）	
7	2 s 后,KM4 吸合	完整（　）	完整（　）	完整（　）	
		无此功能（　）	无此功能（　）	无此功能（　）	
8	按下 SQ3,KM4 断开,KM2 吸合	完整（　）	完整（　）	完整（　）	
		无此功能（　）	无此功能（　）	无此功能（　）	
9	按下 SQ1,KM2 断开	完整（　）	完整（　）	完整（　）	
		无此功能（　）	无此功能（　）	无此功能（　）	

□【项目评价】

　　对整个项目的完成情况进行评价和考核。可以分为教师评价和学生自评两部分,具体评价规则见附录中的附表 2 和附表 3。

□【项目拓展】

（1）如果在机械手的功能上加入启动之前先模拟进行自检运行,流程图程序该如何编写?

（2）如果在调试过程中出现故障,该如何排除?

（3）如何实现流程图程序运行的监控?

□【知识链接】

SFC 编程

SFC 是"顺序功能流程图"的英文缩写。而 FX 系列可编程控制器的编译软件(GX Developer)支持从 SFC 转换为梯形图程序,也可从梯形图程序转换为 SFC。利用 SFC 进行编程和调试,会大大提高效率。这种编程方法最基本的思想就是将整个工作流程划分为若干个顺序相连的段。段也称为步,在同一步内,输出的状态不变,但是相邻步的输出状态不同。在编程元件中可用辅助继电器 M 和状态 S 来代表各步,在 SFC 中用单线矩形方框表示。

当系统工作到某一步时,该部处于"活动步"。处于活动状态时,相应的动作位执行(即输出有效),处于不活动状态时,相应的非存储型动作被停止执行。与系统的初始状态相对应的步称为初始步,初始状态一般是系统等待启动命令的相对静止的状态。在 SFC 中用双线矩形方框表示,每一个 SFC 至少有一个初始步。系统由当前步进入下一步的信号称为转换条件,转换条件可能是外部输入信号,如按钮、开关、传感器信号等,也可能是 PLC 内部产生的信号,如定时器、计数器的逻辑通断,也可能是若干个信号的"与""或""非"逻辑组合。用 SFC 编程就是用转换条件控制代表各步的编程元件,让它们的状态按一定的顺序变化,然后用代表各步的编程元件去控制各输出继电器及其他电器。

根据项目的要求进行程序的编写,编写程序采用 SFC 形式。编写程序采用层层递进的方式,先实现模块化的程序,然后再进行整体程序的组合。

1. 顺序功能流程图(SFC)的组成要素

（1）步与动作

在 GX Developer 中,一个 SFC 过程称为一"步"。在 FX CPU 的编程材料和其他编程软件中,一个 SFC 过程称为一个"状态"。"步"和"状态"都表示 SFC 过程。当一个步处于激活状态时,在这一步的程序被执行,即执行程序的输入输出动作。状态 S0～S9 称为初始化步(状态),常用做 SFC 块的首块号。因此,当使用 FX CPU 时,最多可以创建 10(S0～S9)个 SFC 块。S10 及更高号可以用做一般步号。注意,每个块的最大步号为 512。SFC 程序块基本组成如图 6-15 所示。

（2）有向连线、转换和转换条件

当在块程序中有向连线上无箭头标注时,其进展方向是从上到下、从左到右。若不是上述的方向,应在有向连线上标注箭头。转换用与有向连线垂直的短线来表示,步与步之间用转换隔开,转换与转换之间用步隔开。转换条件写在表示转换的短线旁边。程序运行顺序如图 6-16 所示。

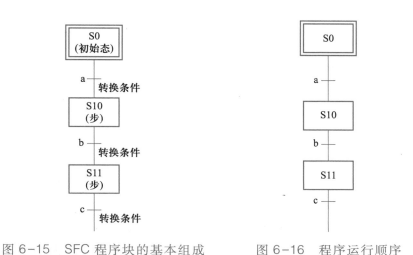

图 6-15　SFC 程序块的基本组成　　　图 6-16　程序运行顺序

2. 顺序控制功能的基本结构

SFC 根据具体的控制过程有单流程结构、选择性分支结构和并行分支结构。

（1）单流程结构

当工作过程是一个简单的顺序动作过程时,只用单流程结构的 SFC 就足够了,当转换条件满足时,程序按照一个方向顺序地执行,如图 6-16 所示的程序执行顺序为 S0→S10→S11。

（2）选择性分支结构

当工作过程需要根据当时条件的不同转移到不同的状态时,要用选择性分支结构。选择性分支在分流处的转换条件不能相同,并且转换的条件都应位于各分支中;在合流处,转换的条件也应该是在各分支中,转换的条件可以相同,也可以不同,程序执行如图 6-17 所示。

（3）并行分支结构

在要求有几个工作流程同时进行时,要用并行分支结构。如本项目介绍的设备机械手的工作和传送带的工作就是并行的。

在并行分支结构中,分流处转换的条件一定是在分支之前(如图 6-18 中的 a 点),分支后的第一个状态前不能再有转换条件;在合流处转换的条件应该完全相同,并且不能放在分支中,如图 6-18 所示。

3. 画顺序功能流程图（SFC）的注意事项

（1）两个步绝对不能直接相连,必须用一个转换将它们隔开。

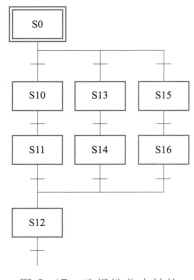

图 6-17　选择性分支结构

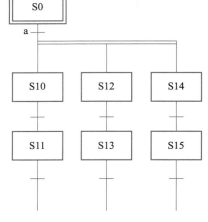

图 6-18　并行分支结构

（2）两个转换也不能直接相连，必须用一个步将它们隔开。

（3）顺序功能流程图中的初始步不能少。

（4）在连续循环工作方式时，应从最后一部分返回下一个工作周期开始运行的第一步。

（5）无论是选择性分支结构还是并行分支结构，每次的分支数量不能超过 8 条，总计不能超过 16 条。

✹ **阅读材料**

　　我国的机器人产业起步较晚，但通过不断努力创新，在其各个分支领域都有了不俗的表现。例如，在医疗机器人领域，我国自主研发的单孔腔镜手术机器人 SP1000，通过结合柔性器械的优势，克服单孔技术的壁垒，可直接比肩世界领先的"达芬奇"手术机器人；在特种机器人领域，最新亮相的 10 吨级的 6 足蜘蛛机器人，是一款机电液压耦合机器人，具有超强的地形适应能力和极大的载重能力，几乎可以通过任何复杂地形；在工业机器人领域，我国专利已经超过了 16 万项，居世界第一，部分器件已经达到了世界一流水平。

项目7 交通灯控制

□【项目目的】

(1) 掌握计数器的使用方法。

(2) 掌握使用 SFC 编写交通灯控制程序的方法。

(3) 学习停电保持功能。

(4) 了解数据处理的一般知识。

□【项目任务】

现代城市道路交通系统中少不了交通灯的指挥作用。交通灯通常指由红、黄、绿三种颜色灯组成的用来指挥交通的信号灯。绿灯亮时,准许车辆通行;黄灯亮时,已越过停止线的车辆可以继续通行;红灯亮时,禁止车辆通行。

如今有一个新建的十字路口,为了保证路口交通畅通和通行安全,现需要设计一个交通灯。该十字路口交通灯由 4 组红、黄、绿灯组成,分别指示 4 条道路的通行状态,如图 7-1 所示。

图 7-1 十字路口交通灯示意图

□【项目分析】

(1) 功能分析

通过对交通灯工作状态的分析可得出交通灯的功能正常实现需要按照一定的顺序控制灯的亮灭。具体工作过程可分为以下几个阶段:设十字路口的南北方向为 1、3,东西方向为 2、4。路灯初始状态为 4 个路口的红灯全亮。延时一定时间后 1、3 路口的绿灯亮,2、4 路口的红灯亮,即表示 1、3 路口方向通车,2、4 路口车辆停车等待。延迟 20 s 后,1、3 路口的绿灯熄灭,而 1、3 路口的黄灯开始以频率 1 Hz 闪烁,闪烁 5 次后,1、3 路口的红灯亮,同时 2、4 路口的绿灯亮。2、4 路口方向开始通车,延迟 20 s 后,2、4 路口的绿灯熄灭,而黄灯开始以频率 1 Hz 闪烁,闪烁 5 次后,再切换到 1、3 路口方向绿灯亮。之后,重复上述过程。当有紧急情况时,两个方向都红灯亮,倒计时停止,车辆禁止通行,当紧急情况结束后,控制器恢复以前的状态继续工作。

（2）电路分析

从交通灯的功能分析得出,交通灯电路的主要元器件是指示灯和按键。在实际工程中,总电路的电源控制可以使用转换开关、闸刀开关或空气断路器,其中空气断路器对电路保护性更好。电路中没有用到电动机这类使用三相电的电气设备,所以使用两个熔断器进行短路保护。本实训项目的指示灯使用 220 V 交流电源,三菱 PLC 的工作电源也是 220 V,整个电路中只需要一种单相电源,而电气控制板接入的电源是三相电,需要一个控制变压器进行变压,把 380 V 的三相电降压得到 220 V。交通灯控制电路需要模拟 4 条路的通行状态,使用 12 个指示灯分 4 组分别进行 4 个路口的交通通行指挥。当出现紧急情况时,可以切换到手动,全部停止和恢复,需要 2 个按钮作为手动控制输入。使用三菱 FX_{3U}-48MR 作为交通灯的控制器可以满足本实训项目的要求。主要元器件清单见表 7-1。

表 7-1 主要元器件清单

序号	符号	名称	数量
1	FU	控制电路熔断器	2 个
2	HL	指示灯	12 个
3	QS	主电源组合开关	1 个
4	SB1	停止按钮	1 个
5	SB2	恢复按钮	1 个
6	PLC	可编程控制器	1 台

□【项目实施】

任务一 电路设计与绘制

一、主电路设计与绘制

根据交通灯控制电路功能的分析,交通灯的主电路只需要把三相电源接入电气控制板,由组合开关控制,然后接其中的任意两相电通过熔断器连接到控制变压器进行降压,如图 7-2 所示。

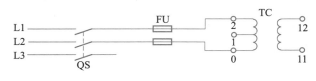

图 7-2 主电路

二、确定 PLC 的输入/输出点数

（1）确定输入点数

根据电路功能的描述,系统在紧急情况下需要一个手动"停止"控制按钮,紧急情况排除后需要恢复自动控制,则需要一个手动"恢复"控制按钮,即需要两个输入点对应 PLC 的两个输入端子。

（2）确定输出点数

系统需要模拟 4 个路口的交通灯,总共需要 12 个指示灯,每一个指示灯都分别由一个 PLC 输出点控制灯的亮灭,即需要 12 个输出点对应 PLC 的 12 个输出端子。

根据确定的输入/输出端子数,可根据实际条件选择 PLC 的型号,实训台上配备的 FX_{3U}-48MR 可以满足需求。

三、列出输入/输出地址分配表

根据已经确定的输入/输出点数可以确定 PLC 地址分配,具体分配见表 7-2。

表 7-2　输入/输出地址分配表

输入			输出		
输入继电器	电路元件	作用	输出继电器	电路元件	作用
X0	SB1	停止按钮	Y0	HL11	1 号路口红灯
X1	SB2	恢复按钮	Y1	HL12	1 号路口黄灯
			Y2	HL13	1 号路口绿灯
			Y3	HL21	2 号路口红灯
			Y4	HL22	2 号路口黄灯
			Y5	HL23	2 号路口绿灯
			Y6	HL31	3 号路口红灯
			Y7	HL32	3 号路口黄灯
			Y10	HL33	3 号路口绿灯
			Y11	HL41	4 号路口红灯
			Y12	HL42	4 号路口黄灯
			Y13	HL43	4 号路口绿灯

四、控制电路设计与绘制

根据地址分配表,已经可以确定 PLC 的端口接线,但在实际工程中要考虑电路的安全,所以要充分考虑保护措施。在本电路中指示灯的功率不大,所以把用于过载保护的热继电器省略了,PLC 直接控制指示灯的亮灭,根据地址分配表绘制控制电路,如图 7-3 所示。

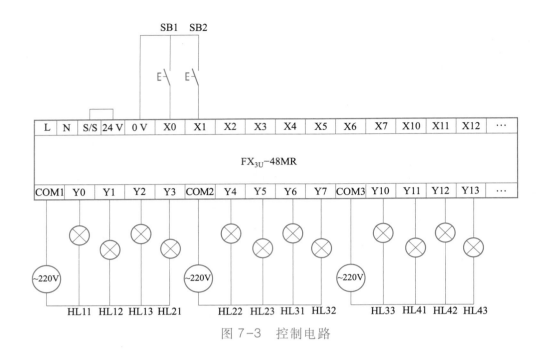

图 7-3　控制电路

任务二　接线图绘制

一、元器件布置图绘制

如果有条件,可以采用一体化的 PLC 实训台。如果没有 PLC 实训台,则可采用一块配线木板,在木板上布置元器件。画出采用配线木板的模拟电器布置图,具体布置如图 7-4 所示。

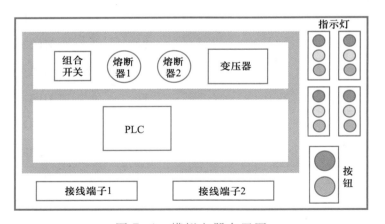

图 7-4　模拟电器布置图

二、绘制主电路布局接线图

根据电气原理图,绘制出主电路的模拟接线图,本实训电路的主电路是三相电源通过组合开关,并将两相电接入变压器进行降压。图 7-5 所示为采用配线木板的主电路模拟接线图。

使用实训台的接线图如图 7-6 所示,图中为了便于读图,PLC 与指示灯的接线只接了 3 个灯的控制线,剩下的指示灯与已经连线的指示灯的接线方法相同。其中按钮的接线方法是两个

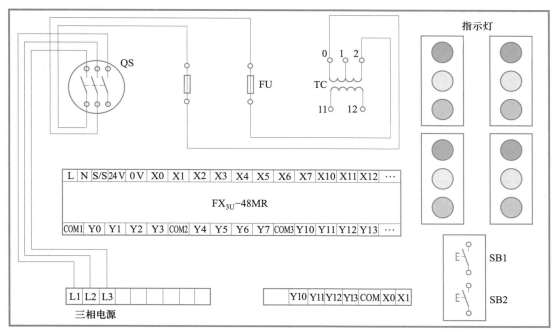

图 7-5 主电路模拟接线图(采用配线木板)

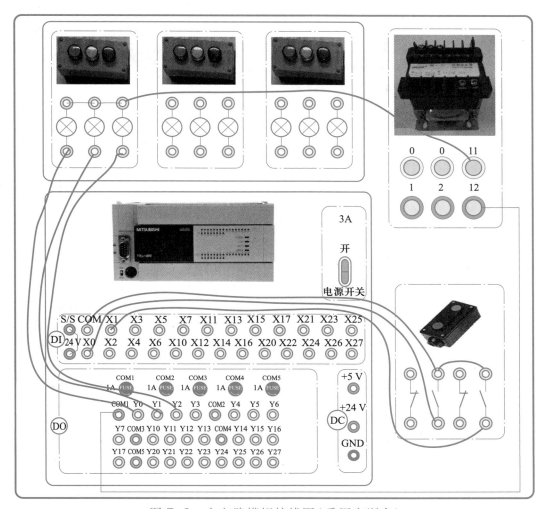

图 7-6 主电路模拟接线图(采用实训台)

按钮一端都需要连接到 PLC 输入端的 COM 端子,把这根公共线在开关处进行连接可以节省导线。指示灯的连接方法是一个接线端子与 PLC 的输出端(Y***)相连,另一个端子都连接在一起,并接到单相电源的 220 V 的 N 线(中性线)上,控制变压器的输入端子 0-1 组合是单相的 220 V 交流电,0-2 组合端子是两相的 380 V 交流电,11-12 组合是 36 V 交流电。

根据 PLC 确定的输入输出点数绘制控制电路图,使用配线木板的模拟接线图如图 7-7 所示。

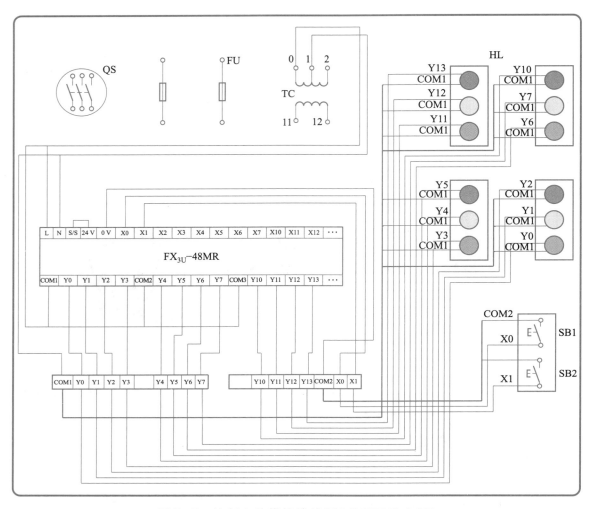

图 7-7 控制电路模拟接线图(采用配线木板)

任务三 安装电路

本任务中的操作方法和步骤与前面项目中已经介绍过的电路安装是一致的,安装前准备工作大致可分为:清点仪表和工具→选择合适的元器件与导线→检查元器件,其中实训台上的元器件已经固定好,需要检查元器件的数目和外形是否有损坏。

一、元器件检查

配备所需元器件后,需先进行元器件检测。检测包括两部分:外观检测和采用万用表检测。外观检测主要检测元器件外观有无损坏,元器件上所标注的型号、规格是否正确。本项目主要介绍指示灯的检测,其余元器件的检测参见前面的项目。

- 元器件外观检测(见表 7-3)

表 7-3　元器件外观检测

代号	名称	图示	操作步骤、要领及结果
HL	指示灯		1. 看型号是否符合标准 2. 看外表是否有破损,螺钉是否齐全 3. 固定螺帽是否把指示灯固定好 结果:

- 万用表检测(见表 7-4)

表 7-4　万用表检测

内容	图示	操作步骤、要领及结果
检测指示灯		把万用表打到测通断挡位。使用表笔测量指示灯两个触点间的电阻值,若阻值为无穷大,则正常 结果:

二、安装元器件(见表 7-5)

表 7-5　安 装 步 骤

操作内容	过程图示	操作要领
指示灯安装		1. 指示灯需要安装在线槽之外,固定在木板上 2. 指示灯之间的安装位置应整齐、匀称,间距合理并便于更换 3. 紧固各元器件时应用力均匀,紧固程度适当

三、布线

本项目的主电路布线与项目 6 的完全一样,同样是接入三相电而且只需要两相电,使用控制变压器进行降压。其配线的工艺和具体要求在前几个项目已详细介绍,在此不再重复。这里主要介绍一个指示灯的安装和布线,在安装指示灯时需要注意的是指示灯亮需要构成一个闭合回路。按照安装图可以看到 PLC 输出端的公共端(COM)接入的是相线(L),输出端子(Y0＊＊)与指示灯的一端连接,所有指示灯的另外一端接一起并接到单相电的中性线(N)上,当 PLC 输出端有效时,则指示灯电路接通构成一个闭合回路,指示灯发光。把元器件固定好之后,进行接线,具体步骤参考前面的项目。

四、自检

安装完成后,必须按要求进行检查。功能检查可以分为两种:

(1)按照电路图进行检查。对照电路图逐步检查是否错线、掉线,检查接线是否牢固等,在查线时需要使用万用表进行连线正确性的检查。

(2)使用万用表检测。将电路分成多个功能模块,使用万用表检查各个模块的电路,如果测量的阻值与正确值有差异,则应对照电路图使用万用表一一进行排查,以确定最后错误点。万用表检测电路的过程按照表 7-6 所示进行。

表 7-6　万用表检测电路过程

序号	检测任务	操作方法	正确阻值	测量阻值	备注
1	检测主电源	合上组合开关 QS,检测 L1、L2 电源端子分别与变压器 0、2 之间的电阻值	使用万用表测的阻值接近 0		
2	检测 PLC 电源	用表笔测量 PLC 的 L、N 接线端子	66 Ω 左右(变压器线圈电阻值)		
3		用表笔测量 PLC 的 L、N 接线端子分别与变压器的 0、1 端子间的电阻值	测得阻值分别是 0 或 66 Ω(变压器线圈电阻值)		
4	检测 PLC 输出控制指示灯的 COM 与电源 L 接线端间的电阻值	用表笔一端接触 PLC 的 COM 端,另一接触电源的 L	为 0		
5	检测指示灯回路的公共端与电源 L 接线端间的电阻值	用表笔一端接触指示灯的公共端,另一端接触电源的 N	无穷大		

序号	检测任务	操作方法	正确阻值	测量阻值	备注
6	检查按钮回路	用表笔一端接 PLC 输入端的公共端(COM),另一支表笔接输入端子(X0××)	按动相应的按钮测得电阻值为 0,松开则为无穷大		
7	检测完毕				

任务四 程序设计

1. 方法一:SFC 编程

由前面对交通灯功能的分析可得,交通灯指示车辆的通行可分为停止(红灯亮)、通行(绿灯亮)、警示(黄灯闪烁)三个状态。使用 SFC 编程可以很容易实现,因此本项目的主要任务是正确地把交通灯控制流程分成几个状态。

(1) 第一个状态(S0 初始状态):所有的路口红灯亮,当系统上电时,需要把路口指示灯先进行初始化设置,即所有的路口都为红灯,当系统初始化完毕(延时 2 s)进入正常工作流程。具体程序如图 7-8 所示。

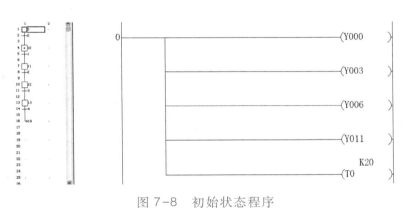

图 7-8 初始状态程序

在 S0 状态中,Y0、Y3、Y6、Y11 输出有效即 4 个路口的红灯都亮,T0 定时器计时 2 s,2 s 后程序跳转到 S10。

(2) S10 交通灯流程:在这个状态下,Y2、Y10 输出有效(1、3 路口绿灯亮),Y3、Y11 输出有效(2、4 路口红灯亮)。模拟交通灯的功能是 1、3 路口绿灯亮,2、4 路口红灯亮,程序中的定时器 T1 进行 20 s 的计时,当 20 s 时间到后状态跳转到 S11。流程图程序如图 7-9 所示。

(3) 黄灯闪烁程序:当绿灯时间到了以后切换到红灯时中间需要黄灯闪烁 5 次,闪烁的频率为 1 Hz,在三菱 PLC 中有输出脉冲频率为 1 Hz 的功能指令(M8013),使用该功能指令可以实现指示灯 1 Hz 的频闪。黄灯的闪烁次数为 5 次,因此使用一个计数器进行计数,当计数器达到 5 时程序跳转。黄灯闪烁程序如图 7-10 所示。

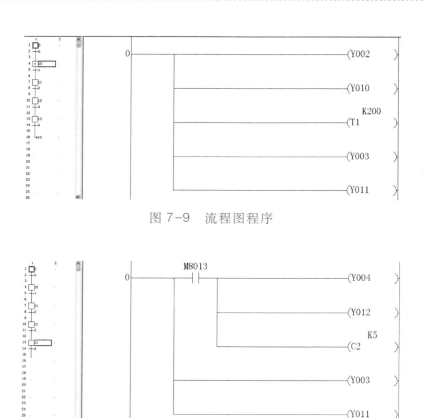

图 7-9　流程图程序

图 7-10　黄灯闪烁程序

（4）主控程序：在主控程序中需要对交通灯的停止和恢复进行控制。当出现紧急情况时，按下停止按钮 SB1，4 个路口都亮红灯。此时要切换到正常工作需按下 SB2 恢复到初始状态进行初始化。程序功能的实现是，在运行时，按下 SB1 对应的输入端使 X0 有效，使用区间复位功能指令 ZRST，把 S0~S13 状态全部复位，并且把 4 个路口的红灯点亮，使用 PLC 的软元件中间继电器 M3 为中间状态控制 4 个路口的红灯。当需要恢复工作时，按下恢复按钮 SB2，在主控程序中置位 S0（激活 S0），程序跳转到流程图程序的 S0 中，主控程序如图 7-11 所示。

2. 方法二：梯形图编程

采用梯形图编程模式进行编程。规定如下：按下开始后，所有灯都亮 5 s，然后进入正常运行。图 7-12 中的 1R 表示第一路红灯，1Y 表示第一路黄灯，1G 表示第一路绿灯，以此类推。第一个 5 s 用于全部灯亮。第 1 路和第 3 路交通灯是一致的，第 2 路和第 4 路是一致的。只需要根据要求画出第 1 路和第 2 路交通灯状态即可，如图 7-12 所示，采用定时器和比较指令结合的方式进行编程。交通灯控制程序如图 7-13 所示，读者可以根据要求进行修改不断完善。通过 PLC 程序的练习认真体会定时器 T0 和 T1 的应用。T0 用于延时 5 s。T1 采用的是定时器的自复位形式。

知识点 1：采用定时器自复位方式，实现循环 50 s，如图 7-14 和图 7-15 所示。

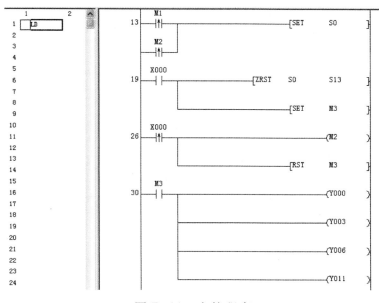

图 7-11　主控程序

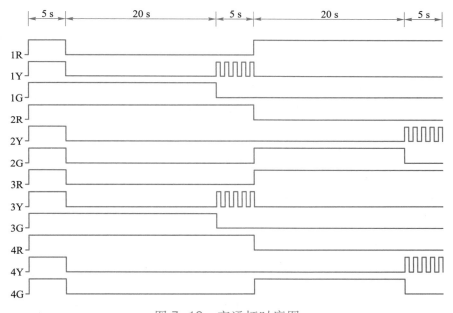

图 7-12　交通灯时序图

知识点 2:将一个周期内的各个交通信号灯亮的时间取出来就能实现控制。比较指令经常会用到,常用的比较指令如下:

指令			说明
[>	T0	K0]	T0 大于 K0 时导通
[>=	T0	K0]	T0 大于等于 K0 时导通
[<	T0	K0]	T0 小于 K0 时导通
[<=	T0	K0]	T0 小于等于 K0 时导通
[<>	T0	K0]	T0 不等于 K0 时导通

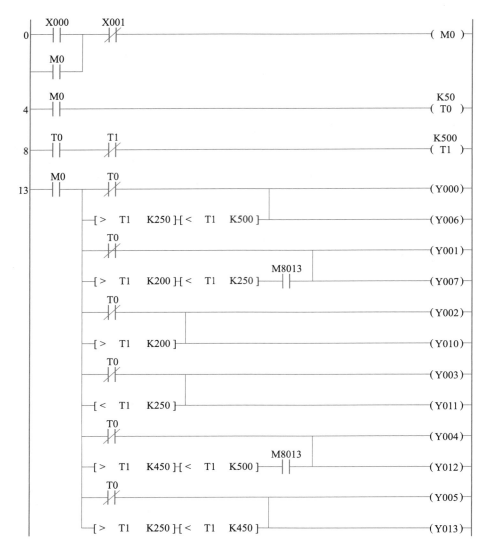

图 7-13   交通灯控制程序

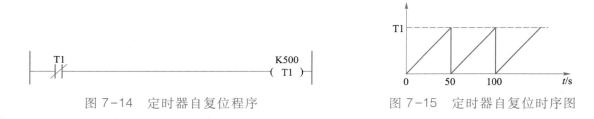

图 7-14   定时器自复位程序   图 7-15   定时器自复位时序图

对于 1 Hz 闪烁,这里直接采用 PLC 内部的 1 s 的时钟脉冲触点 M8013 来实现。

任务五   调试

一、程序的输入

本项目程序使用 SFC 方式编写,所以在建立工程和程序写入时与梯形图有区别,与项目 6 的方式一致,详细内容见项目 6。

二、系统调试

1. 模拟调试

程序编写完成后,进行 PLC 仿真调试,仿真调试成功后再进行通电、下载程序试验。如图 7-16 所示,打开"模拟运行" 。

图 7-16　打开"模拟运行"

此时,程序开始进行下载,通过窗口可以看到,程序已经处于监控状态,如图 7-17 所示。

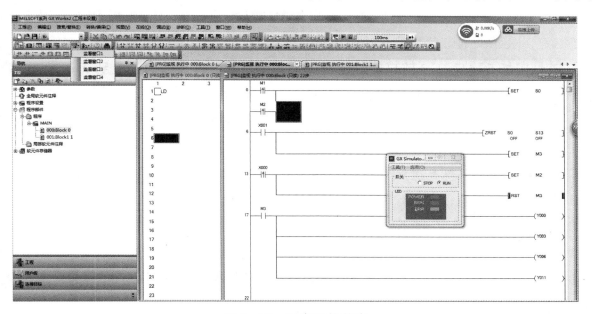

图 7-17　程序监控状态

再打开"监看窗口",分别在监看窗口中输入想要监控的软元件,如 Y0~Y13、X0、X1、M0 和 M1 等软元件,如图 7-18 所示。然后右击选择"监看开始",便可以对程序中的这些软元件进行监控与修改当前值。通过改变 X0 和 X1 的状态,来观察程序中的 Y0~Y13 的变化是否符合交通灯的控制要求。

软元件/标签	当前值	数据类型	类	软元件
X0	1	Bit		X000
X1	0	Bit		X001
Y0	1	Bit		Y000
Y1	0	Bit		Y001
Y2	0	Bit		Y002
Y3	1	Bit		Y003
Y4	0	Bit		Y004

图 7-18　对软元件进行监控

2. 通电调试

🔊 提示:必须在教师的现场监护下进行通电调试!

电路连接完成,程序下载入 PLC 后需要进行通电调试,验证系统功能是否符合控制要求。调试过程分为两大步:程序输入 PLC 和功能调试。

（1）选择菜单命令"在线"→"PLC 写入",下载程序文件到 PLC。

（2）功能调试。按照工作要求,模拟工作过程逐步检测功能是否达到要求。交通灯的工作过程是一个完整的流程,所以正确的功能程序是需要按照顺序完成相应的指示灯动作。

① 第一次上电时,把 PLC 的开关拨到运行位置,程序执行到初始状态 S0,4 个路口的红灯全部亮,表示上电交通灯初始化正确。

② 4 个路口红灯亮 2 s 后交通灯正常工作,1、3 路口绿灯亮,2、4 路口红灯亮,持续 20 s 以上,表示交通灯的第一个工作状态正确。

③ 1、3 绿灯亮 20 s 后黄灯闪烁,1、3 路口的黄灯闪烁频率为 1 Hz,闪烁 5 次,此时 2、4 路口红灯仍然亮。表示交通灯黄灯警示功能正确。

④ 黄灯闪烁 5 次后,1、3 路口红灯亮,2、4 路口绿灯亮。即交通灯切换到 2、4 路口通车,1、3 路口停车,持续 20 s,指示灯状态与以上相符表示功能正确。

⑤ 2、4 路口绿灯亮 20 s 后黄灯闪烁,黄灯闪烁的频率为 1 Hz,闪烁 5 次,此时 1、3 路口仍然是红灯亮,符合以上现象表示程序功能正确。

⑥ 2、4 路口黄灯闪烁 5 次后,1、3 路口亮绿灯,2、4 路口亮红灯。完成以上动作表示一个完整交通指挥灯流程正确,进入第二个指挥周期循环。

⑦ 在程序运行过程中,按下停止按钮 SB1 表示出现紧急情况,4 个路口的灯都只亮红灯,表示紧急情况处理功能正常。

⑧ 当紧急情况排除后,需要恢复正常交通指挥,按下恢复按钮 SB2 表示恢复正常指挥,交通灯由初始化开始进行正常的工作。

（3）填写调试情况记录表(见表 7-7)。

表 7-7　调试情况记录表(学生填写)

序号	项目	完成情况记录			备注
		第一次试车	第二次试车	第三次试车	
1	第一次上电,4 个路口亮红灯	完成（　）	完成（　）	完成（　）	
		无此功能（　）	无此功能（　）	无此功能（　）	
2	2 s 后,1、3 路口亮绿灯,2、4 路口亮红灯	完成（　）	完成（　）	完成（　）	
		无此功能（　）	无此功能（　）	无此功能（　）	
3	20 s 后,1、3 路口黄灯闪烁,闪烁 5 次。2、4 路口亮红灯	完成（　）	完成（　）	完成（　）	
		无此功能（　）	无此功能（　）	无此功能（　）	

序号	项目	完成情况记录			备注
		第一次试车	第二次试车	第三次试车	
4	1、3 路口黄灯闪烁 5 次后亮红灯,2、4 路口亮绿灯	完成(　)	完成(　)	完成(　)	
		无此功能(　)	无此功能(　)	无此功能(　)	
5	2、4 路口亮绿灯 20 s 后黄灯闪烁,1、3 路口红灯亮	完成(　)	完成(　)	完成(　)	
		无此功能(　)	无此功能(　)	无此功能(　)	
6	2、4 路口黄灯闪烁 5 次后亮红灯,1、3 路口亮绿灯	完成(　)	完成(　)	完成(　)	
		无此功能(　)	无此功能(　)	无此功能(　)	
7	在运行中,按下停止按钮 SB1,4 个路口亮红灯	完成(　)	完成(　)	完成(　)	
		无此功能(　)	无此功能(　)	无此功能(　)	
8	在停止状态下,按下恢复按钮 SB2,恢复正常执行	完成(　)	完成(　)	完成(　)	
		无此功能(　)	无此功能(　)	无此功能(　)	

3. 故障排除

在调试期间,可能会出现一些故障,要根据电路原理和程序进行分析,借助 PLC 软件的监控功能和万用表对线路进行检测,然后综合分析找出设备的故障点,并将其修复。表 7-8 中列举了这些判别方法的具体实施内容。

表 7-8　故障排除方法介绍

排查方法	具体内容
用 PLC 软件进行监控	在设备通电的状态下操作设备中的按钮开关等,从 PLC 监控软件中查看程序段的执行情况,进而判断是程序错误还是硬件线路故障
用万用表进行线路测量	对线路中某个支路或元器件进行测量,断电测量线路的通断或在通电状态下测量其电压,进而判断出设备中某个线路出现故障
综合分析判断	在设备通电的状态下,仔细观察设备的运行状态,根据原理分析故障进而确定故障范围或故障点

故障排除举例见表 7-9。

表 7-9　故障排除举例

故障现象	合上电源开关,按下停止按钮后,所有交通灯都点亮,按下启动按钮后,发现在运行期间,第四路交通灯的 3 个灯均不亮,其余 3 路均正常

续表

故障分析	根据故障现象分析,设备故障可能是线路也可能是 PLC 程序错误,系统上电,运行程序,观察 PLC 输出点 Y11~Y13 指示灯,发现有相应的变化,说明 PLC 控制程序不正常,怀疑可能是线路故障的原因,断电后用万用表分别测量第四路 3 个灯到变压器侧的连线,发现线路不通,然后逐步测量第四路交通灯到第三路交通灯的公共连线,发现线路脱落断开
故障点	第四路交通灯到第三路交通灯的公共连线开路
故障修复	重新连接该故障点线路,然后通电测试,功能全部修复

□【项目评价】

对整个项目的完成情况进行评价和考核。可以分为教师评价和学生自评两部分,具体评价规则见附录中的附表 2 和附表 3。

□【项目拓展】

(1)在现代交通灯控制系统中,出现交通高峰期时,交通灯需要交警进行手动控制,此时电路和程序需要如何改造?

(2)如何实现流程图程序运行的监控并进行程序的调试?

□【知识链接】

链接一 计数器、数据寄存器

1. 计数器的分类

当系统需要使用计数功能时,PLC 是使用内部的计数器 C 实现的。

FX 系列 PLC 从保持特性上进行分类有两种类型的计数器,分为"非停电保持型"与"停电保持型"两类。若计数器计数过程中 PLC 发生了断电,非保持型计数器将被清除,即当前计数器的值清除,相应的触点断开;而停电保持型计数器的计数值和触点状态都会被保持,当 PLC 电源重新接通时当前计数值可继续累加,触点也被保持原来的状态,当需要清除计数值和触点时必须使用清除指令(RST)进行清除。非停电保持型和停电保持型计数器的分配见表 7-10。

2. 计数器特性

通用的计数器可用编程软件的触点(X、Y、T、M、S 等)作为计数输入。计数器的触点可作为二进制位编程元件使用,其性质与输入继电器类似;计数器的触点在当前计数值大于等于计数设定值时接通。计数器的计数设定值可用常数 K 或数据寄存器(D)进行设置,计数器的当前计数值可以通过 MOV(FNC12)指令读取。

表 7-10 计数器分配表

	16 位增计数器 （0～32767）		32 位双向计数器 （-2147483648～+2147483647）	
	非停电保持	停电保持	非停电保持	停电保持
FX$_{1N}$系列	C0～C15 16 点	C16～C31 16 点	C200～C219 20 点	C220～C234 15 点
FX$_{3U}$系列	C0～C99 100 点	C100～C199 100 点	C200～C219 20 点	C220～C234 15 点

3. 计数器编程实例

（1）非停电保持型计数器

普通型的 16 位二进制增计数器,其有效设定值为 K1～K32767（十进制常数）,其中需要注意的是 K0 与 K1 具有相同的含义,即在第一次计数开始时输出触点有效。在图 7-19 所示的程序中,计数输入 X2 每驱动 C0 线圈一次,计数器的当前值就增加,在执行第 5 次线圈指令时,输出触点（Y1）动作,以后即使计数输入 X2 再动作,计数器的当前值不变。如果复位输入 X1 为 ON,则执行 RST 指令,计数器的当前值为 0,输出触点复位。计数器的设定值除用上述常数 K 设定外,还可由数据寄存器指定,例如指定 D10,如果 D10 的内容为 123,则与设定 K123 是一样的。如用 MOV 等指令将大于设定值的数据写入计数器,则在下次输入时,输出线圈接通,计数器当前值变为设定值。

（2）停电保持型计数器

利用特殊的辅助继电器 M8200～M8234 指定增计数/减计数的方向。图 7-20 所示为停电保持型计数器的程序示例,在图中 X0 为计数方向控制信号输入,如果驱动与 C***（C200）对应的 M8***（M8200）,则为减计数,不驱动时,则为增计数。X1 为复位输入,为 ON,则执行 RST 指令,计数器的当前值为 0,输出触点（Y1）复位。利用计数输入 X2 驱动 C200 线圈时,可实现增计数或减计数。

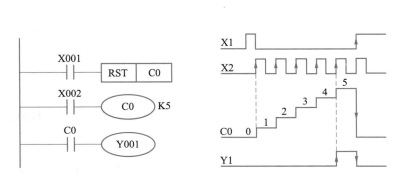

图 7-19 非保持型计数器的编程

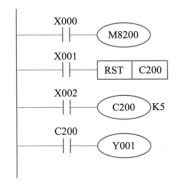

图 7-20 停电保持型计数器编程示例

只要没有复位信号输入,停电保持型计数器的计数值和触点状态即使在 PLC 断电时仍然保持,PLC 电源重新接通时当前计数值继续累加。

链接二　数据寄存器

数据寄存器是存储数值型数据的软元件,它以"D+编号"的形式指定,数据寄存器的编号以十进制格式连续排列。FX 系列各型号 PLC 可使用的数据寄存器数量、分类与地址范围见表 7-11。

表 7-11　数据寄存器数量、分类与地址范围

	一般用	停电保持	停电保持专用	特殊用	变址用
FX$_{1N}$ 系列	—	—	D128～D255 128 点	D8000～D8255 256 点	V0(V)～V7 Z0(Z)～Z7
FX$_{3U}$ 系列	D0～D199 200 点	D200～D511 312 点	D512～D7999 7488 点	D8000～D8255 256 点	V0(V)～V7 Z0(Z)～Z7

数据寄存器用法不一样时,可存储的数据大小也不一样,一个数据寄存器可存储 16 位(1 字长)二进制数据,如将 2 个相邻编号的数据寄存器组合使用,则为 32 位(2 字长)数据寄存器。数据寄存器数值的读出与写入一般采用应用指令,此外,也可以从数据存取单元与编程设备直接读出/写入。

（1）一般用或停电保持使用

数据寄存器一旦写入数据,只要不再写入其他数据,其值就不会变化。但是在 RUN→STOP 或停电时,所有的数据被清除为 0,如果接通特殊辅助继电器 M8033,则可以保持。对停电保持用的数据寄存器,在 RUN→STOP 和停电时保持其内容。利用外围设备的参数设定,可改变 FX$_{3U}$ PLC 停电保持用的参数分配(专用的软元件范围以外)。将停电保持专用的数据寄存器作为一般用途时,应在程序的起始步采用 RST 或者 ZRST 指令清除其内容。

（2）特殊用途

特殊用途的数据寄存器是指写入特定目的的数据,或已事先写入特定内容的数据寄存器。其内容在电源接通时被置于初始值,一般清除为 0,具有初始值的内容,则利用系统 ROM 将其写入。

（3）数据寄存器程序示例

数据寄存器可以处理各种数值数据,利用它可以进行各种控制,现在将一些常见的基本指令和应用指令的用法列举如下。

① 作为定时器与计数器的设定值被指定,计数器与定时器将指定的数据寄存器的内容分别作为设定值执行动作,如图 7-21 所示。

② 改变计数器的当前值,计数器(C1)的当前值改为 D5 的内容,如图 7-22 所示。

图 7-21　数据寄存器应用示例①　　图 7-22　数据寄存器应用示例②

③ 将计数器与定时器的当前值读到数据寄存器中,将计数器(C1)的当前值传送到 D3 中,具体应用如图 7-23 所示。

④ 在数据寄存器中存储数据,向 D4 传送 200,向 D4(D5)传送 8000,大于 32767 的数值是 32 位的数值,因此采用双(D)指令。如果数据寄存器指定为低位(D4),则高位(D5)自动被占用,如图 7-24 所示。

图 7-23　数据寄存器应用示例③　　图 7-24　数据寄存器应用示例④

链接三　数据处理指令

在 FX 系列 PLC 中有很多数据处理指令,这些指令能够完成更加复杂的处理或作为满足特殊用途的指令使用。具体指令见表 7-12。

表 7-12　数据处理指令

功能指令编号	指令记号	指令名称
40	ZRST	区间复位指令
12	MOV	传送指令
10	CMP	比较指令
20	ADD	加法指令
21	SUB	减法指令
22	MUL	乘法指令
23	DIV	除法指令
24	INC	加 1 指令
25	DEC	减 1 指令

1. 区间复位指令(ZRST)

区间复位指令 ZRST 可以对指定区间的信号状态或者数据进行一次性清零,指令常用于 PLC 程序的初始化操作。指令应用示例如图 7-25 所示,其中 D1、D2 指定为同一类型的软元件,且 D1 编号≤D2 编号,当 D1 编号>D2 编号时,仅复位 D1 中指定的软元件。ZRST 是以 16 位执行的,但是 D1、D2 可指定 32 位计数器,需要注意的是不能混合指定,如 D1 为 16 位计数器、D2 为 32 位计数器这种情况。

2. 传送指令(MOV)

传送指令(MOV)是将源的内容向目标传送,具体的指令格式如图 7-26 所示。

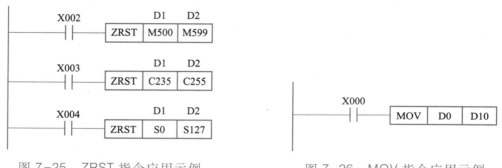

图 7-25　ZRST 指令应用示例　　　　　图 7-26　MOV 指令应用示例

当 X0＝1 时,源 D0 中的数据传送到目标 D10 中;当 X0＝0 时,D10 里的数据不变。在图 7-27 所示的程序中,当 X1＝1 时定时器 T1 的当前值传送到 D10 中;当 X2＝1 时计时器 C2 的当前值传送到 D11 中。

3. 比较指令

（1）触点比较指令

触点比较指令是对源数据内容进行二进制比较,根据其比较结果来执行后面的运算,如图 7-28 所示。

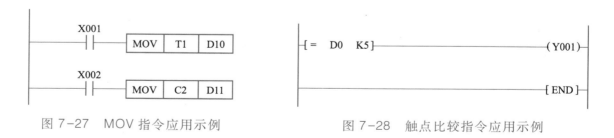

图 7-27　MOV 指令应用示例　　　　　图 7-28　触点比较指令应用示例

在图 7-28 所示程序中对于两个源数据(D0、K5)进行比较,如果 D0 与 K5 的数据相等,执行后段的操作,则 Y1 接通。

触点比较指令有＝(等于)、<>(不等于)、>(大于)、<(小于)、≧(大于或等于)、≦(小于或等于)类别。

（2）比较指令（CMP）

CMP 指令的应用示例如图 7-29 所示，CMP 比较指令是比较源 S1 与 S2 的大小，D 是根据 S1、S2 的大小关系进行动作，所有的源数据都被看成二进制值处理，它们的大小比较是按代数形式进行的。其中 D 占用 3 个点的数据空间（M5、M6、M7）。

当 X0 接通时，如果 D0>D10，M5 = 1，M6 = 0，M7 = 0；

如果 D0 = D10，M5 = 0，M6 = 1，M7 = 0；

如果 D0<D10，M5 = 0，M6 = 0，M7 = 1。

当 X0 断开时，M5、M6、M7 的状态保持。

4. 四则运算指令

（1）加法指令（ADD）

ADD 指令是对两个源数据（S1、S2）进行二进制加法后传递到目标处（D），各数据的最高位表示符号位：正（0）、负（1），这些数据以代数形式进行加法运算，如图 7-30 所示。

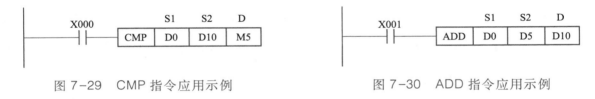

图 7-29　CMP 指令应用示例　　　　　　　图 7-30　ADD 指令应用示例

在图 7-30 所示程序中，当 X1 接通时，源 D0 的数值加上源 D5 的数值并把结果传送到目标 D10 中（D0+D5 = D10，假如 D0 = 1，D5 = 3，则 D10 = 4）。

（2）减法指令（SUB）

SUB 指令是把两个源数据以代数形式进行减法运算，得到结果存储于目标处，如图 7-31 所示。

在图 7-31 所示程序中，当 X1 接通时，源 D20 的数值减去源 D25 的数值并把结果传送到目标 D30 中（D20-D25 = D30，假如 D20 = 3，D25 = 1，则 D30 = 2），各个数据都是有符号数，二进制数据中最高位是符号位，"0"表示正数，"1"表示负数。

（3）乘法指令（MUL）

MUL 指令是将两个源数据进行乘法运算，运算结果以 32 位数据形式存入目标地址指定的软元件（低位），如图 7-32 所示。

图 7-31　SUB 指令应用示例　　　　　　　图 7-32　MUL 指令应用示例

在图 7-32 所示程序中，当 X1 接通时，源 D20 的数值乘以源 D30 的数值并把结果传送到目标 D40 中（D20 * D30 = D40，假如 D20 = 2，D30 = 4，则 D40 = 8），各个数据都是有符号数。

（4）除法指令（DIV）

DIV 指令应用示例如图 7-33 所示。

当 X1 接通时，源 D20 的数值除以源 D30 的数值并把结果传送到目标 D40 中（D20/D30 = D40…(D41)，D40 是商，D41 是余数），各个数据都是有符号数。其中除数为 0 时发生运算错误，不能执行指令。

（5）加 1 指令（INC）

INC 指令应用示例如图 7-34 所示。

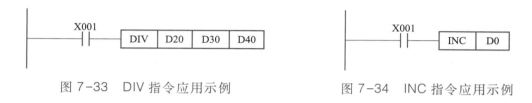

图 7-33　DIV 指令应用示例　　　　　图 7-34　INC 指令应用示例

当 X1 接通时，D0 的数值加 1。在使用 INC 指令时，如果使用连续执行型指令要注意，因为在 X1 接通时每个扫描周期都在执行加 1 指令。这种情况考虑使用脉冲执行型指令或确保驱动信号只接通一个扫描周期的时间。

（6）减 1 指令（DEC）

DEC 指令应用示例如图 7-35 所示。

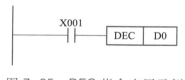

图 7-35　DEC 指令应用示例

当 X1 接通时，D0 的数值减 1。在使用 DEC 指令时，如果使用连续执行型指令要注意，因为在 X1 接通时每个扫描周期都在执行减 1 指令。这种情况考虑使用脉冲执行型指令或确保驱动信号只接通一个扫描周期的时间。

项目8　蔬菜大棚温度控制

□【项目目的】

(1) 学会使用模数转换功能模块 FX_{0N}-3A。
(2) 应用 PLC 实现蔬菜大棚温度控制。
(3) 掌握 PLC 模拟量控制的程序设计。
(4) 了解一些常见传感器。

□【项目任务】

20 世纪 80 年代以来,温室、大棚蔬菜的种植面积连年增加。温室的作用是改变植物的生长环境,避免外界四季变化和恶劣气候对作物生长的不利影响,为植物生长创造适宜的良好条件。温室控制主要是控制温室内的温度、湿度、通风与光照。下面设计一个蔬菜大棚温度控制系统,如图 8-1 所示,要求如下:

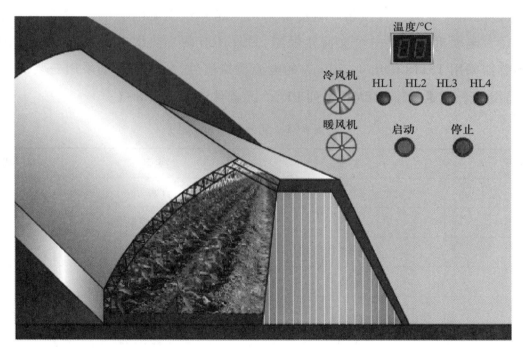

图 8-1　蔬菜大棚温度控制系统模拟实物图

（1）在蔬菜大棚内距地面一定高度的位置，安装 1 只温度传感器。

（2）在大棚室内温度低于 18 ℃时，指示灯 HL1（红色）亮，暖风机 M1 开始转动；室内温度高于 28 ℃时，指示灯 HL2（黄色）亮，同时输出一个 5 V 的电压信号，冷风机 M2 开始转动；室内温度在 18～28 ℃之间时，HL3（绿色）亮，同时输出一个 10 V 的电压信号。

（3）按下启动按钮 SB1，检测系统开始工作，工作指示灯 HL4 亮；按下 SB2，则系统停止工作，HL4 熄灭。

□【项目分析】

（1）功能分析

由于本项目涉及温度传感器，也就是涉及模拟量的输入与输出，因此，PLC 需要增加 A/D 和 D/A 转换模块。在温度传感器的信号输入时，要将模拟信号转换成数字信号，才能进行数据的处理；PLC 输出时，又要将数字信号转换成模拟信号才能获得 5 V 或 10 V 的电压信号。因此本项目实际上是实现将温度传感器的模拟信号通过 A/D 转换器转换成数字信号传送给 PLC 进行处理，PLC 输出的信号又通过 D/A 转换器转换成数字信号输出的控制功能。

（2）电路分析

整个电路的总控制环节可以采用安装方便的空气断路器（空气开关），当然也可采用实验室用得比较多的组合开关进行控制。电动机采用三相异步交流电动机，若要完成两台电动机的控制，则每台电动机都需要一个交流接触器，另外还有两个热继电器，实现电动机的过载保护；温度传感器采用 TS118 输出 4～20 mA 的电流模拟信号，A/D 模块则采用三菱的 FX_{0N}-3A。总的控制采用一个三菱 FX_{3U}-48MR 系列 PLC。元器件清单见表 8-1。

表 8-1 元器件清单

序号	符号	名称	数量
1		计算机	1
2	PLC	可编程控制器	1
3	A/D 和 D/A	模数和数模转换器	1
4	T	温度传感器	1
5	FR	电动机热继电器	2
6	FU1	主电源熔断器	3
7	FU2	控制电路熔断器	2
8	KM	交流接触器	2

续表

序号	符号	名称	数量
9	HL	指示灯	4
10	M	电动机	2
11	QS	主电源组合开关	1
12	SB	按钮	2
13	TC	变压器	1

■【项目实施】

任务一　电路设计与绘制

一、主电路设计与绘制

根据功能分析,主电路需要两个交流接触器来分别控制两台电动机。两台电动机的启停分别由单独的交流接触器来控制,另外,两台电动机上分别有热继电器,用于电动机的过载保护,具体的主电路如图 8-2 所示。在主电路中,QS 表示组合开关,主要用来控制电路的通电与断电,FU 表示熔断器,主要用于短路保护。在绘制主电路时,电源线应该绘制成水平线,主电路应与电源线垂直,画在电源线的下方。

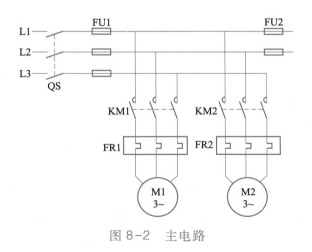

图 8-2　主电路

二、确定 PLC 的输入/输出点数

(1)确定输入点数

根据项目任务的描述,需要 1 个启动按钮、1 个停止按钮、2 个过载保护、1 路模拟输入量。

（2）确定输出点数

由功能分析可知,有两个交流接触器需要 PLC 驱动,还有 4 盏指示灯 HL1～HL4 以及电压模拟输出信号。

根据输入/输出点数,可以选择对应的 PLC 的型号,实训装置上的 FX_{3U} -48MR,完全能满足需要。

三、列出输入/输出地址分配表

根据确定的点数,开关量输入/输出地址分配见表 8-2,模拟量输入/输出地址分配见表 8-3。

表 8-2　开关量输入/输出地址表

开关量输入			开关量输出		
输入继电器	电路元件	作用	输出继电器	电路元件	作用
X0	SB1	启动	Y0	KM1	M1 接触器
X1	SB2	停止	Y1	KM2	M2 接触器
X2	FR1	M1 过载保护	Y4	HL1	小于 18℃
X3	FR2	M2 过载保护	Y5	HL2	大于 28℃
			Y6	HL3	18～28℃
			Y7	HL4	工作指示

表 8-3　模拟量输入/输出地址表

模拟量输入		模拟量输出	
输入继电器	作用	输出继电器	作用
I_1	温度信号输入	A_{O1}	5 V、10 V 信号输出

四、控制电路设计与绘制

根据地址分配表已经可以确定 PLC 的端口接线,但在实际工程中要考虑电路的安全,所以要充分考虑保护措施,例如:在接热继电器时,应该接到其动断触点以保证安全等。根据这些考虑绘制控制电路,如图 8-3 所示。

任务二　接线图绘制

一、元器件布置图绘制

如果有条件,可以采用一体化的 PLC 实训台。如果没有条件,则可采用配线木板进行装配,在配线木板进行装配前,先要画出配线木板的元器件布置图,如图 8-4 所示。

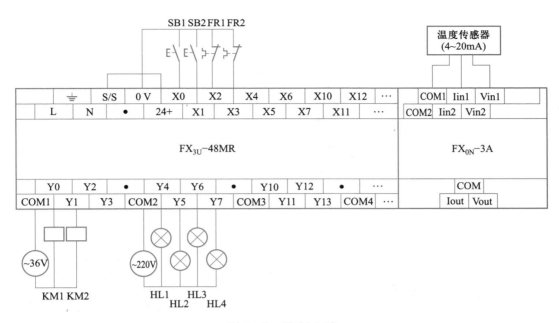

图 8-3　控制电路

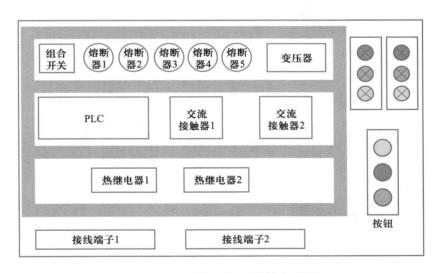

图 8-4　配线木板元器件布置图

二、绘制电路布局接线图

如果采用 PLC 实训台进行电路的装接,则要先画出实训台 PLC 与温度传感器模块的模拟接线图,如图 8-5 所示。在连接完电路后,才能对其进行电路调试。

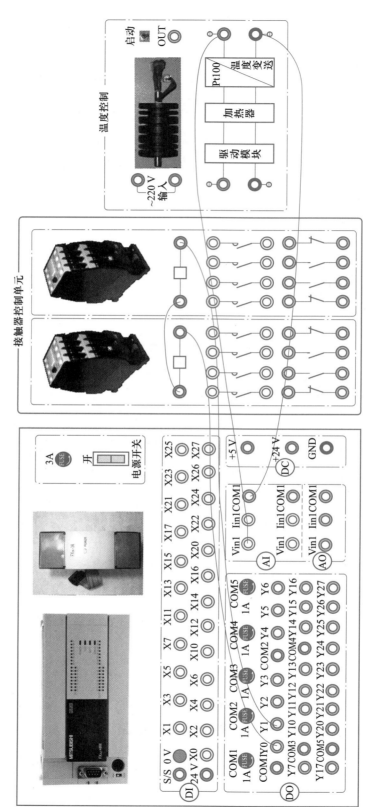

图 8-5 实训台 PLC 与温度传感器模块模拟接线图

如果采用配线木板进行装配,则根据电气原理图,先绘制出主电路的模拟接线图。图 8-6、图 8-7 所示为主电路和控制电路的模拟接线图。

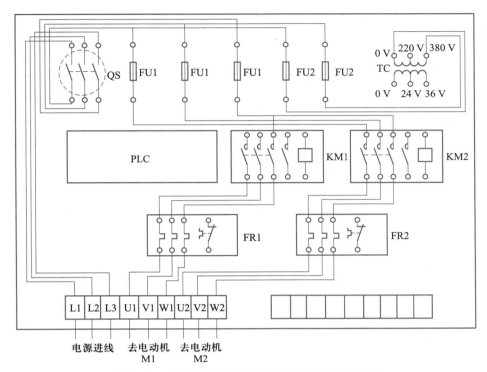

图 8-6 主电路模拟接线图(采用配线木板)

任务三 安装电路

本任务的基本操作步骤和前几个项目一样,可以分为:清点工具和仪表→选用元器件及导线→元器件检查(实训台上检查需要用到的元器件)→安装元器件(实训台上已固定)→布线→自检,使用的工具和仪表与前几个项目类似,本项目不做介绍。另外,在选用元器件和导线的基本原则方面,也和前几个项目类似。在本项目中主要是 FX_{0N}-3A 功能模块和温度传感器模块的检测以及安装。

一、元器件检查

配备所需元器件后,需先进行元器件检测。检测包括两部分:外观检测和采用万用表检测。本项目涉及的新知识:模拟量模块和温度传感器模块都为集成电路,无法用万用表进行检测,因此只对其进行外观的检测判断。外观检测主要检测元器件外观有无损坏,元器件上所标注的型号、规格、技术数据是否符合要求以及一些动作机构是否灵活,有无卡阻现象。

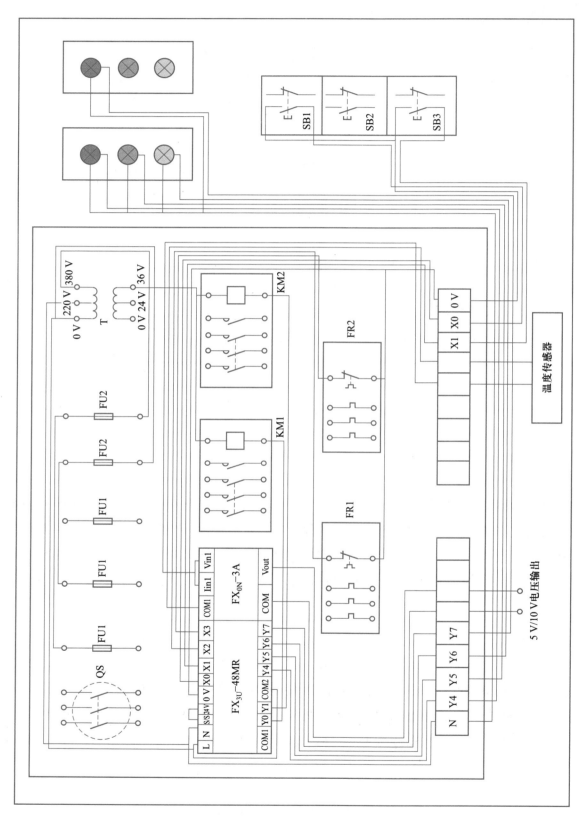

图 8-7 控制电路模拟接线图（采用配线木板）

●　元器件外观检测(见表 8-4)

表 8-4　元器件外观检测

代号	名称	图示	操作步骤、要领及结果
FX$_{0N}$-3A	模拟量模块	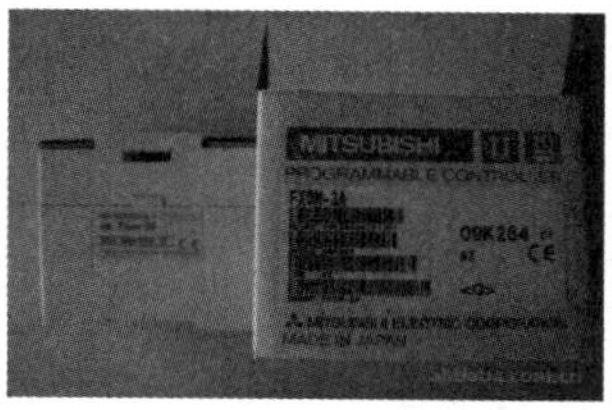	1. 看型号是否符合标准,输入、输出通道数是否够 2. 看外表是否有破损,螺钉是否齐全 3. 看与 PLC 连接的排线是否完好 结果:
T	温度传感器模块		1. 看外表是否有破损、螺钉是否紧固 2. 看接线孔是否完好 3. 看启动开关能否正常工作 结果:

二、安装元器件

确定元器件完好之后,就需把元器件固定在配线木板上(实训台已经固定)。由于熔断器等电器的安装在前几个项目中已经介绍,因此在本项目中只介绍模拟量模块及温度传感器模块的安装,其安装步骤见表 8-5。

表 8-5　安 装 步 骤

步骤	操作内容	过程图示	操作要领
1	模拟量模块	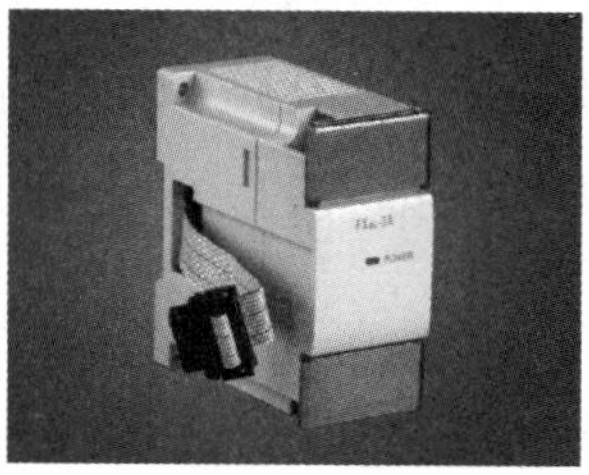	1. 模拟量模块应与 PLC 安装在同一平面内,并与 PLC 紧靠,如果是使用导轨进行安装,则 PLC 与模块应在同一导轨上 2. 各元器件的安装位置应整齐、匀称、间距合理和便于更换元器件 3. 紧固各元器件时应用力均匀,紧固程度适当。在紧固温度传感器模块时,应将该模块放置在接线方便的地方,先将模块放入工作台上卡槽,然后再放入下卡槽,装好后拉一拉观察是否牢固
2	温度传感器模块	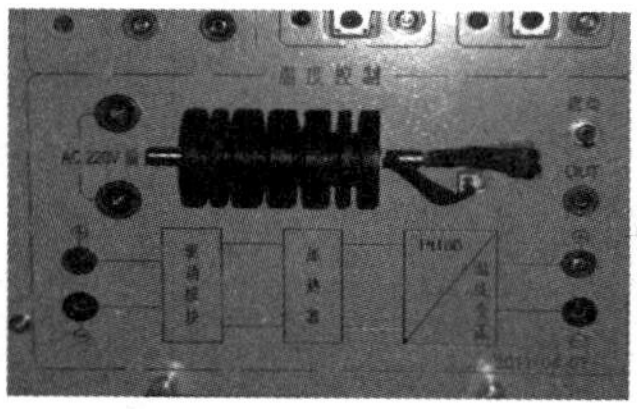	

三、布线

主电路和控制电路的布线,其配线的工艺和具体要求在前几项目都已详细介绍,本项目主要介绍模拟量模块和温度传感器的布线。

在把元器件固定好之后,按照表 8-6 所示步骤来布线。

表 8-6　安 装 步 骤

步骤	操作内容	过程图示		操作要领
控制电路布线	模拟量模块接入	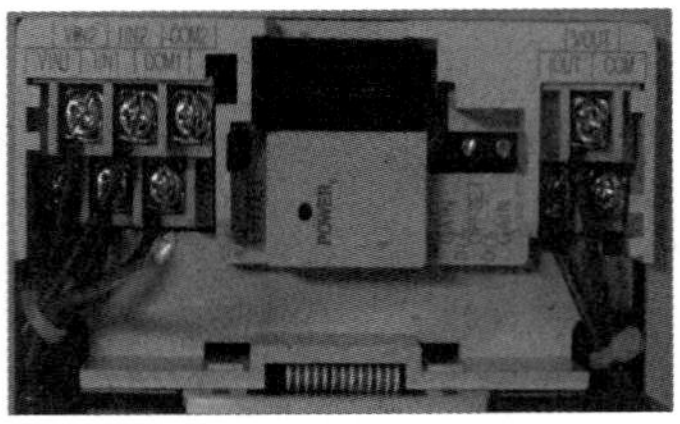	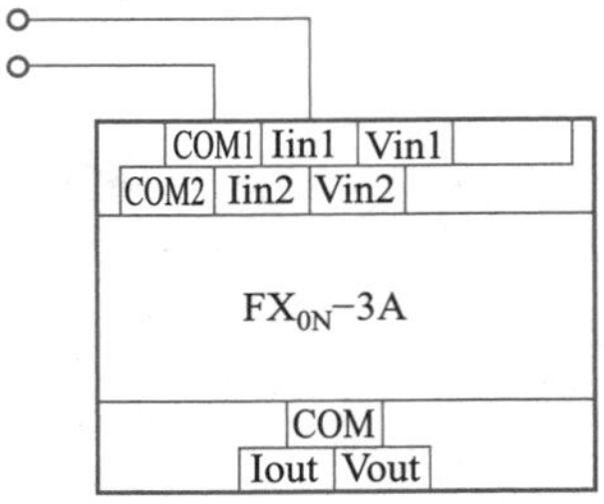 COM1 Iin1 Vin1 COM2 Iin2 Vin2 FX₀N-3A COM Iout Vout	1. 模块在接线时应用力均匀,紧固程度适当。导线与接线端子或接线桩连接时,不得压绝缘层,不反圈,露铜不宜过长 2. 温度传感器连接时要牢靠,电源正负极接线的颜色要区分开
	温度传感器接入	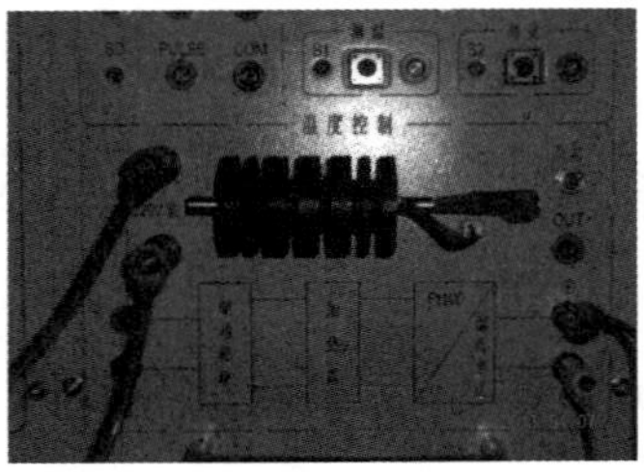	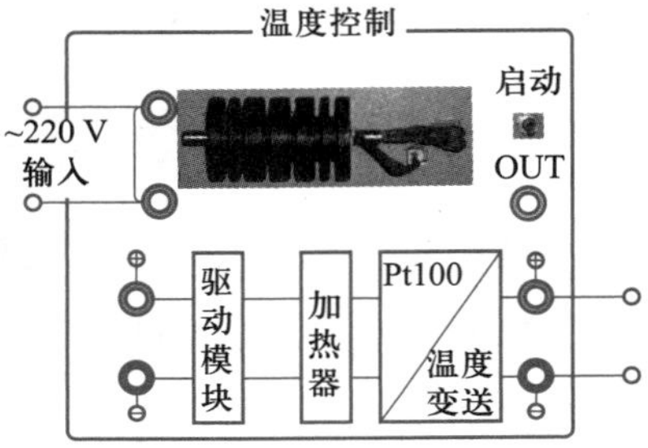 温度控制 ~220 V 输入　启动 OUT 驱动模块　加热器　Pt100 温度变送	

四、自检

安装完成后,必须按要求进行检查。功能检查可以分为两种:

(1) 按照电路图进行检查。对照电路图逐步检查是否错线、掉线,检查接线是否牢固等。

(2) 使用万用表检测。将电路分成多个功能模块,根据电路原理及使用万用表检查各个模块的电路,如果测量的阻值与正确值有差异,则应逐步排查,以确定最后故障点。万用表检测电路的过程按照表 8-7 所示进行。

表 8-7　万用表检测电路过程对照表

测量要求	测量过程				正确阻值	测量结果
	测量任务	总工序	工序	操作方法		
空载	测量主电路	合上 QS,断开控制电路熔断器 FU2,分别测量三相电源 L1、L2、L3 三相之间的阻值	1	所有元器件不动作	∞	
			2	压下 KM1	∞	
			3	压下 KM2	∞	

续表

测量要求	测量过程				正确阻值	测量结果
	测量任务	总工序	工序	操作方法		
空载	测量主电路	接通 FU2,测量 L1、L2 两相之间的阻值	4	所有元器件不动作	变压器一次绕组的阻值	
有载	测量主电路	合上 QS,断开控制电路熔断器 FU2,分别测量三相电源 L1、L2、L3 三相之间的阻值	5	所有元器件不动作	∞	
			6	压下 KM1	电动机 M1 两相定子绕组阻值之和	
			7	压下 KM2	电动机 M2 两相定子绕组阻值之和	
空载或有载	测量 PLC 输入电路	测量 PLC 电源输入端 L、N 之间的阻值	8	所有元器件不动作	变压器二次绕组的阻值	
		测量 PLC 电源输入端 L 与 COM 之间的阻值	9	所有元器件不动作	∞	
		测量 PLC 公共端 COM 与 X0 之间的阻值	10	按下启动按钮 SB1	0	
		测量 PLC 公共端 COM 与 X1 之间的阻值	11	按下停止按钮 SB2	0	
	测量 PLC 输出电路	测量 PLC 输出点 Y0 与公共端 COM1 的阻值	12	所有元器件不动作	二次绕组与 KM1 线圈阻值之和	
		测量 PLC 输出点 Y1 与公共端 COM1 的阻值	13	所有元器件不动作	二次绕组与 KM2 线圈阻值之和	
		测量 PLC 输出点 Y3、Y4、Y5、Y6 与公共端 COM2 的阻值	14	所有元器件不动作	二次绕组与 KM2 线圈阻值之和	

检测完毕,断开 QS,元器件恢复原样

任务四　程序设计

根据项目的控制要求,编写梯形图程序,编写程序可以采用逐步增加、层层推进的方法。该程序大致可以分为 4 个程序段,即:温度检测与转换、温度数值的变换、温度数值的输出比较、D/A 转换,整个 PLC 控制程序就是这 4 个程序段的组合。

（1）温度检测与转换程序设计（如图 8-8 所示）

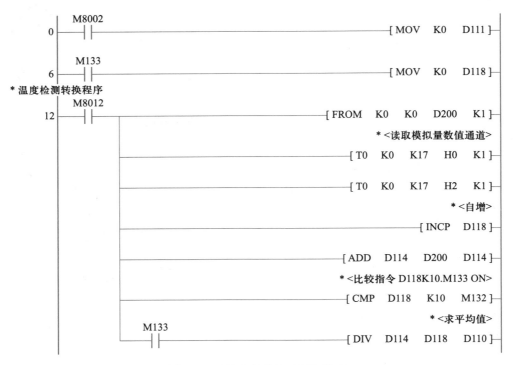

图 8-8　温度检测与转换程序

FX$_{0N}$-3A 的模拟通道 1 或通道 2（8 位 A/D）输入温度传感器检测到的数据，通过转换，PLC 将传感器传送的数值存放到寄存器 D200 单元中，当检测并转换的数值次数到达 10 次时，取平均值，然后将这一平均值放于 D110 中。在这一程序中部分寄存器的说明如下：

D114：温度和；

D118：计数（M132 大于，M133 等于，M134 小于）；

D110：温度平均值；

D200：温度的实时值。

（2）温度数值的变换程序设计（如图 8-9 所示）

图 8-9　温度数值变换程序

温度的数值变换可以根据如下公式进行编程：

$$A_x = N_x(A_{\max} - A_{\min})/M + A_{\min}$$

式中，A_x：计算结果；

N_x:测量值(A/D 转换器转换后的数据);

A_{max}:传感器测量的最大值;

A_{min}:传感器测量的最小值;

M:A/D 转换后数值的最大数。

(3)温度数值的输出比较程序设计(如图 8-10 所示)

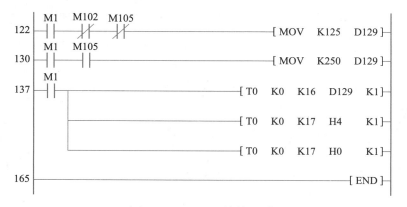

图 8-10 温度数值的输出比较程序

X0、X1 及过载保护 X2、X3 构成了本系统的控制程序。按下启动按钮 SB1,M1 自锁输出;按下停止按钮 SB2 或者电动机 M1、M2 过载,则 M1 停止输出。

经过数值转换后的温度值存放在 D124 中,与参考值 K18、K28(18 ℃与 28 ℃)比较,当温度小于 18 ℃时,Y0 和 Y4 输出;当温度在 18~28 ℃之间时,Y5 输出;当温度大于 28 ℃时,Y1 和 Y6 输出。

(4)D/A 转换程序设计(如图 8-11 所示)

图 8-11 D/A 转换程序

D/A 转换是将 0~250 的数据转换成 0~10 V 的电压,是线性关系,所以需要输出 10 V 时, 对应 PLC 内的数据是 250;需要输出 5 V 时,对应 PLC 内的数据是 125。

任务五　调试

一、仿真调试

在通电调试前,先进行仿真调试,本项目主要是模拟量的仿真,即直接将数值给相关寄存器,用于控制后续的动作。这里主要讲解相关寄存器的赋值方法。

(1)单击梯形图逻辑测试启动按钮,或选择"工具"菜单后单击"梯形图逻辑测试",启动仿真过程。

(2)启动仿真后,相关寄存器会有数值,此时在梯形图框中右击,选择"软元件测试"或按组合键"ALT+1",出现如图 8-12 所示界面。

(3)在该界面中填入需要设置的软元件名称,例如"D118"。再填入需要的设置值,比如"25"。完成后,单击"设置"按钮,D118 寄存器就会改变为 25,如图 8-13 所示。

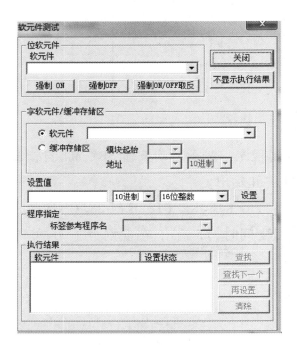

图 8-12　软元件测试界面

图 8-13　寄存器数值的设定

(4)在相关寄存器数值设定完成后,即可进行后续调试过程。

二、通电调试

📢 提示:必须在教师的现场监护下进行通电调试!

通电调试,验证系统功能是否符合控制要求。调试过程分为两大步:程序输入 PLC 和功能调试。

(1)用菜单命令"在线"→"PLC 写入",下载程序文件到 PLC。

（2）功能调试。按照工作要求,模拟工作过程逐步检测功能是否达到要求(温度传感器输出的 4~20 mA 电流信号用电流源代替)。

① 将电流源输出的信号调至最小,按下启动按钮 SB1,观察此时指示灯与接触器的动作情况:如果此时系统工作指示灯 HL4 亮且 HL1 亮、接触器 KM1 动作,用万用表测量模拟量模块的输出无电压,则说明系统工作正常。

② 慢慢增大电流源的输出信号,当信号增大到一定程度后,HL1 熄灭,HL2 亮,接触器 KM1 停止工作,用万用表测量模拟量模块的输出为 5 V 电压,则说明系统工作正常。

③ 将电流源的信号调至最大,HL2 熄灭,HL3 亮,接触器 KM2 开始工作,用万用表测量模拟量模块的输出为 10 V 电压,则说明系统工作正常。

④ 在任何时刻按下停止按钮 SB2 或电动机发生过载情况,系统能第一时间停止工作,所有输出全部清零。

（3）填写调试情况记录表(见表 8-8)。

表 8-8　调试情况记录表(学生填写)

序号	项目	完成情况记录			备注
		第一次试车	第二次试车	第三次试车	
1	将电流源信号调至最小,按下启动按钮 SB1,系统工作指示灯亮、HL1 亮	完成(　　) 无此功能(　　)	完成(　　) 无此功能(　　)	完成(　　) 无此功能(　　)	
2	将电流源信号调至最小,按下启动按钮 SB1,KM1 动作,模拟量模块无电压输出	完成(　　) 无此功能(　　)	完成(　　) 无此功能(　　)	完成(　　) 无此功能(　　)	
3	增大电流源信号,HL1 熄灭 HL2 亮,接触器 KM1 停止工作,模拟量模块输出 5 V 电压	完成(　　) 无此功能(　　)	完成(　　) 无此功能(　　)	完成(　　) 无此功能(　　)	
4	电流源信号调至最大,HL2 熄灭,HL3 亮,接触器 KM2 开始工作,模拟量模块输出 10V 电压	完成(　　) 无此功能(　　)	完成(　　) 无此功能(　　)	完成(　　) 无此功能(　　)	
5	是否具有实时停止功能	完成(　　) 无此功能(　　)	完成(　　) 无此功能(　　)	完成(　　) 无此功能(　　)	
6	过载保护功能是否实现	完成(　　) 无此功能(　　)	完成(　　) 无此功能(　　)	完成(　　) 无此功能(　　)	

□【项目评价】

对整个项目的完成情况进行评价和考核。可以分为教师评价和学生自评两部分,具体评价规则见附录中的附表 2 和附表 3。

□【项目拓展】

（1）要使温度数值更加准确,则应采用 PID 控制,程序应该如何编写?

（2）如果在调试过程中出现故障,该如何排除?

（3）如果要进行系统监控,应如何实现?

□【知识链接】

一、FX_{0N}-3A 特殊功能模块简介

FX_{0N}-3A 特殊功能模块有两个输入通道和一个输出通道。输入通道可接收模拟信号并将模拟信号转换成数字值,其可接收的信号为:直流电压 0~10 V 或 0~5 V、直流电流 4~20 mA;输出通道采用数字值输出等量模拟信号。该模块的最大分辨率为 8 位,可与 FX_{3U}、FX_{2N}、FX_{1N}、FX_{0N} 等系列的可编程控制器进行连接。该模块所有数据传输和参数设置都是通过应用 PLC 中的 TO/FROM 指令完成的,该模块在 PLC 扩展母线上占用 8 个 I/O 点。

（1）模块的外部结构及接线

FX_{0N}-3A 模块的外部结构及接线图如图 8-14 所示,每路模拟输入通道有 3 个接线端子,即 Vin、Iin 和 COM,电压模拟信号输入时接到 Vin 和 COM 两个端口;电流模拟信号输入时要先将 Vin 和 Iin 短接,然后再接入信号,COM 接公共地。

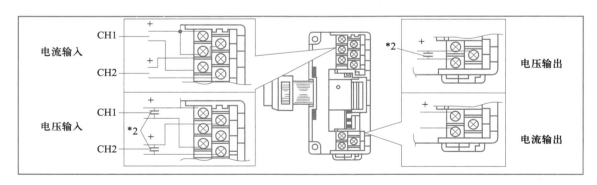

图 8-14　FX_{0N}-3A 模块的外部结构及接线图

如果要同时使用两个输入通道,必须选择相同类型的输入信号,也就是两路都是电压信号或两路都是电流信号,不能一路是电压、一路是电流。在模块的输出方面,电压输出时接 Vout 和 COM,电流输出时接 Iout 和 COM。

（2）模块的诊断

① 分别检查输入接线、输出接线和扩展电缆连接是否正确。

② 检查是否违背上位机 PLC 的系统配置规则。

③ 选择正确的操作范围。

④ 按照 PLC 改变（RUN 至 STOP，STOP 至 RUN）的状态，模拟输出状态将按以下方式运行。

➤ RUN 至 STOP：在 STOP 模式期间，保持 RUN 运行期间模拟输出通道使用的最后一个操作值。

➤ STOP 至 RUN：一旦 PLC 切换回到 RUN 模式，模拟输出就恢复到由该程序控制的正常状态的数字值。

➤ PLC 电源关闭：模拟输出信号停止运行。

⑤ 用于 FX_{0N}-3A 的模拟输出时，只有 8 位数字值（0~255）有效。

（3）模块性能规格

该模块系统默认的 0~10 V DC 输入的范围为 0~250。如果把 FX_{0N}-3A 用于电流输入或 0~10 V DC 之外的电压输入，则需要重新调整偏置和增益。该模块要求两个通道必须具有相同的输入特性。

输入特点：要求两个通道具有相同的输入特性。

输出特点：无论数据是多于 8 位还是少于 8 位，系统默认只有 8 位数据有效。

（4）FX_{0N}-3A 模块的程序设计

FX_{0N}-3A 模块内部分配有 32 个缓存器 BFM0~BFM31，其中使用的有 BFM0、BFM16 和 BFM17，其余均未使用。

BFM17 各位作用如下：

b0=0 选择模拟输入通道 1；

b0=1 选择模拟输入通道 2；

b1=0 或 1，启动 A/D 转换处理；

b2=0 或 1，启动 D/A 转换处理。

图 8-15 所示为模拟输入程序，在该程序中，当 M0 由 OFF 变成 ON 时，从模拟输入通道 1 读取数据；而当 M1 由 OFF 变为 ON 时，从模拟输入通道 2 读取数据。

图 8-16 所示为模拟输出程序，在该程序中，需要转换的数据放于寄存器 D2 中，当 M0 由 OFF 变成 ON 时，系统将 D2 的数据送 D/A 转换器转换成相应的模拟量输出。

二、温度传感器简介

能感受温度并转换成可用输出信号的传感器称为温度传感器。它的基本工作原理是把温度转换为电量。温度传感器是温度测量仪表的重要组成部分，有多种分类方法：按测量方式可把温度传感器分成接触式和非接触式两类，按传感器材料又可把温度传感器分为热电阻和热电偶两类。

175

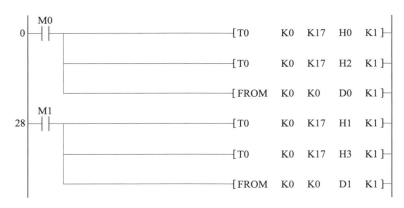

图 8-15 模拟输入程序

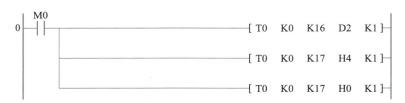

图 8-16 模拟输出程序

1. 接触式温度传感器

接触式温度传感器,就是传感器的检测部分与被测物有良好的接触(又称温度计)。图 8-17所示为典型的接触式温度传感器(温度计)。为使温度计的示值能直接表示被测对象的温度,一般使温度计通过传导方式或对流方式达到热平衡。常用的温度计有双金属温度计、玻璃液体温度计、压力式温度计、电阻温度计、热敏电阻和温差电偶等,它们在工业、农业、商业等领域都有应用,在日常生活中人们也常常使用这些温度计,比如体温计等。

图 8-17 温度计

2. 非接触式温度传感器

非接触式温度传感器又称非接触式测温仪表,它的敏感元件与被测对象互不接触。这种仪表可用来测量接触式传感器无法测量的对象,如运动物体、小目标和热容量小或温度变化迅速(瞬变)对象的表面温度,也可用于测量温度场的温度分布。非接触式温度传感器有很多优点,在测温方面,该传感器测量的上限不受感温元件耐温程度的限制,因而对最高可测温度范围没有限制。对于 1 800 ℃以上的高温,也主要采用非接触测温方法,且分辨率很高。图 8-18所示为红外温度计。

3. 热电阻

热电阻的主要特点是测量精度高,性能稳定,它是最常用的一种温度检测器。其中铂热电阻的测量精确度是最高的,它广泛应用于工业测温。热电阻的测温原理是基于导体或半导体的电阻值随着温度的变化而变化的特性。图 8-19 所示为热电阻。

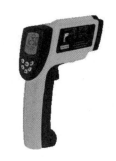

图 8-18　红外温度计

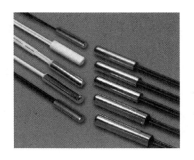

图 8-19　热电阻

4. 热电偶

热电偶是温度测量仪表中常用的测温元件,是由两种不同成分的导体两端接合形成回路,它是一种感温元件。两种不同成分的材质导体组成闭合回路,当两端存在温度梯度时,回路中就会有电流通过,此时两端之间就存在电动势,这就是热电偶的原理。热电偶把温度信号转换成热电动势信号,再通过电气仪表(二次仪表)转换成被测介质的温度。

 阅读材料

传感器和传感技术是国家综合实力、科技水平、创新能力的主要表征之一,也是提升各类设备智能性和可靠性的主要组成部分。

近十年来,我国已经形成了较为完整的传感器产业链,物联网的发展对国内传感器产业的壮大起到了至关重要的作用,机器人、无人机、自动驾驶汽车的快速落地,智慧城市的深入建设,也带给了传感器产业广阔的发展空间。

未来,我国传感器产业将由传统型向微型化、多功能化、数字化、智能化、系统化和网络化的方向发展,传感器技术及产业也将逐步扩大。

项目 9　两台 PLC 通信控制

□【项目目的】

（1）掌握两台 PLC 之间通信的方法。

（2）了解 PLC 的通信功能模块及网络基础知识。

□【项目任务】

现今的 PLC 都具有强大的网络通信功能，不仅能组建成各种类型的开放式大型工程自动化网络，还能实现在现场控制的小型数据链接网络。例如：两台独立运行的电梯，可以毫不相干，各自运行；也可采用联网方式将两台 PLC 连接起来，互通数据，各自知道对方运行的状态与位置，这样可以合理地调度两台电梯，对乘客进行及时的应答，减少乘客等待时间，降低电梯运行损耗。下面设计一个两台 PLC 通信控制系统，结构图如图 9-1 所示，要求如下：

（1）用两台三菱 FX_{3U} 系列的 PLC 连接成一个网络，一台 PLC 为主机，另一台 PLC 为从机。

（2）按下从机的启动按钮 SB1，主机 LED1 指示（绿色），在 LED1 点亮后，按主机停止按钮 SB5 熄灭 LED1；按下主机启动 SB2 按钮，从机 LED2 指示（红色），在从机 LED2 点亮后，按从机停止按钮 SB6 熄灭 LED2。

（3）按下从机计数按钮 SB3，主机开始计数，当计数器计到 5 次时，主机 LED3 点亮（黄色）；按下主机复位按钮 SB4，计数器复位，LED3 熄灭。

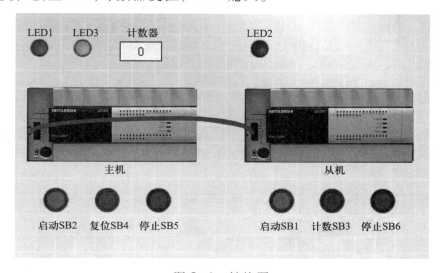

图 9-1　结构图

□【项目分析】

（1）功能分析

本项目的主要任务是实现两台 PLC 之间的通信。在系统设计过程中，主要涉及 RS485 的通信方式以及 FX_{3U}-485-BD 模块，因此，学会设置 PLC 内置的通信协议以及硬件的接线是本项目的关键。

（2）电路分析

整个电路的总控制环节可以采用安装方便的空气断路器（空气开关）或组合开关，通信模块采用 FX_{3U}-485-BD，通信电缆采用屏蔽双绞电缆线，总的控制采用两台三菱 FX_{3U}-48MR 型 PLC。主要元器件清单见表 9-1。

表 9-1　主要元器件清单

序号	符号	名称	数量
1	PLC	可编程控制器	2
2		通信模块	2
3	FU2	熔断器	2
4	HL	指示灯	3
5	QS	主电源组合开关	1
6	SB	按钮	6

□【项目实施】

任务一　电路的设计与绘制

一、PLC 输入/输出点数及地址分配

根据项目要求及功能分析情况可知，本项目没有复杂的主电路，控制的对象也仅为指示灯，因此本电路相对简单。但是由于本项目是两台 PLC 之间的通信，所以多了 FX_{3U}-485-BD 通信模块及连接用的屏蔽双绞电缆线。

（1）确定输入点数

根据项目任务的描述，主机需要 1 个启动按钮、1 个停止按钮和 1 个复位按钮，所以一共有 3 个输入信号，即输入点数为 3，需 PLC 的 3 个输入端子。从机同样需要 1 个启动按钮、1 个停止按钮和 1 个计数按钮，所以同样有 3 个输入信号，即输入点数为 3，需 PLC 的 3 个输入端子。

（2）确定输出点数

由功能分析可知，主机只有两个 LED 需要 PLC 驱动，所以只需要 PLC 的两个输出端子。从机只有一个 LED 需要 PLC 驱动，所以只需要 PLC 的一个输出端子。

根据输入/输出点数，可以选择对应的 PLC 的型号，实训装置上的 $FX_{3U}-48MR$ 完全能满足需要。

二、列出输入/输出地址分配表

根据确定的点数，主机与从机输入/输出地址分配见表 9-2、表 9-3。

表 9-2　主机输入/输出地址表

输入			输出		
输入继电器	电路元件	作用	输出继电器	电路元件	作用
X0	SB2	启动	Y0	LED1	主机启动指示
X1	SB4	复位	Y1	LED3	主机计数 5 次指示
X2	SB5	停止			

表 9-3　从机输入/输出地址表

输入			输出		
输入继电器	电路元件	作用	输出继电器	电路元件	作用
X0	SB1	启动	Y0	LED2	从机启动指示
X1	SB3	计数			
X2	SB6	停止			

三、电路设计与绘制

根据地址分配表绘制电路模拟接线图如图 9-2 所示。

任务二　接线图绘制

一、元器件布置图

根据项目要求及元器件清单，在一块配线木板上布置元器件。采用配线木板的模拟元器件布置图如图 9-3 所示。

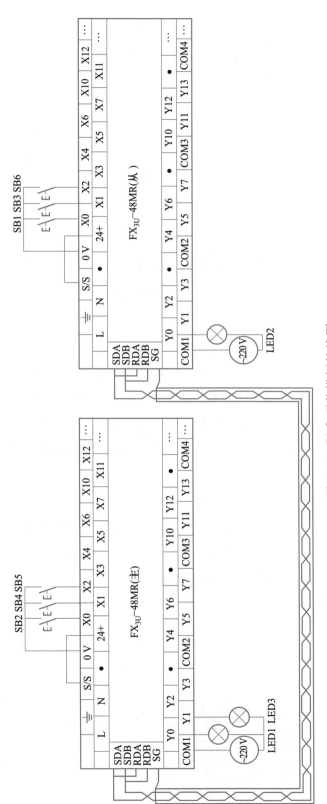

图 9-2　PLC 通信模拟接线图

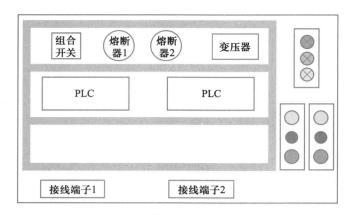

图 9-3   模拟元器件布置图

二、绘制电路布局接线图

根据电气原理图,绘制出电路的模拟接线图。图 9-4 所示为采用配线木板的模拟接线图,由于本项目不需要控制电机,因此没有主电路只有控制电路。

任务三   安装电路

本任务的基本操作步骤和前几个项目一样,可以分为:清点工具和仪表→选用元器件及导线→元器件检查(实训台上检查需要用到的元器件)→安装元器件(实训台上已固定)→布线→自检等,使用的工具和仪表和前几个项目类似,本项目不做介绍。另外,在选用元器件和导线的基本原则方面,也和前几个项目类似。在本项目中主要是 FX$_{3U}$-485-BD 模块和屏蔽双绞电缆线的检测及安装,因此,这是本项目的重点。

一、元器件检查

配备所需元器件后,需先进行元器件检测。检测包括两部分:外观检测和采用万用表检测。外观检测主要检测元器件外观有无损坏,元器件上所标注的型号、规格、技术数据是否符合要求,以及一些动作机构是否灵活,有无卡阻现象。

- 元器件外形检测(见表 9-4)

表 9-4   元器件外形检测

代号	名称	图示	操作步骤、要领及结果
FX$_{3U}$-485-BD	通信模块		1. 看型号是否符合标准 2. 看外表是否有破损,螺钉是否齐全 3. 看与 PLC 连接的插头是否完好 结果:

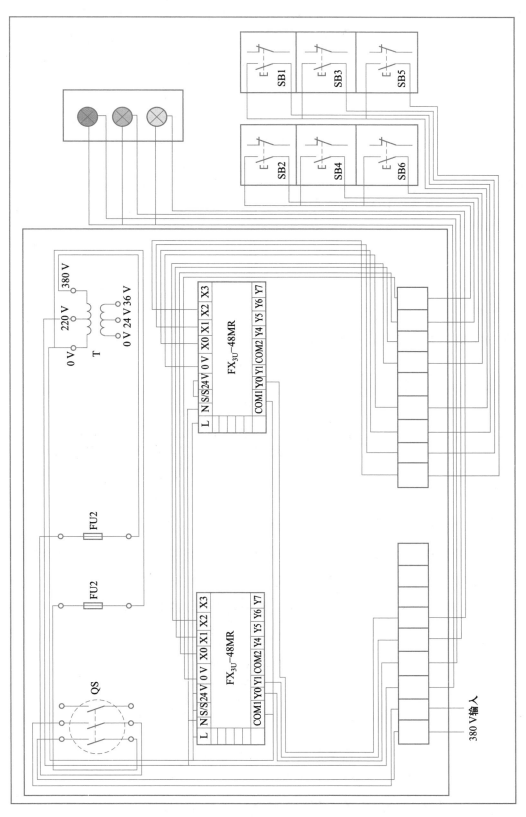

图 9-4　PLC 通信模拟接线图（采用配线木板）

二、安装元器件

确定元器件完好之后,就需把元器件固定在配线木板上(实训台已经固定)。由于熔断器等电器的安装在前面项目中已经介绍,因此在本项目中只介绍 FX$_{3U}$-485-BD 模块及电缆线的安装,其安装步骤见表 9-5。

表 9-5 安 装 步 骤

操作内容	操作要领
FX$_{3U}$-485-BD 模块	1. FX$_{3U}$-485-BD 模块应与 PLC 安装在同一平面内,并且插紧 2. 各元器件的安装位置应整齐、匀称、间距合理和便于更换元器件 3. 紧固各元器件时应用力均匀,紧固程度适当

三、布线

主电路和控制电路的布线,其配线的工艺和具体要求在前面项目都已详细介绍,本项目主要介绍 FX$_{3U}$-485-BD 的布线。

在把元器件固定好之后,按照表 9-6 所示步骤来布线。

表 9-6 安 装 步 骤

步骤	操作内容	操作要领
控制电路布线	FX$_{3U}$-485-BD 模块	用力均匀,紧固程度适当。导线与接线端子或接线桩连接时,不得压绝缘层,不反圈,露铜不宜过长

四、自检

安装完成后,必须按要求进行检查。功能检查分为两种:

(1)按照电路图进行检查。对照电路图逐步检查是否错线、掉线,检查接线是否牢固等。

(2)使用万用表检测。将电路分成多个功能模块,根据电路原理使用万用表检查各个模块的电路,如果测量的阻值与正确的有差异,则应逐步排查,以确定故障点。万用表检测电路的过程按照表 9-7 所示进行。

表 9-7 万用表检测电路过程对照表

测量过程				正确阻值	测量结束
测量任务	总工序	工序	操作方法		
测量 电源电路	合上 QS,接通 FU2,测量 L1、L2 两相之间的阻值	1	所有元器件不动作	变压器一次绕组的阻值	
测量主、从 PLC 输入电路	分别测量 PLC 电源输入端 L、N 之间的阻值	2	所有元器件不动作	变压器二次绕组的阻值	

测量过程				正确阻值	测量结束
测量任务	总工序	工序	操作方法		
测量主、从 PLC 输入电路	分别测量 PLC 电源输入端 L 与 COM 之间的阻值	3	所有元器件不动作	∞	
	分别测量 PLC 公共端 COM 与 X 之间的阻值	4	按下相应按钮	0	
测量主、从 PLC 输出电路	分别测量 PLC 输出点与公共端 COM1 的阻值	5	所有元器件不动作	二次绕组与各指示灯阻值之和	

任务四　程序设计

在编写程序之前,首先应根据数据手册设置 PLC 的相关参数,在本项目中,主机要设置的参数有 5 个,分别为:站点号 D8176、从站总数 D8177、刷新范围 D8178、重试次数 D8179 和通信超时 D8180。从站要设置的参数为 D8176。PLC 相关参数的设置程序如图 9-5 所示。

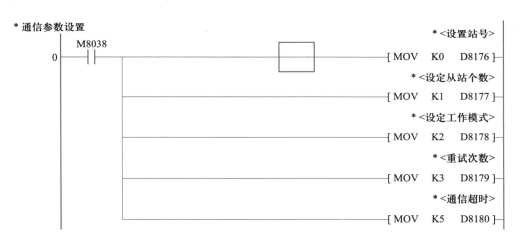

图 9-5　PLC 相关参数的设置程序

在以上程序中,各句的意思如下:

[MOV K0 D8176]——设置 0 号为主站

[MOV K1 D8177]——从站总数为 1 个

[MOV K2 D8178]——设置工作模式为 2

[MOV K3 D8179]——设置通信重试次数为 3 次

[MOV K5 D8180]——通信超时为 K5(50 ms)

(1) 主机程序设计

M1000~M1063 是主站分配的 64 个内部继电器,D0~D7 为 8 个数据寄存器。将按钮 SB2、

SB5 的状态送 M1000、M1063,将 D100 中的数据送 D2 中,从站就能通过通信专用区域取得这些信息,同时主站从从站的 M1064 和 M1127 就能取得 SB1、SB3、SB6 的状态,分别送 Y0、Y1 输出。主站控制程序如图 9-6 所示。

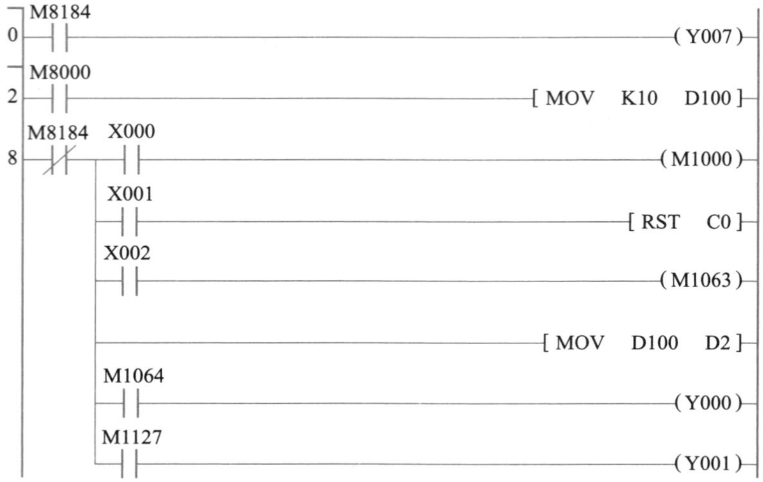

图 9-6　主站控制程序

（2）从站控制程序设计

M1064~M1127 为从站分配的 64 个内部继电器,D10~D17 是 8 个数据寄存器。将按钮 SB1、SB3 的状态送至 M1064 和 M1127,主站就能通过通信专用区域取得这些信息。其控制程序如图 9-7 所示。

图 9-7　从站控制程序

任务五　调试

📢 提示:必须在教师的现场监护下进行通电调试!

通电调试,验证系统功能是否符合控制要求。调试过程分为两大步:程序输入 PLC 和功能调试。

（1）用菜单命令"在线"→"PLC 写入"，下载程序文件到 PLC。

（2）功能调试。根据工作要求，按照工作过程逐步检测功能是否达到要求。

① 按下从机的启动按钮 SB1，观察主机 LED1 指示灯（绿色）动作情况，如果此时指示灯点亮，说明系统工作正常。

② 当 LED1 点亮后，按主机停止按钮 SB5，观察 LED1 能否熄灭，如果能熄灭，则说明系统工作正常。

③ 按从机计数按钮 SB3，主机开始计数，当按钮按第 5 次时，在正常的情况下主机的 LED3（黄色）会点亮，如果按的次数大于 5 次或小于 5 次才点亮，说明计数功能有问题；如果无论怎么按，LED3 都不能点亮，则说明系统工作不正常。

④ 当计数功能正常后，按下主机的复位按钮 SB4，主机的 LED3 应熄灭，如果没熄灭，则说明系统工作不正常；如果按复位按钮后，LED3 是熄灭的，但是以前计的 5 次数不复位，则说明复位功能不正常。

（3）填写调试情况记录表（见表 9-8）。

表 9-8 调试情况记录表（学生填写）

序号	项目	完成情况记录			备注
		第一次通电	第二次通电	第三次通电	
1	按下从机的启动按钮 SB1，观察主机 LED1 指示灯（绿色）工作状态	完成（　　　）	完成（　　　）	完成（　　　）	
		无此功能（　　　）	无此功能（　　　）	无此功能（　　　）	
2	当 LED1 点亮后，按主机停止按钮 SB5，观察 LED1 能否熄灭	完成（　　　）	完成（　　　）	完成（　　　）	
		无此功能（　　　）	无此功能（　　　）	无此功能（　　　）	
3	按从机计数按钮 SB3，当按钮按第 5 次时，主机的 LED3（黄色）应点亮	完成（　　　）	完成（　　　）	完成（　　　）	
		无此功能（　　　）	无此功能（　　　）	无此功能（　　　）	
4	按下主机的复位按钮 SB4，能否正常复位	完成（　　　）	完成（　　　）	完成（　　　）	
		无此功能（　　　）	无此功能（　　　）	无此功能（　　　）	

□【项目评价】

对整个项目的完成情况进行评价和考核。可以分为教师评价和学生自评两部分，具体评价规则见附录中的附表 2 和附表 3。

□【项目拓展】

如果再增加一个从站,功能和现在的一样,程序应该怎么编写? 电路又应该怎样连接?

□【知识链接】

一、PLC 通信网络简介

PLC 通信联网即 PLC 与计算机、PLC 与 PLC、PLC 与人机界面、PLC 与智能装置间通过信道连接起来,实现通信以构成功能更强、性能更好、信息流畅的控制系统,实现信息化、智能化。

联网是 PLC 通信的物质基础,交换数据是 PLC 通信的根本目的。PLC 通信联网的目的如下:

- ➢ 实现 PLC 控制信息化、智能化
- ➢ 扩大控制地域及增大控制规模
- ➢ 实现系统的综合及协调控制
- ➢ 实现人机界面的监控及管理
- ➢ 简化系统布线、维修,并提高其工作的可靠性
- ➢ 实现计算机监控与数据采集
- ➢ 实现 PLC 编程与调试,并实现现场智能装置的控制与管理

二、PLC 数据通信的类型

(1) 按通信对象分

按通信对象分,PLC 数据通信的类型有 PLC 与计算机、PLC 与 PLC、PLC 与人机界面、PLC 与智能装置的通信。这些通信,在硬件上要使用网络;在软件上,要有相应的通信程序。

PLC 与 PLC 间的通信网络有很多,如 PLC 链接网、COMBOBUS 网等。以太网就是 PLC 与计算机间通信的典型网络。

(2) 按传送方式分

按传送方式分,数据通信主要有并行通信和串行通信两种。

并行通信是以字节或字为单位的数据传输方式,它的传输速度快,但是在位数多、传输距离远时,通信线路复杂、成本高。该通信方式一般用于近距离的数据传输。并行通信一般用于 PLC 内部模块之间的数据通信。

串行数据通信是以位为单位的数据传输方式,适用于距离较远的场合,但传输速率较慢。它一般用于传输距离长、速度慢的场合。在串行通信中,传输速率常用比特率来表示,其单位为 bit/s。常用的标准传输速率有 300 bit/s、600 bit/s、1 200 bit/s、2 400 bit/s、4 800 bit/s、9 600 bit/s、12 000 bit/s 等。

串行通信按信息在设备间的传送方向又分为单工、双工两种方式。单工通信方式只能沿

单一方向发送或接收数据,双工通信方式可沿两个方向传送,每一个站既可以发送数据,也可以接收数据。双工通信又可分为全双工和半双工两种方式,通信的双方能在同一时刻接收和发送信息,称为全双工方式;通信的双方在同一时刻只能发送数据或接收数据,这种传送方式称为半双工方式。

按同步方式的不同,串行通信又可分为异步通信和同步通信。异步通信发送的数据字符由一个起始位、7~8 个数据位、1 个奇偶校验位和停止位组成。同步通信方式以字节为单位,每次传送 1~2 个同步字符、若干个数据字节和校验字符。

三、PLC 通信接口标准

（1）RS232C

RS232C 接口标准是目前计算机和 PLC 中最常用的一种串行通信标准。RS232C 采用负逻辑,用 -15~-5 V 表示逻辑"1",用 5~15 V 表示逻辑"0"。RS232C 应用较广,但也存在以下不足:

① 传输速率较慢,最高传输速率为 20 kbit/s。

② 传输距离短,最远通信距离为 15 m。

③ 接口的信号电平值较高,易损坏接口电路的芯片,又因为与逻辑电平不兼容,故需使用电平转换电路方能与 TTL 电路连接。

（2）RS422

针对 RS232C 的不足,对 RS232C 的电气特性做了改进。RS422 在最大传输速率 10 Mbit/s 时,允许的最远通信距离为 12 m。传输速率为 100 kbit/s 时,最大通信距离为 1 200 m。

（3）RS485

RS485 是 RS422 的变形,它是全双工的,两对平衡差分信号线分别用于发送和接收,所以采用 RS485 接口通信时最少需要 4 根线。RS485 接口具有良好的抗噪声干扰性、高传输速率、长传输距离和多站能力等优点,所以应用广泛。

变频器基础应用项目

项目10　皮带生产线的手动控制

□【项目目的】

（1）了解皮带生产线的控制方式。

（2）了解变频器外部控制端子的功能,掌握外部运行模式下变频器的操作方法。

（3）掌握变频器与外部设备的连接方法。

□【项目任务】

皮带生产线如图10-1所示。在实际生产中皮带生产线的应用非常广泛,其主要功能是通过皮带将物品逐个传送到各个工位,这种工作方式大大提高了生产效率,设备要求能控制传送带的正转与反转,启动与停止及多种速度选择等。

图10-1　皮带生产线

□【项目分析】

皮带生产线的主要功能是传送物品,设备的主要传送介质是传送带,传送带的动作可以用皮带轮带动,皮带轮又可以通过电动机传动,那么在控制过程中,只要控制住电动机,也就可以控制传送带。按照功能要求,电动机要有正反转的启停控制和速度控制功能,正反转功能比较容易实现,只要改变电动机的相序即可,但是电动机的多段速控制只能改变输入频率才能实现,所以这里采用变频器来控制。以通用变频器 FR-D700 为例,控制示意图如图 10-2 所示。

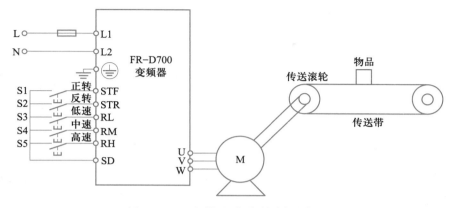

图 10-2　皮带生产线控制示意图

□【项目实施】

任务一　PU 操作控制电动机调速运行

（1）任务要求

不需要通过外部的按钮开关设备,直接通过变频器上的 (RUN) 键控制电动机的启动,通过变频器上的 (STOP/RESET) 键控制电动机的停止,通过变频器上的 M 旋钮控制输出频率从而改变电动机的运行速度。变频器与电动机的连接示意图如图 10-3 所示。

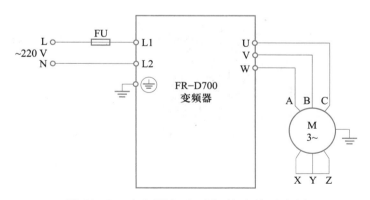

图 10-3　变频器与电动机的连接示意图

（2）选用元器件

正确、合理选用元器件,是电路安全、可靠工作的保证,根据安全可靠的原则,以及国家相关的技术文件和元器件选型表,选择元器件,见表 10-1。

表 10-1　主要元器件清单

序号	名称	型号与规格	单位	数量	备注
1	变频器	FR-D700	台	1	
2	三相异步电动机	Y112M-4,4kW,380V,△形联结;或自定	台	1	
3	导线		根	若干	

（3）元器件检查

配备所需元器件后,需先进行元器件检测。检测包括两部分:外观检测和采用万用表检测。外观检测主要检测元器件外观有无损坏,元器件上所标注的型号、规格、技术数据是否符合要求,以及一些动作机构是否灵活,有无卡阻现象。

- 元器件外观检测(见表10-2)

表 10-2　元器件外观检测

代号	名称	图示	操作步骤、要领及结果
	变频器		1. 看型号是否符合标准 2. 看外表是否有破损 3. 看连接头是否可靠 结果:
M	三相异步电动机		1. 看型号是否符合标准 2. 看外表是否有破损 3. 看连接头是否可靠 结果:
	连接导线		1. 看导线粗细是否符合标准 2. 看外表是否有破损 3. 看连接头是否可靠 结果:

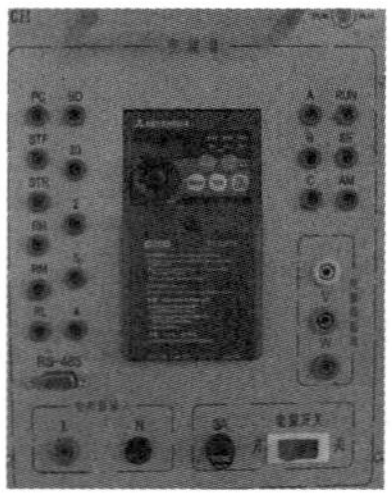

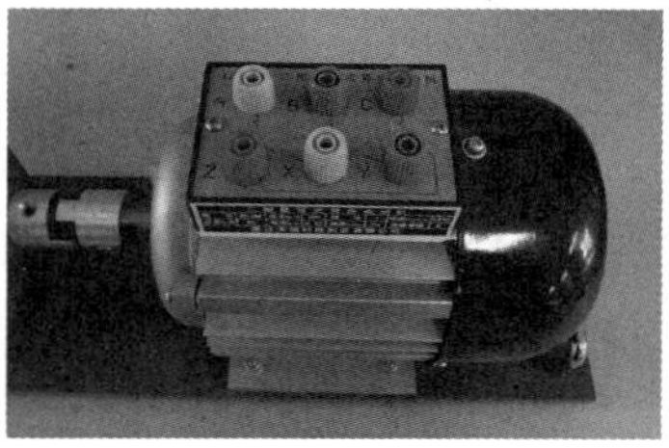

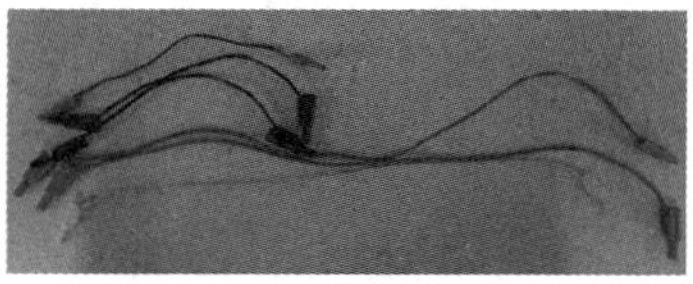

- 万用表检测(见表 10-3)

表 10-3　万用表检测

内容	图示	操作步骤、要领及结果
三相异步电动机		选择万用表 $R×1$ 挡,测量电动机每相绕组的电阻值,正常时有一定的阻值,如果阻值为"0",说明绕组短路,如果阻值为"∞",说明绕组断路
		结果:
连接导线		选择万用表 $R×1$ 挡,测量每根导线是否导通良好,如果阻值为"0",说明导线导通良好,如果阻值为"∞",说明导线损坏
		结果:

(4)电路连接

根据控制要求,正确选择元器件,按原理图在实训台上或电工接线板上连接电路,电气接线示意图如图 10-4 所示。

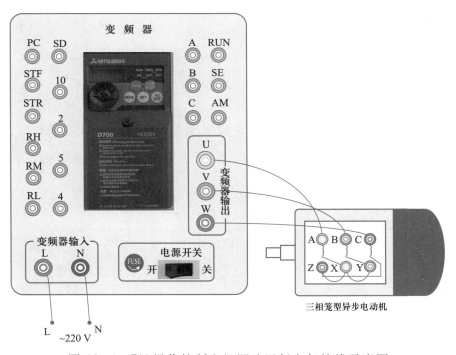

图 10-4　PU 操作控制电机调速运行电气接线示意图

电路连接操作步骤见表10-4。

表10-4　电路连接操作步骤

步骤	操作内容	过程图示	操作要领
1	电源接入		给变频器接入220 V交流电源,在接线时,要注意先关闭电源再接线,不得带电操作
2	变频器到三相异步电动机		将变频器输出端的U、V、W分别接到三相异步电动机中的各相线圈的一端
3	三相异步电动机星形联结		将三相异步电动机接成Y形联结,将电动机的一端全部接在一起

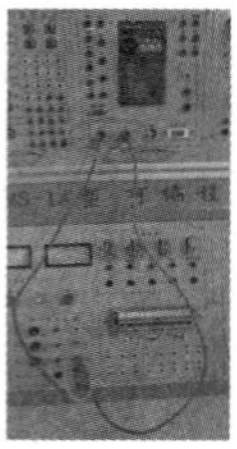

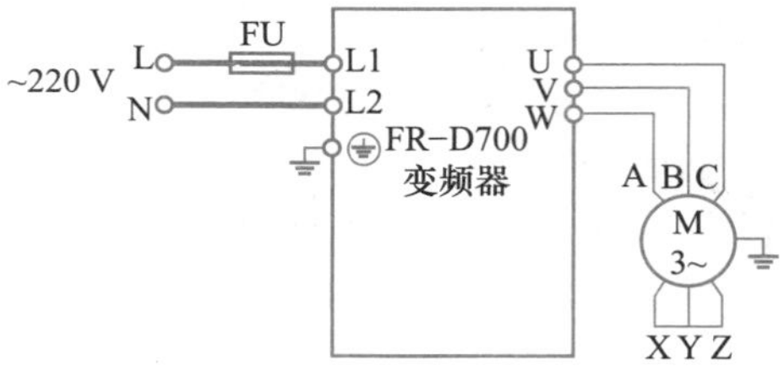

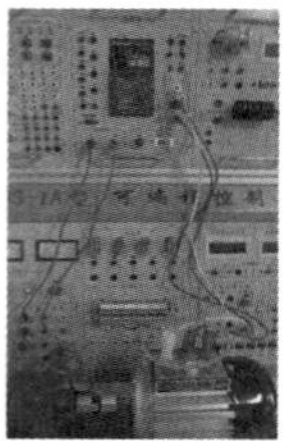

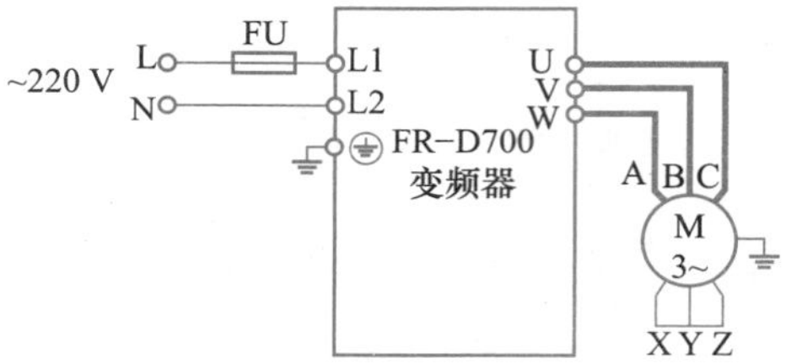

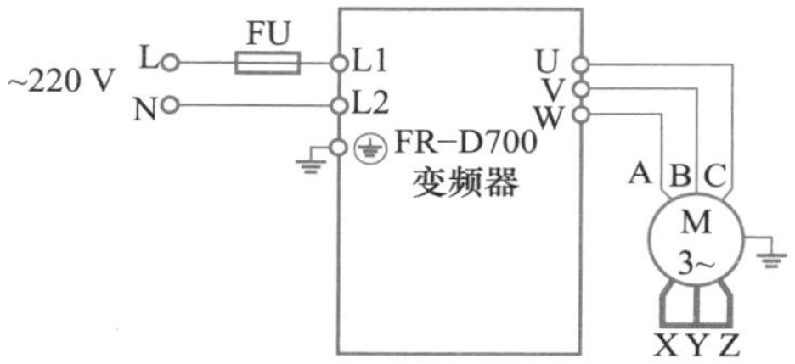

（5）变频器参数设置

连接好电路后,要设置变频器的参数,由于设置参数要给设备通电,所以在通电之前,要仔细检查电路连接的正确性,防止出现短路事故,检查无误后,接通交流电源。待变频器显示正常后,根据任务要求设置变频器参数,见表10-5。

表10-5　参数功能表

序号	变频器参数	出厂值	设定值	功能说明
1	Pr160	9999	0	扩展功能显示选择
2	Pr161	0	1	频率设定/键盘锁定操作选择
3	Pr79	0	1	运行模式选择

设置变频器参数的操作步骤见表10-6。

表 10-6　参数设置操作步骤

操作步骤	显示结果
1	接通电源显示的监视器画面	0.00 Hz MON EXT
2	按 (PU/EXT) 键进入 PU 运行模式	(PU/EXT) ⇒ J00 Hz MON PU
3	按 (MODE) 键进入参数设定模式	(MODE) ⇒ PRM显示灯亮 P. 0 PRM （显示以前读取的参数编号）
4	旋转 ⊚,将参数编号设定为"P.160"	⊚ ⇒ P.160
5	按 (SET) 键读取当前的设定值,显示"9999"(初始值)	(SET) ⇒ 9999
6	旋转 ⊚,将参数"P.160"的数值设定为"0",显示所有参数	⊚ ⇒ 0
7	按 (SET) 键确认参数	(SET) ⇒ 0 ⇄ P.160 闪烁…参数设定完成!
8	用同样的方法将"P.161"的设定值变更为"1",选择 M 旋钮控制模式(参照操作 4~7)	(SET) ⇒ 1 ⇄ P.161 闪烁…参数设定完成!
9	用同样的方法将"P.79"的设定值变更为"1",选择 PU 操作控制模式(参照操作 4~7)	(SET) ⇒ 1 ⇄ P.79 闪烁…参数设定完成!
10	按两次 (MODE) 键显示频率/监视画面	(MODE) ⇒ 0.00 Hz MON PU

注:在设置参数时,应让变频器工作在 PU 模式下,否则变频器的参数不能进行修改。

(6) 运行调试

第一步:按 (RUN) 键运行变频器,观察三相异步电动机如何工作。

第二步:旋转 ⊚ 控制变频器的输出频率,观察变频器的输出有什么变化,三相异步电动机的工作又有何变化。

（7）总结

① 如何设置变频器参数？

② Pr160、Pr161 和 Pr79 这几个参数分别控制什么功能？

③ 在设置变频器参数时，应注意哪些事项？

任务二　变频器控制三相异步电动机启停和正反转

（1）任务要求

① 正确设置变频器输出的额定频率、额定电压、额定电流、额定功率、额定转速。

② 通过外部端子控制电动机启动/停止、正转/反转，按下按钮 SB1 电动机正转，按下按钮 SB2 电动机反转。

③ 使用操作面板改变电动机启动的点动运行频率和加减速时间。

电路连接示意图如图 10-5 所示。

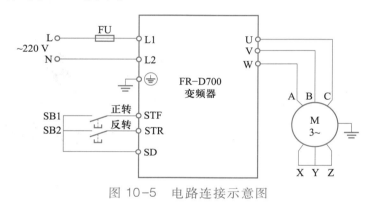

图 10-5　电路连接示意图

（2）选用元器件

根据任务要求，正确、合理选用元器件，见表 10-7。

表 10-7　元器件清单

序号	名称	型号与规格	单位	数量	备注
1	变频器	FR-D700	台	1	
2	三相电动机	Y112M-4，4kW，380V，△形联结；或自定	台	1	
3	控制按钮	自定	个	2	
4	导线		根	若干	

（3）元器件检查

配备所需元器件后，需先进行元器件检测。检测包括两部分：外观检测和采用万用表检测。外观检测主要检测元器件外观有无损坏，元器件上所标注的型号、规格、技术数据是否符合要求,以及一些动作机构是否灵活,有无卡阻现象。

- 元器件外观检测(见表 10-8)

表 10-8　元器件外观检测

代号	名称	图示	操作步骤、要领及结果
	变频器	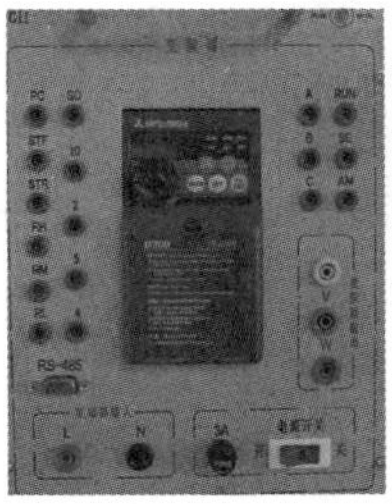	1. 看型号是否符合标准 2. 看外表是否有破损 3. 看连接头是否可靠 结果:
M	三相异步 电动机	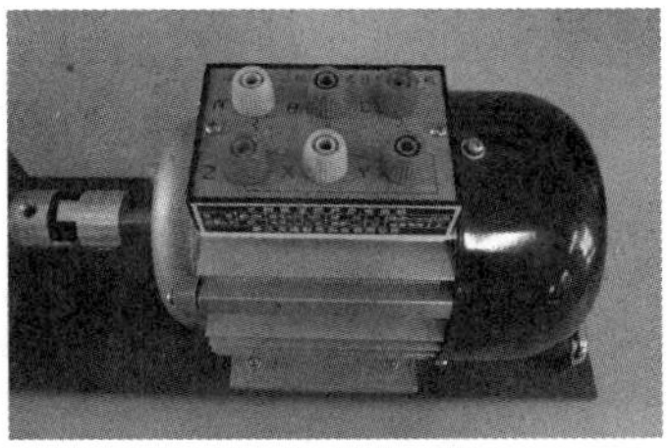	1. 看型号是否符合标准 2. 看外表是否有破损 3. 看连接头是否可靠 结果:
S1、S2	控制按钮	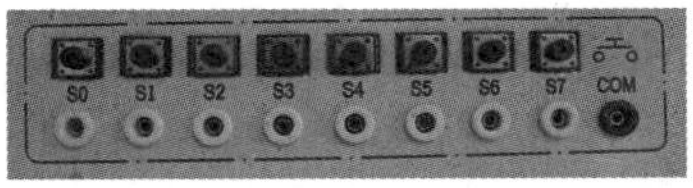	1. 看型号是否符合标准 2. 看外表是否有破损 结果:

- 万用表检测(见表 10-9)

表 10-9　万用表检测

内容	图示	操作步骤、要领及结果
三相异步电动机	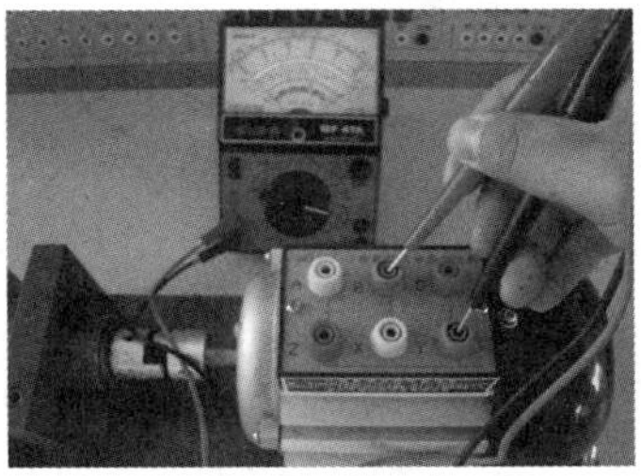	选择万用表 $R\times1$ 挡,测量电动机每相绕组的电阻值,正常时有一定的阻值,如果阻值为"0",说明绕组短路,如果阻值为"∞",说明绕组断路 结果:
控制按钮		选择万用表 $R\times1$ 挡,测量每个按钮的动合端口,在常态下测量两端应该不导通,按住按钮后再测量,端口应该是闭合的,否则说明按钮损坏 结果:

续表

内容	图示	操作步骤、要领及结果
连接导线	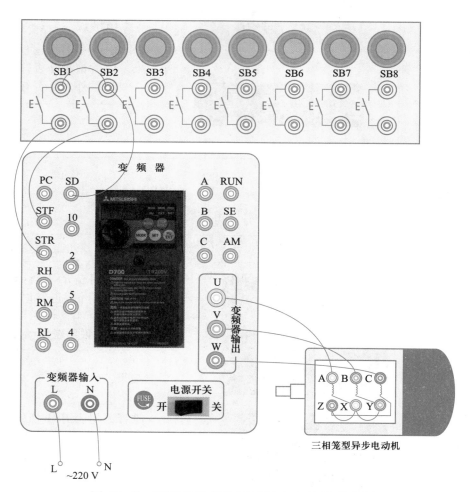	选择万用表 $R\times1$ 挡,测量每根导线是否导通良好,如果阻值为"0",说明导线导通良好,如果阻值为"∞",说明导线损坏
		结果:

（4）电路连接

根据控制要求,正确选择元器件,按原理图在实训台上或电工接线板上连接电路,电气接线示意图如图 10-6 所示。

图 10-6　变频器启停和正反转电气接线示意图

电路连接操作步骤见表 10-10。

表 10-10 电路连接操作步骤

步骤	操作内容	过程图示		操作要领
1	电源接入	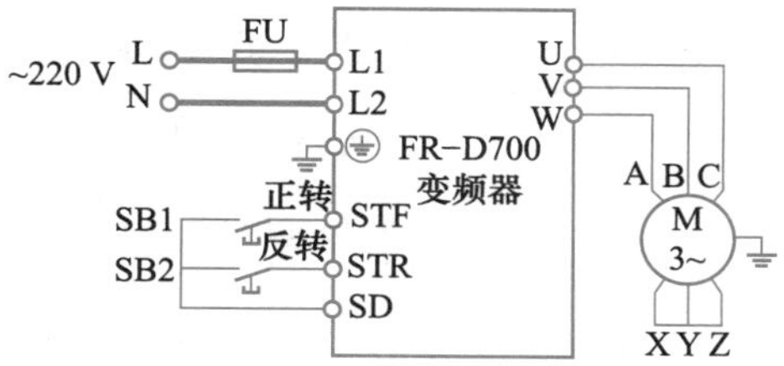	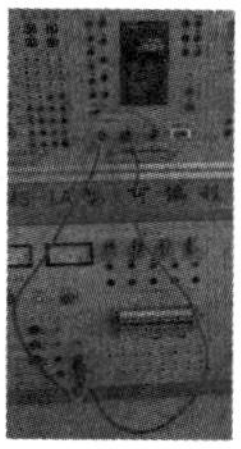	给变频器接入 220V 交流电源,在接线时,要注意先关闭电源再接线,不得带电操作
2	按钮控制输入	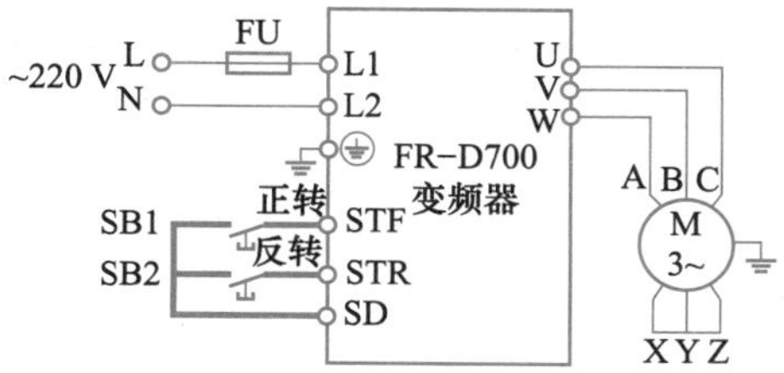	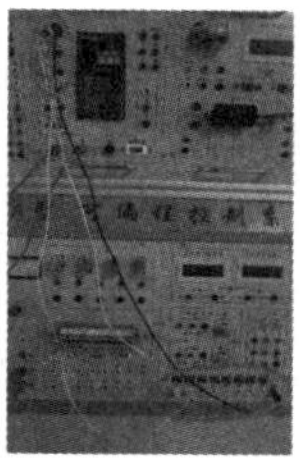	SB1 和 SB2 按钮分别接到变频器的 STF 和 STR 端,注意按钮公共端要与变频器的 SD 端相连
3	变频器到三相异步电动机	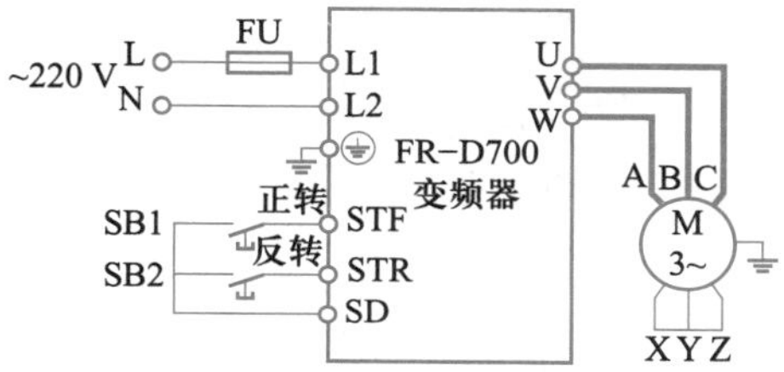	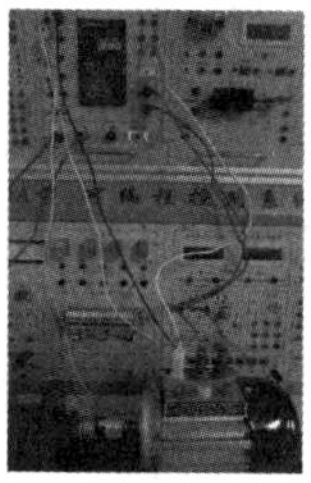	将变频器输出端的 U、V、W 分别接到三相异步电动机的各相绕组的一端
4	三相异步电动机星形联结	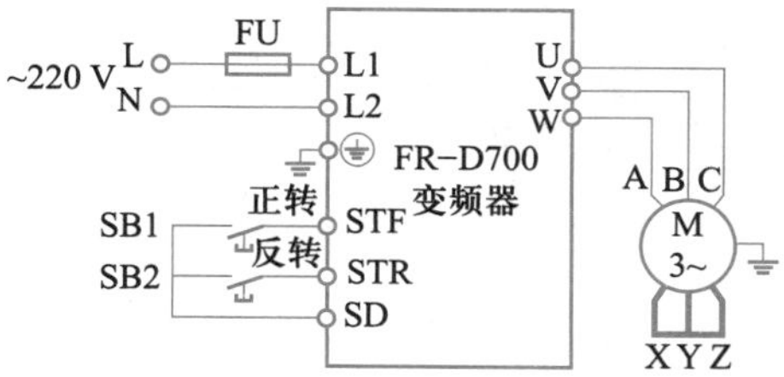		将三相异步电动机接成 Y 形联结,将电动机的一端全部接在一起

（5）变频器参数设置

连接电路后,要设置变频器的参数,由于设置参数要给设备通电,所以在通电之前,要仔细检查电路连接的正确性,防止出现短路事故,检查无误后,接通电源。根据任务要求,变频器参数设置见表 10-11。

根据参数功能表,设置变频器的参数,设置方法与任务一中变频器参数设置的方法相同,根据表 10-11,将表中变频器的各参数设定成规定值。

表 10-11 参数功能表

序号	变频器参数	出厂值	设定值	功能说明
1	Pr1	50	50	上限频率(50 Hz)
2	Pr2	0	0	下限频率(0 Hz)
3	Pr7	5	10	加速时间(10 s)
4	Pr8	5	10	减速时间(10 s)
5	Pr9	0	0.35	电子过电流保护(0.35 A)
6	Pr160	9999	0	扩张功能显示选择
7	Pr79	0	3	操作模式选择
8	Pr179	61	61	STR 反向启动信号

注:设置参数前先将变频器参数复位为工厂的默认设定值。

(6)运行调试

第一步:用旋钮 ⊙ 设定变频器运行频率。

第二步:按下按钮 SB1,观察并记录三相异步电动机运行情况。

第三步:松开按钮 SB1,观察并记录三相异步电动机运行情况。

第四步:按下按钮 SB2,观察并记录三相异步电动机运行情况。

第五步:松开按钮 SB2,观察并记录三相异步电动机运行情况。

(7)总结

① 变频器控制三相异步电动机启停和正反转是如何实现的?

② 任务中参数 Pr1 和 Pr2 的功能是什么?

③ 任务中参数 Pr7 和 Pr8 的功能是什么?

④ 任务中参数 Pr9 的功能是什么?

⑤ 任务中参数 Pr79 的功能是什么?

任务三　变频器控制三相异步电动机有级调速

(1)任务要求

① 正确设置变频器输出的额定频率、额定电压、额定电流、额定功率、额定转速。

② 通过外部端子控制电动机多段速度运行,开关"K2""K3""K4""K5"按不同的方式组合,可选择 15 种不同的输出频率。

③ 运用操作面板设定电动机运行频率、加减速时间。

电路连接示意图如图 10-7 所示。

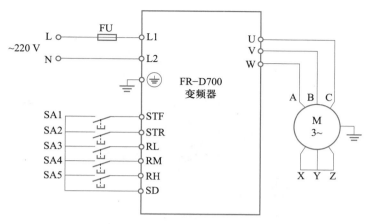

图 10-7　电路连接示意图

（2）选用元器件

根据任务要求正确、合理选用元器件,见表 10-12。

表 10-12　元器件清单

序号	名称	型号与规格	单位	数量	备注
1	变频器	FR-D700	台	1	
2	三相电动机	Y112M-4,4kW,380V,△形联结;或自定	台	1	
3	钮子开关	自定	个	5	
4	导线		根	若干	

（3）元器件检查

配备所需元器件后,需先进行元器件检测。检测包括两部分:外观检测和采用万用表检测。外观检测主要检测元器件外观有无损坏,元器件上所标注的型号、规格、技术数据是否符合要求,以及一些动作机构是否灵活,有无卡阻现象。

● 元器件外观检测(见表 10-13)

表 10-13　元器件外观检测

代号	名称	图示	操作步骤、要领及结果
	变频器		1. 看型号是否符合标准 2. 看外表是否有破损 3. 看连接头是否可靠 结果:

续表

代号	名称	图示	操作步骤、要领及结果
M	三相异步电动机		1. 看型号是否符合标准 2. 看外表是否有破损 3. 看连接头是否可靠 结果：
SA1 ～ SA5	钮子开关	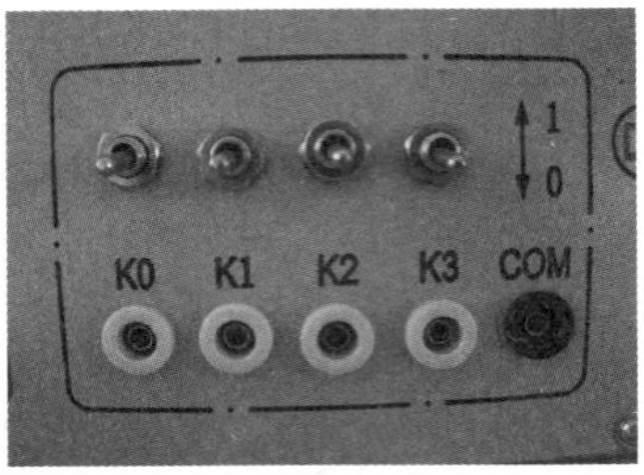	1. 看型号是否符合标准 2. 看外表是否有破损 结果：
	连接导线	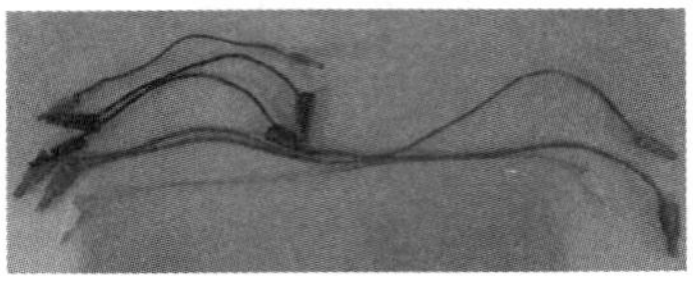	1. 看导线粗细是否符合标准 2. 看外表是否有破损 3. 看连接头是否可靠 结果：

● 万用表检测（见表 10-14）

表 10-14　万用表检测

内容	图示	操作步骤、要领及结果
三相异步电动机	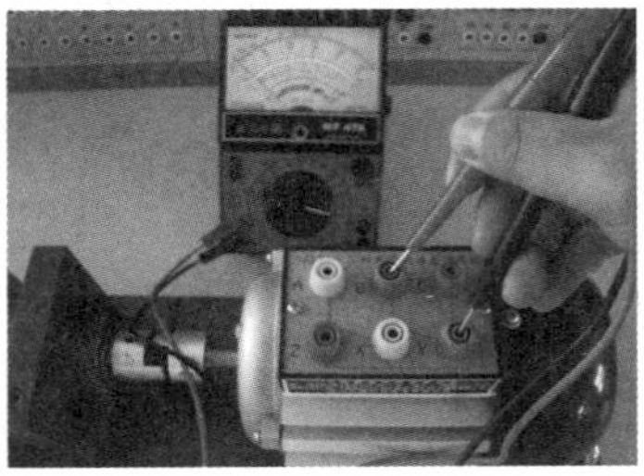	选择万用表 $R×1$ 挡，测量电动机每相绕组的电阻值，正常时有一定的阻值，如果阻值为"0"，说明绕组短路，如果阻值为"∞"，说明绕组断路 结果：
SA1～SA5	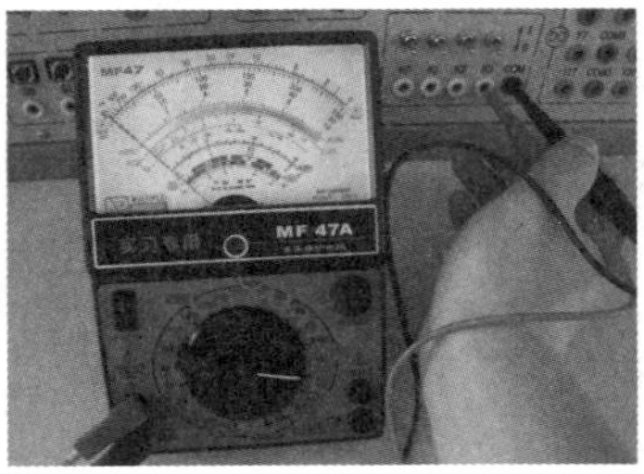	选择万用表 $R×1$ 挡，测量每个钮子开关的端口，当钮子开关打在"关"的状态时，开关两端应该是不导通的，当钮子开关打在"开"的状态时，开关两端应该是导通的，如果不是这样的话，说明按钮已损坏 结果：

续表

内容	图示	操作步骤、要领及结果
连接导线	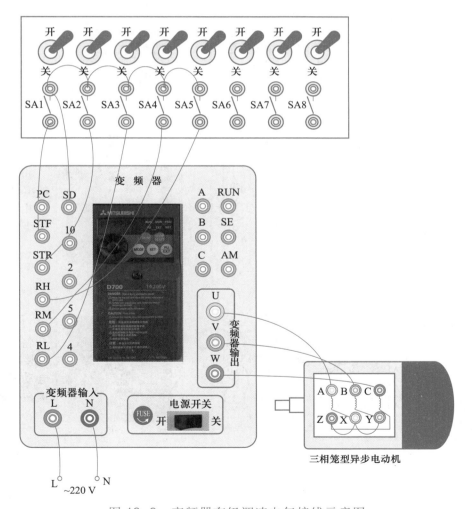	选择万用表 $R \times 1$ 挡,测量每根导线是否导通良好,如果阻值为"0",说明导线导通良好,如果阻值为"∞",说明导线损坏 结果:

（4）电路连接

根据控制要求,正确选择元器件,按原理图在实训台上或电工接线板上连接电路,电气接线示意图如图 10-8 所示。

图 10-8 变频器有级调速电气接线示意图

电路连接操作步骤见表 10-15。

表 10-15　电路连接操作步骤

步骤	操作内容	过程图示		操作要领
1	电源接入	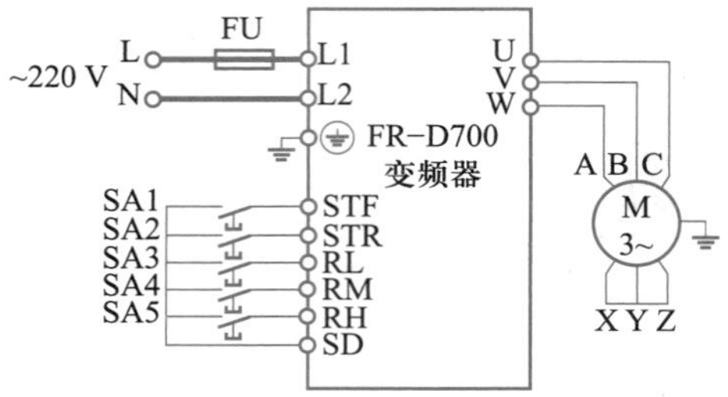	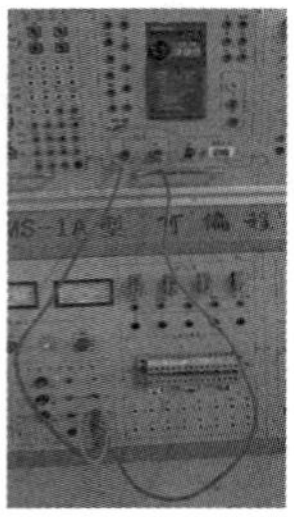	给变频器接入 220 V 交流电源,在接线时,要注意先关闭电源再接线,不得带电操作
2	按钮控制输入	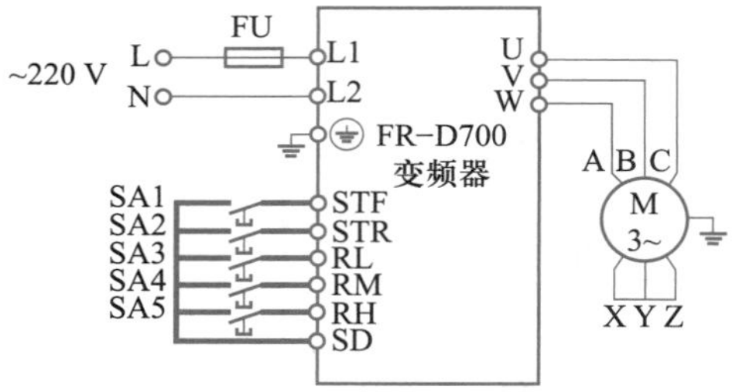		SA1～SA5 按钮分别接到变频器的 STF、STR、RL、RM 和 RH 端,注意按钮公共端要与变频器的 SD 端相连
3	变频器到三相异步电动机	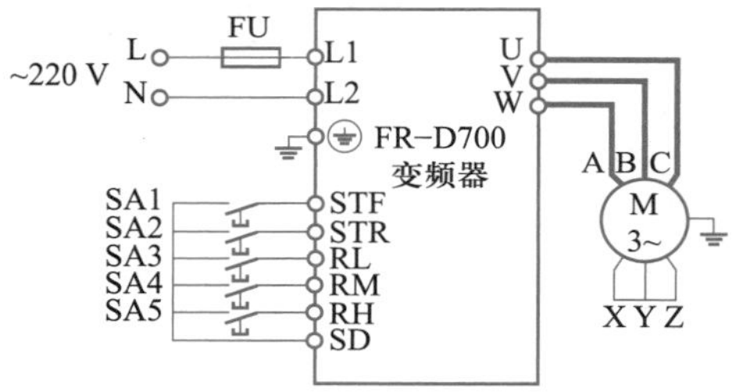	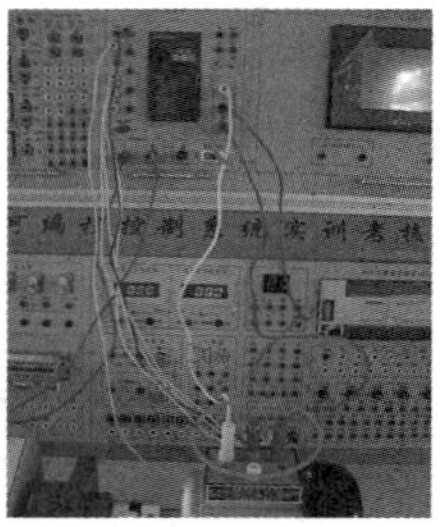	将变频器输出端的 U、V、W 分别接到三相异步电动机各相绕组的一端
4	三相异步电动机星形联结	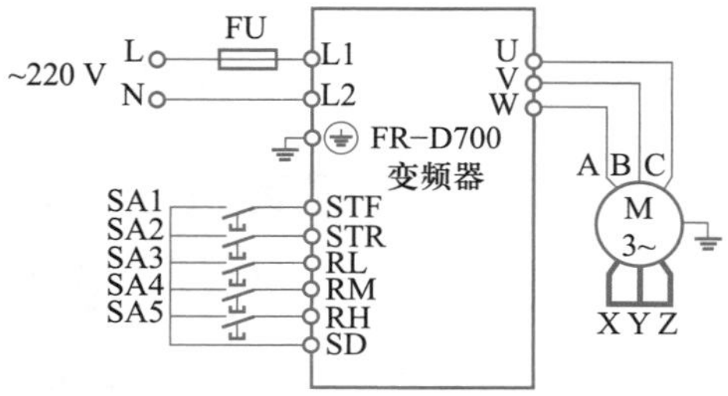		将三相异步电动机接成 Y 形联结,将电动机的一端全部接在一起

（5）变频器参数设置

连接电路后,要设置变频器的参数,由于设置参数要给设备通电,所以在通电之前,要仔细检查电路连接的正确性,防止出现短路事故,检查无误后,接通电源。根据任务要求设置变频器参数,见表 10-16。

表 10-16　参数功能表

序号	变频器参数	出厂值	设定值	功能说明
1	Pr1	120	50	上限频率(50 Hz)
2	Pr2	0	0	下限频率(0 Hz)
3	Pr7	5	5	加速时间(5 s)
4	Pr8	5	5	减速时间(5 s)
5	Pr9	0	0.35	电子过电流保护(0.35 A)
6	Pr160	9999	0	扩张功能显示选择
7	Pr79	0	3	操作模式选择
8	Pr179	61	8	多段速运行指令
9	Pr180	0	0	多段速运行指令
10	Pr181	1	1	多段速运行指令
11	Pr182	2	2	多段速运行指令
12	Pr4	50	5	固定频率 1
13	Pr5	30	10	固定频率 2
14	Pr6	10	15	固定频率 3
15	Pr24	9999	18	固定频率 4
16	Pr25	9999	20	固定频率 5
17	Pr26	9999	23	固定频率 6
18	Pr27	9999	26	固定频率 7
19	Pr232	9999	29	固定频率 8
20	Pr233	9999	32	固定频率 9
21	Pr234	9999	35	固定频率 10
22	Pr235	9999	38	固定频率 11
23	Pr236	9999	41	固定频率 12
24	Pr237	9999	44	固定频率 13
25	Pr238	9999	47	固定频率 14
26	Pr239	9999	50	固定频率 15

注:设置参数前先将变频器参数复位为工厂的默认设定值。

根据参数功能表,设置变频器的参数,设置方法与任务一中变频器参数设置的方法相同,根据表 10-16,将表中的各变频器的参数设定成规定值。

（6）运行调试

打开开关"K1",启动变频器,切换开关"K2""K3""K4""K5"的通断,观察并记录变频器的输出频率,记录表见表 10-17。

表 10-17　变频器控制记录表

K2	K3	K4	K5	输出频率
OFF	OFF	OFF	OFF	
OFF	ON	OFF	OFF	
OFF	OFF	ON	OFF	
OFF	OFF	OFF	ON	
OFF	ON	ON	OFF	
OFF	ON	OFF	ON	
OFF	OFF	ON	ON	
OFF	ON	ON	ON	
ON	OFF	OFF	OFF	
ON	ON	OFF	OFF	
ON	OFF	ON	OFF	
ON	ON	ON	OFF	
ON	OFF	OFF	ON	
ON	ON	OFF	ON	
ON	OFF	ON	ON	
ON	ON	ON	ON	

（7）总结

① 变频器控制三相异步电动机有级调速中,参数 Pr79 应如何设置？

② 变频器面板中,RH、RM 和 RL 端口有什么功能？

任务四　变频器控制三相异步电动机无级调速

（1）任务要求

① 正确设置变频器输出的额定频率、额定电压、额定电流、额定功率、额定转速。

② 通过操作面板控制电动机的启停。

③ 通过调节电位器改变输入电压来控制变频器的频率。

电路连接示意图如图 10-9 所示。

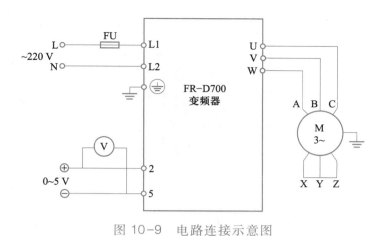

图 10-9   电路连接示意图

（2）选用元器件

根据任务要求正确、合理选用元器件，见表 10-18。

表 10-18   主要元器件清单

序号	名称	型号与规格	单位	数量	备注
1	变频器	FR-D700	台	1	
2	三相电动机	Y112M-4,4kW,380V,△形联结;或自定	台	1	
3	可调电源	自定	台	1	
4	导线		根	若干	

（3）元器件检查

配备所需元器件后，需先进行元器件检测。检测包括两部分：外观检测和采用万用表检测。外观检测主要检测元器件外观有无损坏，元器件上所标注的型号、规格、技术数据是否符合要求，以及一些动作机构是否灵活，有无卡阻现象。

* 元器件外观检测（见表 10-19）

表 10-19   元器件外观检测

代号	名称	图示	操作步骤、要领及结果
	变频器		1. 看型号是否符合标准 2. 看外表是否有破损 3. 看连接头是否可靠 结果：

续表

代号	名称	图示	操作步骤、要领及结果
M	电动机	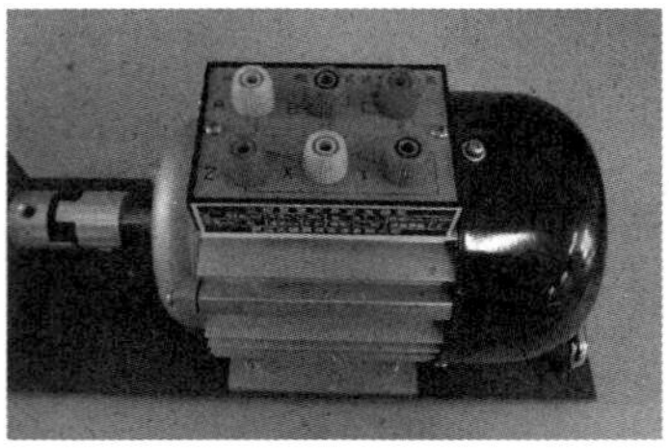	1. 看型号是否符合标准 2. 看外表是否有破损 3. 看连接头是否可靠 结果:
	可调电源	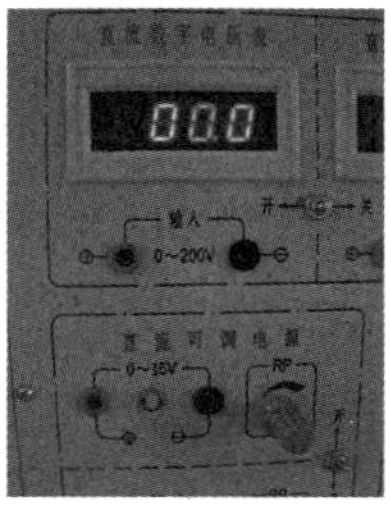	1. 看型号是否符合标准 2. 看外表是否有破损 结果:
	连接导线	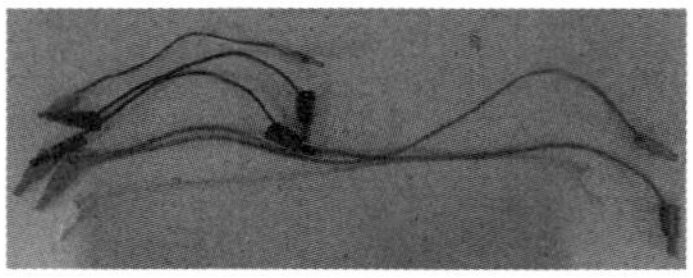	1. 看导线粗细是否符合标准 2. 看外表是否有破损 3. 看连接头是否可靠 结果:

- 万用表检测（见表10-20）

表 10-20　万用表检测

内容	图示	操作步骤、要领及结果
三相异步电动机	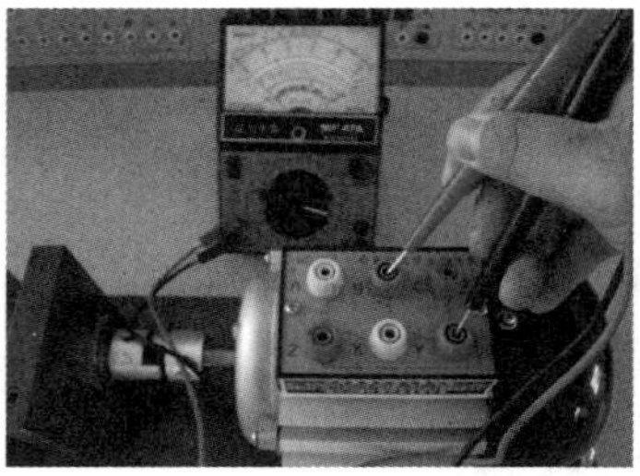	选择万用表 $R\times1$ 挡,测量电动机每相绕组的电阻值,正常时有一定的阻值,如果阻值为"0",说明绕组短路,如果阻值为"∞",说明绕组断路 结果:

内容	图示	操作步骤、要领及结果
可调电源		选择万用表 20 V 挡,给电源通电,测量输出端是否有输出,再调节可调旋钮,如果输出电源能在 0~5 V 间变化,则说明电源是好的,否则就是坏的
		结果:
连接导线		选择万用表 $R \times 1$ 挡,测量每根导线是否导通良好,如果阻值为"0",说明导线导通良好,如果阻值为"∞",说明导线损坏
		结果:

（4）电路连接

根据控制要求,正确选择元器件,按原理图在实训台上或电工接线板上连接电路,电气接线示意图如图 10-10 所示。

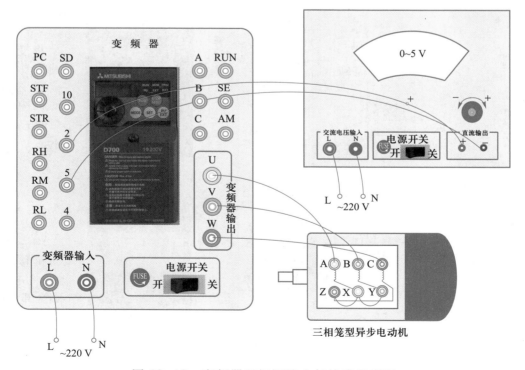

图 10-10　变频器无级调速电气接线示意图

电路连接操作步骤见表 10-21。

表 10-21　电路连接操作步骤

步骤	操作内容	过程图示		操作要领
主电路布线	电源接入	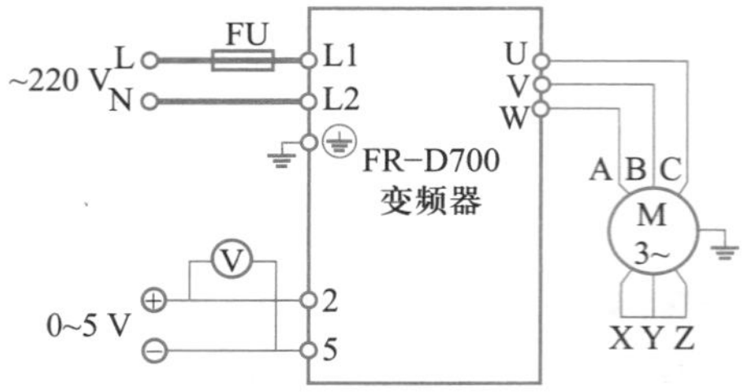	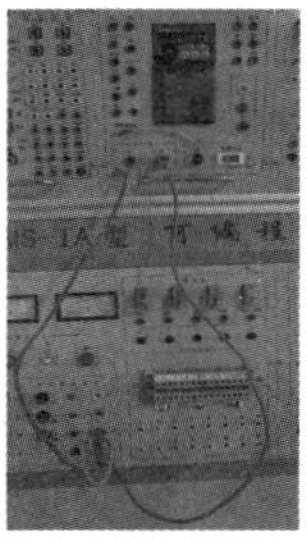	给变频器接入 220 V 交流电源,在接线时,要注意先关闭电源再接线,不得带电操作
	可调电压输入	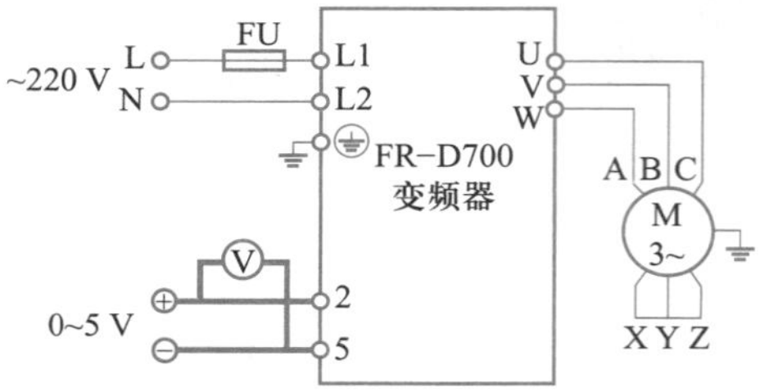	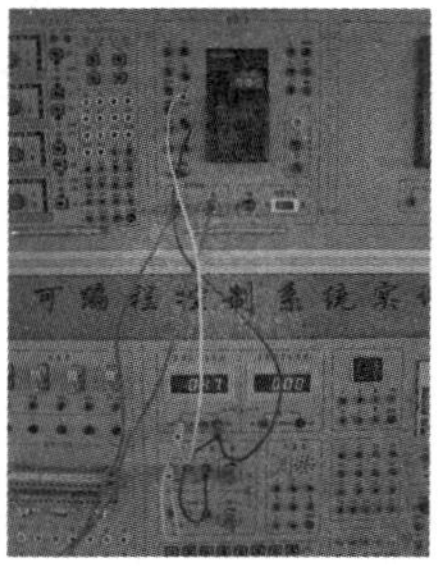	由 0~5 V 电源输出,正极接变频器的"2"输入引脚,负极接"5"输入引脚,同时将 0~5 V 电源接入数字电压表
	变频器到三相异步电动机	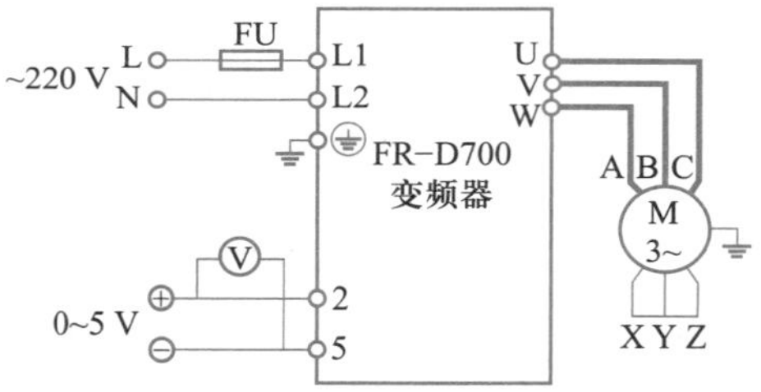	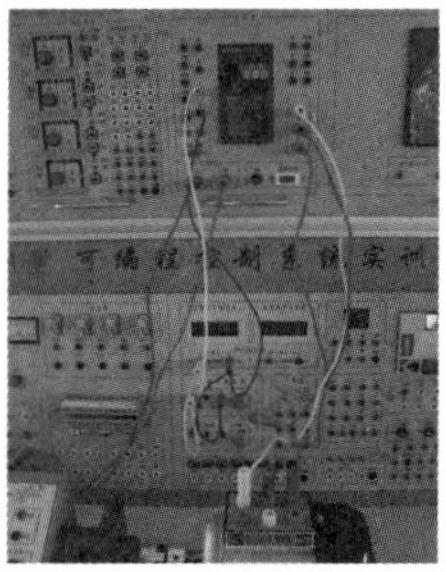	将变频器输出端的 U、V、W 分别接到三相异步电动机中的各相绕组的一端
	三相异步电动机星形联结	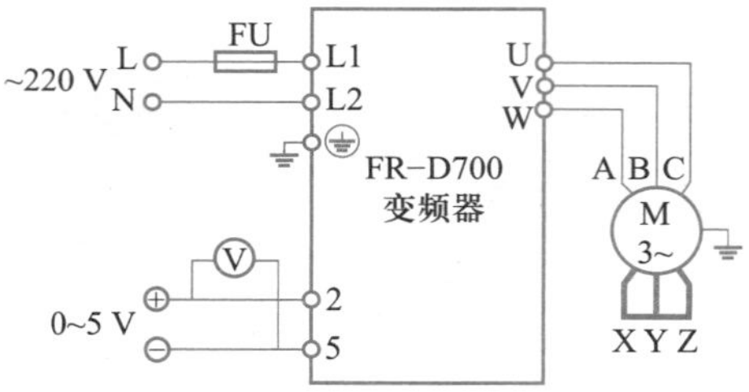		将三相异步电动机接成星形联结,将电动机的一端全部接在一起

（5）变频器参数设置

连接电路后,要设置变频器的参数,由于设置参数要给设备通电,所以在通电之前,要仔细检查电路连接的正确性,防止出现短路事故,检查无误后,接通电源。根据任务要求,给变频器设置参数,见表 10-22。

表 10-22   参数功能表

序号	变频器参数	出厂值	设定值	功能说明
1	Pr1	50	50	上限频率(50 Hz)
2	Pr2	0	0	下限频率(0 Hz)
3	Pr7	5	5	加速时间(5 s)
4	Pr8	5	5	减速时间(5 s)
5	Pr9	0	0.35	电子过电流保护(0.35 A)
6	Pr160	9999	0	扩张功能显示选择
7	Pr79	0	4	操作模式选择
8	Pr73	1	1	0~5 V 输入

注:设置参数前先将变频器参数复位为工厂的默认设定值。

（6）运行调试

第一步:按下操作面板按钮"RUN",启动变频器,观察电动机的运行情况。

第二步:调节输入电压,观察并记录电动机的运转情况。

第三步:按下操作面板按钮"STOP/RESET",停止变频器。

（7）总结

① 变频器控制三相异步电动机无级调速中,参数 Pr79 为何要设置为"4"?

② 变频器面板中,端口 2 和端口 5 是什么功能?

③ FR-D700 中参数 Pr73 的功能是什么？

_____

_____

_____

_____

□【项目评价】

教师评价

序号	项目名称	配分	要求	扣分细则		应加扣分	加扣总分	最后得分
1	元器件选用与质量检测方法	10	正确使用万用表，掌握用万用表检测各元器件质量的方法	三相异步电动机检测方法		扣2分		
				控制按钮检测方法		扣2分		
				钮子开关检测方法		扣2分		
				可调电源检测方法		扣2分		
				连接导线检测方法		扣2分		
2	电路连接	20	按照最后的运行情况评分，所有元器件均按照要求动作，所有的导线与端子的连接应牢固、可靠，符合安全和技术要求	元器件动作与原理图不符或不符要求	任务一	每处扣2分		
					任务二	每处扣2分		
					任务三	每处扣2分		
					任务四	每处扣2分		
				接线端子上连接的导线超过2条	任务一	每处扣1分		
					任务二	每处扣1分		
					任务三	每处扣1分		
					任务四	每处扣1分		
				通电后发现短路	任务一	每处扣5分		
					任务二	每处扣5分		
					任务三	每处扣5分		
					任务四	每处扣5分		
3	变频器参数设置	50	按照参数功能表正确设置变频器的各参数，电动机的动作符合要求，保护功能符合要求	变频器参数设置漏设或误设	任务一	每处扣3分		
					任务二	每处扣3分		
					任务三	每处扣3分		
					任务四	每处扣3分		

续表

序号	项目名称	配分	要求	扣分细则	应加扣分	加扣总分	最后得分
4	运行调试	10	按照要求完成各功能的调试	任务一调试错误	每处扣2分		
				任务二调试错误	每处扣2分		
				任务三调试错误	每处扣2分		
				任务四调试错误	每处扣2分		
5	安全文明操作	10	遵守实训室纪律，操作符合安全规程，注意文明操作	违反规定和纪律，经教师警告	扣10分		
				违反安全操作要求，不按规定着装，带电进行电路连接或者改接	扣10分		
				乱摆放工具，乱丢杂物，完成任务后不清理工位	扣5分		
学生姓名				教师签名			

□【项目拓展】

（1）如果在调试过程中出现故障，该如何排除？

（2）如果要求实现三相异步电动机无级正反转调速，应如何设计电路与修改变频器参数？

□【知识链接】

一、变频器的发展和特点、应用

变频器是把电压和频率固定不变的交流电变换为电压或频率可变的交流电的装置。变频器是应用变频技术与微电子技术，通过改变电动机工作电源的频率和幅度的方式来控制交流电动机的电力传动元件。

变频器能有效地用于电动机调速，并且具有节能、可靠、安全、稳定和易于调控等优点。变频器主要有两方面应用：

（1）节能，主要是风机水泵类负载，采用变频器后比直接接入电网运行省电，省电比率可以达到50%以上，具体节能效果与电动机运行的工艺有关。电动机经常运行在低速时能大量节能，如果电动机始终是满负荷运行，则没有必要采用变频器。

（2）工艺要求，在冶金、石油、化工、纺织、电力、建材、煤炭等行业，有的工艺不允许电动机直接启动，需要由变频器调速和协调工作才能满足工艺要求。

变频器可分为电压型和电流型，其示意图如图10-11所示。

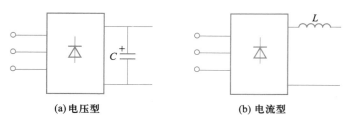

(a)电压型　　　　　　　　(b)电流型

图 10-11　电压型和电流型变频器示意图

二、变频器外形及面板介绍

变频器外形结构如图 10-12 所示。

FR-D700 变频器面板介绍如图 10-13 所示。

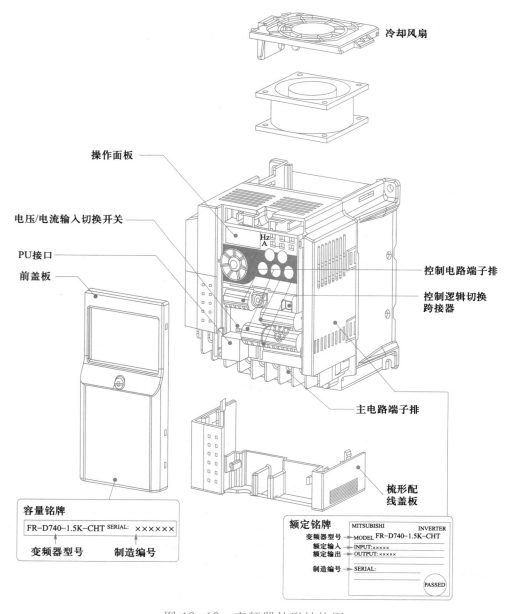

图 10-12　变频器外形结构图

运行模式显示
PU:PU运行模式时亮灯
EXT:外部运行模式时亮灯
NET:网络运行模式时亮灯
PU、EXT:外部/PU组合运行模式
1、2时亮灯

单位显示
·Hz:显示频率时亮灯
·A:显示电流时亮灯
(显示电压时熄灯,显示设定频率监
视时闪烁)

监视器(4位LED)
显示频率、参数编号等

M旋钮
(M旋钮:变频器的旋钮)
用于变更频率设定、参数的设定值。
按该旋钮可显示以下内容:
·监视模式时的设定频率
·校正时的当前设定值
·错误历史模式时的顺序

模式切换
用于切换各设定模式
和 $\overset{PU}{EXT}$ 同时按下也可以用来切换

运行模式
长按此键(2 s)可以锁定操作

各设定的确定
运行中按此键则监视器出现以下
显示:

运行频率 → 输出电流 → 输出电压 （循环）

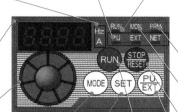

运行状态显示
变频器动作中亮灯/闪烁*
*亮灯:正转运行中
缓慢闪烁(1.4 s循环):反转运行中
快速闪烁(0.2 s循环):

·按 (RUN) 键或输入启动指令都无法

运行时
·有启动指令,频率指令在启动频率以
下时
·输入了MRS信号时

参数设定模式显示
参数设定模式时亮灯

监视器显示
监视模式时亮灯

停止运行
停止运转指令
保护功能(严重故障)生效时,也可以
进行报警复位

运行模式切换
用于切换PU/外部运行模式
使用外部运行模式(通过另接的频率
设定旋钮和启动信号启动的运行)时
请按此键,使表示运行模式的EXT处
于亮灯状态
(切换至组合模式时,可同时按(MODE)
(0.5 s),或者变更参数Pr79)
PU:PU运行模式
EXT;外部运行模式也可以解除PU
停止

启动指令
通过Pr40的设定,可以选择旋转方向

图 10-13　FR-D700变频器面板介绍图

项目 11　皮带生产线的自动调速控制

□【项目目的】

（1）了解皮带生产线的自动控制方式。

（2）掌握变频器参数设置的方法。

（3）掌握 PLC 与变频器 FR-D700 的连接控制方法。

□【项目任务】

皮带生产线工作示意图如图 11-1 所示。在生产线上有 4 个工位，每个工位上都装有位置检测传感器，工位间共有 A、B、C、D 4 个区，设备有启动和停止 2 个控制按钮，按下启动按钮后，设备开始运行，按下停止按钮后，设备停止工作，设备的主要功能是通过皮带将物品传送到各个工位，在传送过程中，要求在每个区间皮带生产线有不同的运行速度，并且到达工位时，要停止 5 s，然后再传送到下一工位，在整个工作过程中，要求全部自动控制。

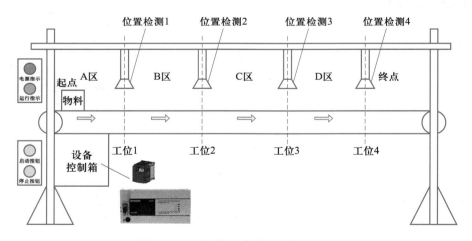

图 11-1　皮带生产线工作示意图

控制要求如下：

（1）按下启动按钮后皮带生产线将物料从起点位置开始，以第一速度（50 Hz）运行。

（2）到达工位 1 后停止 5 s 模拟加工。

（3）5 s 后，以第二速度（40 Hz）运行。

（4）到达工位 2 后停止 5 s 模拟加工。

（5）5 s 后，以第三速度（30 Hz）运行。

（6）到达工位 3 后停止 5 s 模拟加工。

（7）5 s 后，以第四速度（20 Hz）运行。

（8）到达工位 4 后停止。

□【项目分析】

（1）功能分析

本系统中，主要是对电动机的控制，有 2 个控制按钮输入、4 个工位检测开关输入（行程开关）和指示灯输出。根据项目任务的描述，分析出系统控制电动机运行，共有 4 种速度频率输出，分别是：50 Hz、40 Hz、30 Hz、20 Hz，电动机单向运行且有启动和停止控制。

（2）电路分析

根据设备的功能，要实现电动机的多段速控制，所以采用变频器来控制电动机的速度；在设备中，还要求有多点位置检测和启动停止功能，所以采用 PLC 来控制，用行程开关来检测物料的位置，用按钮来控制设备的启动与停止。主要元器件清单见表 11-1。

表 11-1　主要元器件清单

序号	名称	数量	功能
1	计算机	1 台	编写 PLC 程序
2	PLC	1 台	逻辑控制，是整个系统的核心
3	变频器	1 台	控制电动机的运行速度
4	三相空气断路器	1 个	总电源开关
5	熔断器	3 个	系统的短路保护
6	指示灯	2 个	指示系统工作状态
7	电动机	1 台	执行机构，带动皮带运行
8	按钮	2 个	控制系统的运行与停止

电气线路组装及检测所用工具、仪表见表 11-2。

表 11-2　工具、仪表选用表

序号	名称	单位	数量
1	剥线钳	把	1
2	斜口钳	把	1

续表

序号	名称	单位	数量
3	十字螺丝刀	把	1
4	一字螺丝刀	把	1
5	万用表	个	1
6	其他工具		1

（3）控制分析

采用变频器控制,电动机有 4 种速度,单向运行且有启停控制,所以可以利用变频器的多段速功能,将变频器参数设置为七速功能,用 PLC 进行数字量控制,即用 PLC 的输出控制变频器的 STF、RH、RM 和 RL 端的状态,通过 PLC 采集外部的按钮及行程开关的状态控制变频器的运行,从而准确控制电动机的运行。

□【项目实施】

任务一　电路的设计与绘制

一、主电路设计与绘制

由于一般的接触器–继电器控制方式不能实现电动机的调速控制,所以采用变频器控制,变频器控制电路的主电路比较简单,电源三相电从工作台引入,通过空气断路器、熔断器到变频器,电动机的输出从变频器输出 U、V、W 直接到电动机,如图 11-2 所示。

二、确定 PLC 的输入/输出点数

（1）确定输入点数

根据项目任务的描述,需要 1 个启动按钮、1 个停止按钮和 4 个行程开关,故选用 X0～X5 共 6 个输入点。

（2）确定输出点数

要实现对电动机的有级调速,需要控制变频器的 RH、RM 和 RL 3 个端口,再通过控制变频器的 STF 端来控制电动机的启停,此外还需要 2 个端口控制指示灯,所以选用 Y0～Y5 共 6 个输出点。

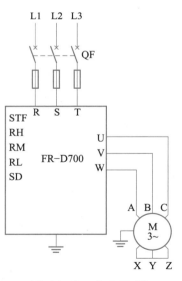

图 11-2　主电路图

三、列出输入/输出地址分配表

根据确定的输入/输出点数,地址分配见表 11-3。

表 11-3　输入/输出地址分配表

输入			输出		
输入点（X）	电路元件	功能	输出点（Y）	电路元件	功能
X0	SB1	启动	Y0	STF	启动和停止
X1	SB2	停止	Y1	RH	速度控制
X2	SQ1	位置检测1	Y2	RM	速度控制
X3	SQ2	位置检测2	Y3	RL	速度控制
X4	SQ3	位置检测3	Y4	HL1	电源指示
X5	SQ4	位置检测4	Y5	HL2	运行指示

四、控制电路设计与绘制

根据地址分配表设计控制电路,电动机是要通过变频器来调速的,所以电动机要与变频器的输出端相连,变频器的输出频率是通过 PLC 对各工位检测并确定的,所以变频器的 RH、RM和 RL 调速输入端要与 PLC 的输出端口相连,控制按钮、行程开关及指示灯直接与 PLC 的输入/输出相连,据此,绘制出皮带生产线调速控制电气原理图如图 11-3 所示。

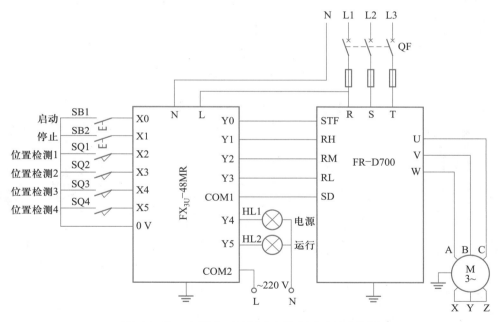

图 11-3　皮带生产线调速控制电气原理图

任务二　接线图绘制

一、元器件布置图绘制

如果有条件,可以采用一体化的 PLC 实训台进行操作。如果没有实训设备,可以在传统的配线木板上进行功能模拟,在配线木板上用线槽围起来的部分代表控制箱内的电气接线,线槽以外的部分代表工作台的各个工位及控制点,控制箱内的元器件与外部的元器件相连时,必须通过端子排。在控制箱内应有空气断路器、熔断器、控制 PLC 和变频器等,在工作台上的控制元器件有 4 个行程开关、2 个控制按钮和 2 个指示灯及 1 台三相异步电动机,元器件布置图如图 11-4 所示。

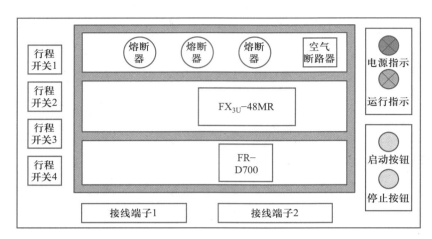

图 11-4　元器件布置图

皮带生产线调速控制装置中,最主要的控制是用 PLC 控制变频器的输出频率,从而改变电动机的运行速度。皮带生产线调速控制装置中 PLC 与变频器的模拟调试接线图如图 11-5 所示。

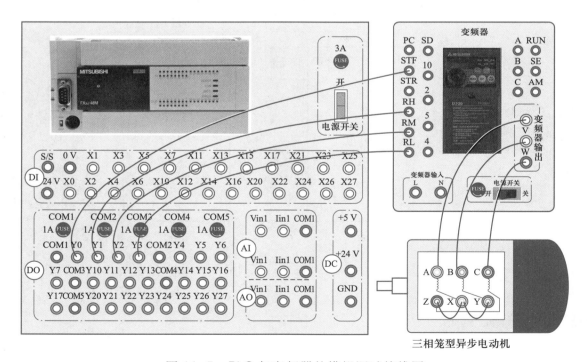

图 11-5　PLC 与变频器的模拟调试接线图

二、绘制布局接线图

根据电气原理图,绘制出主电路的模拟接线图,如图 11-6 所示;控制电路的模拟接线图如图 11-7 所示。

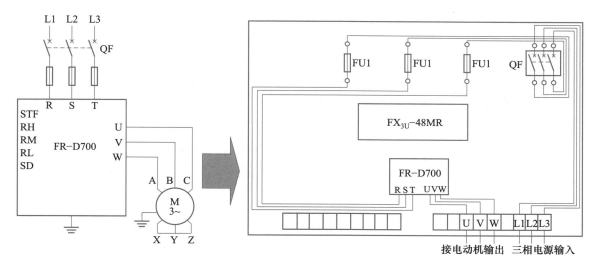

图 11-6 主电路的模拟接线图

任务三 安装电路

学生在安装电路之前,应先认真阅读项目任务,理解控制过程和原理,通过项目分析后绘制具体的控制电气原理图,然后再准备安装电路。安装电路的过程可以分为:元器件准备→元器件检查→安装元器件→布线→自检等。

一、元器件准备

根据项目分析,元器件清单见表 11-4。

二、元器件检查

配备所需元器件后,需先进行元器件检测。检测方法参考前面项目。

三、安装元器件

元器件检测完成之后,就需把元器件固定在配线木板上,根据实际情况,将控制电路分成控制箱内部电路和外部电路,一般空气断路器、熔断器、PLC 和变频器都是安装在控制箱内的,控制按钮、指示灯、行程开关和电动机都是属于外部控制电路,内外电路的连接必须通过端子排来完成,其安装步骤参考前面的项目。

四、布线

在把元器件固定好之后,要按电气原理图进行接线操作,操作要领是:

(1)对照电路图,先接主电路部分,再接控制电路部分。

(2)按图纸从上到下、从左到右地一根一根地接线。

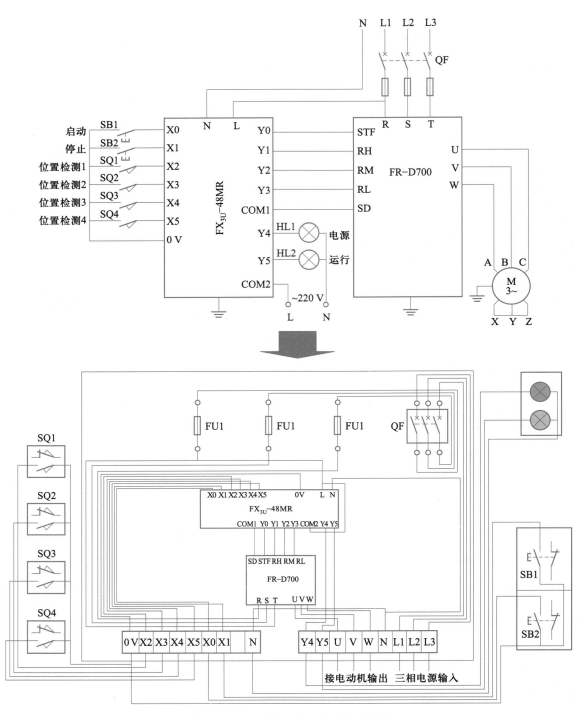

图 11-7　控制电路的模拟接线图

表 11-4　元器件清单

序号	符号	名称	型号	单位	数量
1		计算机		台	1
2	PLC	可编程控制器	FX$_{3U}$-48MR	台	1

序号	符号	名称	型号	单位	数量
3		变频器	FR-D700	台	1
4	QF	空气断路器	DZ47-D10/1P	个	1
5	FU1	主电源熔断器	RL1-60 （熔体 20 A）	个	3
6	HL	指示灯	LA19	个	2
7	M	电动机		台	1
8	SB	按钮	LA19	个	2
9		线槽		m	5
10		铜芯导线		根	若干

（3）接线时对螺丝刀的使用方法要正确,应垂直用力,力度不能太大,也不宜太小,能把螺钉旋进去,用手拔不出来就行了。

（4）导线与接线端子或接线桩连接时,不得压绝缘层,不反圈,露铜不宜过长。

（5）有条件的情况下,应对导线线头进行镀锡处理或接压线头,每根导线的两端要加线号。

具体接线步骤参考前面的项目。

五、自检

安装完成后,必须按要求进行检查。功能检查可以分为两种:

（1）按照电路图进行检查。对照电路图逐步检查是否错线、掉线,检查接线是否牢固等。

（2）使用万用表检测。用万用表检测的重点是电路有没有短路,测量点是三相电源的输入端,在确定电源没有短路的情况下,才能给设备通电。

任务四　变频器参数设置

检查无误后,接通电源,根据任务要求,变频器参数设置见表 11-5,设置方法与项目 10 中变频器参数设置的方法相同。

表 11-5　参数功能表

序号	变频器参数	出厂值	设定值	功能说明
1	Pr1	120	50	上限频率(50 Hz)
2	Pr2	0	0	下限频率(0 Hz)
3	Pr7	5	5	加速时间(5 s)

序号	变频器参数	出厂值	设定值	功能说明
4	Pr8	5	5	减速时间(5 s)
5	Pr9	0	0.35	电子过电流保护(0.35 A)
6	Pr160	9999	0	扩张功能显示选择
7	Pr79	0	3	操作模式选择
8	Pr179	61	8	多段速运行指令
9	Pr180	0	0	多段速运行指令
10	Pr181	1	1	多段速运行指令
11	Pr182	2	2	多段速运行指令
12	Pr4	50	50	固定频率1
13	Pr5	30	40	固定频率2
14	Pr6	10	30	固定频率3
15	Pr24	9999	20	固定频率4

注:设置参数前先将变频器参数复位为工厂的默认设定值。

任务五　PLC 程序设计

根据项目的控制要求,编写梯形图程序,由于系统工作流程层次分明,有很强的规律性,所以采用 SFC 的编程方法。具体的操作步骤如下:

启动 GX Developer 编程软件,单击菜单"工程"→"创建新工程"命令或单击新建工程按钮，在弹出的"创建新工程"对话框的"PLC 系列"下拉列表框中选择"FXCPU","PLC 类型"下拉列表框中选择"FX3U(C)",在"程序类型"项中选择"SFC",在工程设置项中设置好工程名和保存路径之后单击"确定"按钮。

弹出块列表窗口,双击第 0 块或其他块,弹出"块信息设置"对话框,如图 11-8 所示。在块标题文本框中填入"总控制"(也可以填其他标题或不填),在块类型中选择"梯形图块"。选择梯形图块的原因是在 SFC 程序中初始状态必须是激活的,而激活的方法是利用一段梯形图程序,而且这一段梯形图程序必须放在 SFC 程序的开头部分,在以后的 SFC 编程中,初始状态的激活都是利用一段梯形图程序,放在 SFC 程序的第一部分(即第一块),单击"执行"按钮弹出梯形图编辑窗口,如图 11-9 所示。

在右边梯形图编辑窗口中输入启动初始状态的梯形图,如图 11-10 所示。本例中 PLC 的一个辅助继电器 M8002 的上电脉冲使初始状态生效,上电后,M8002 自动产生一个上电脉冲,使程序指向第 S0 块。

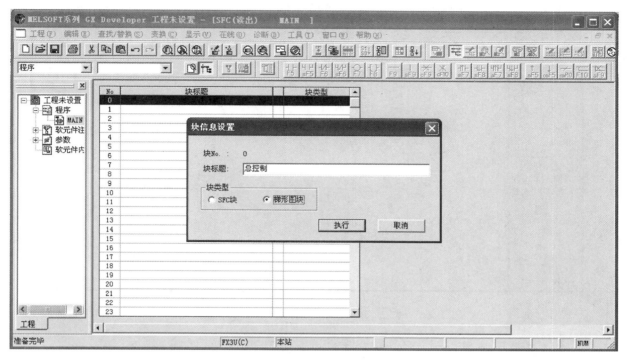

图 11-8 "块信息设置"对话框

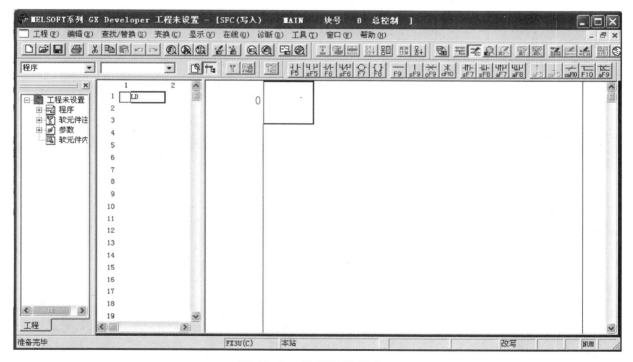

图 11-9 梯形图编辑窗口

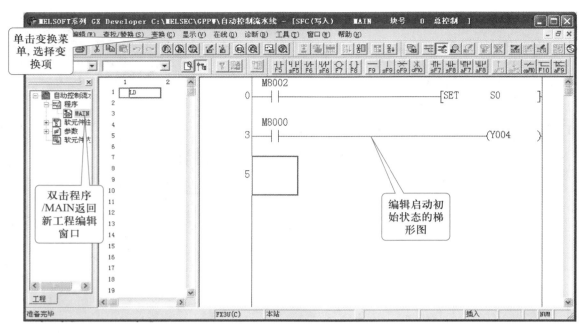

图 11-10　启动初始状态梯形图

　　输入完成后单击菜单"变换"→"变换"命令或按 F4 快捷键,完成梯形图的变换。以上完成了程序的第一块(梯形图块),双击左边工程数据列表窗口中的"程序""MAIN"返回块列表窗口。双击第一块,弹出"块信息设置"对话框,如图 11-11 所示。在块标题文本框中填入"主流程"(也可以填其他标题或不填),在"块类型"中选择"SFC 块"。单击"执行"按钮,弹出 SFC 程序编辑窗口,如图 11-12 所示。

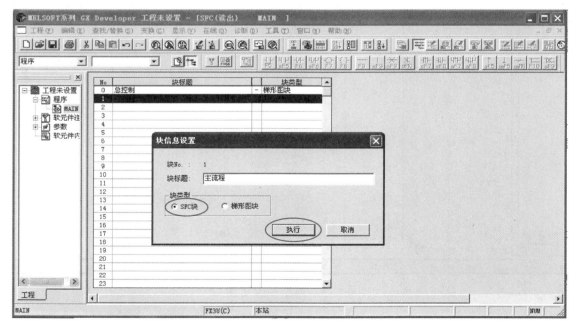

图 11-11　"块信息设置"对话框

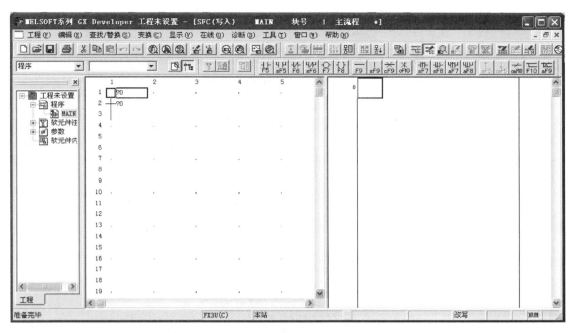

图 11-12　SFC 程序编辑窗口

接下来进入模块编程,首先编写第 S0 块的程序,S0 块是 PLC 上电后所指向的第一个块,在这个块里不需要做任何动作,只需要等待启动按钮按下,但由于在启动前运行指示灯是熄灭的,所以要加一条运行指示灯复位的指令,如图 11-13 所示。

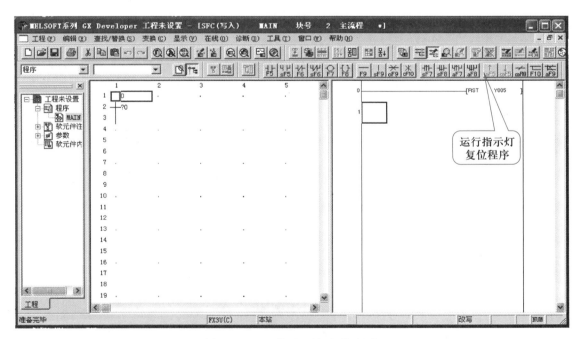

图 11-13　第 S0 块中的程序

当按下启动按钮 SB1(X0)后,程序跳出 S0 块,进入下一个程序块,在这个块中,首先运行指示灯要点亮(Y5),并且 PLC 要控制电动机以第一速度(50 Hz)运行,将物料运送到工位 1,所以这个块中应有 3 条程序,如图 11-14 所示。

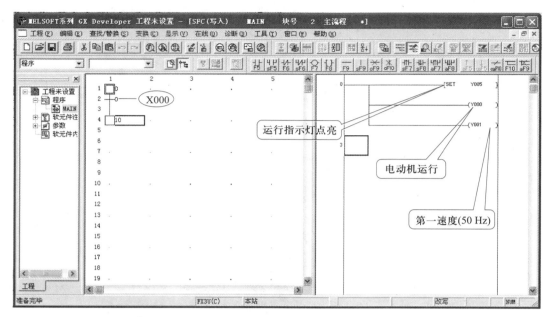

图 11-14　第 S10 块中的程序

到达工位 1 后,即 SQ1 闭合(X2),要停止 5 s 模拟加工,所以在下面的程序块中不需要输出电动机的运行程序,只要等待 5 s 就可以了,在这个块中,只有一条程序,如图 11-15 所示。

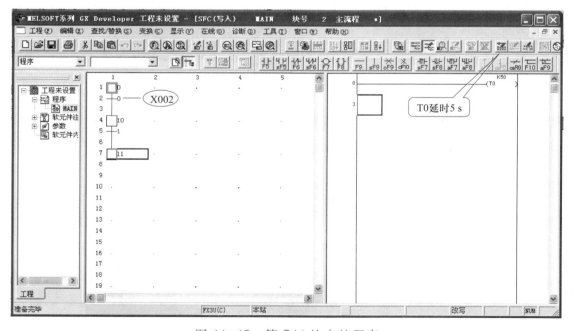

图 11-15　第 S11 块中的程序

5 s 加工时间到后(T0 动合触点闭合),进入下一个程序块,在这个块中,要求控制电动机以第二速度(40 Hz)运行,将物料运送到工位 2,所以在这个块中应有两条程序,如图 11-16 所示。

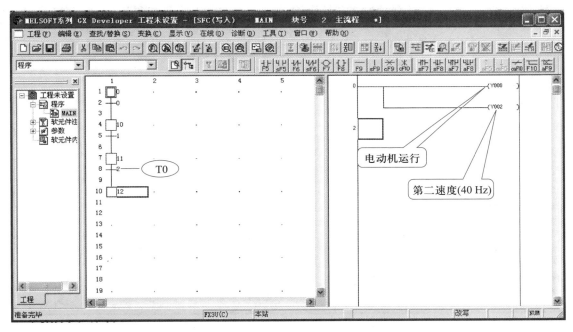

图 11-16　第 S12 块中的程序

到达工位 2 后,即 SQ2 闭合(X3),要停止 5 s 模拟加工,所以在下面的程序块中只要等待 5 s 就可以了,只需一条程序,如图 11-17 所示。

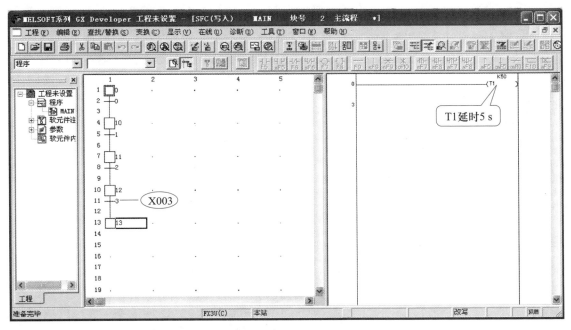

图 11-17　第 S13 块中的程序

5 s 加工时间到后(T1 动合触点闭合),进入下一个程序块,在这个块中,要求控制电动机以第三速度(30 Hz)运行,将物料运送到工位 3,所以在这个块中应有两条程序,如图 11-18 所示。

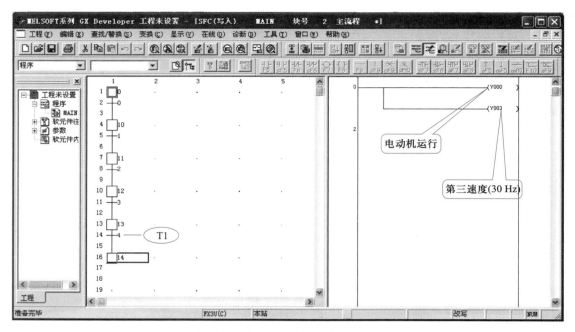

图 11-18　第 S14 块中的程序

到达工位 3 后,即 SQ3 闭合(X4),要停止 5 s 模拟加工,所以在下面的程序块中只要等待 5 s 就可以了,只需一条程序,如图 11-19 所示。

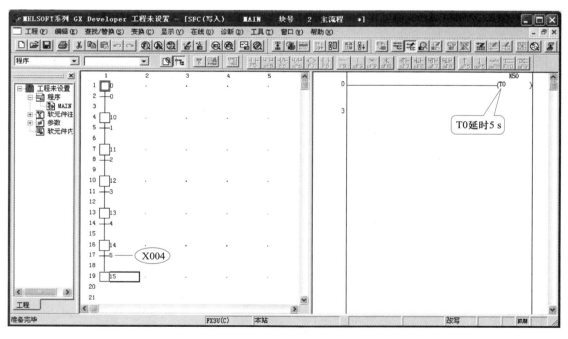

图 11-19　第 S15 块中的程序

5 s 加工时间到后(T0 动合触点闭合),进入到下一个程序块,在这个块中,要求控制电动机以第四速度(20 Hz)运行,将物料运送到工位 4,由于第四速度要用 Y2、Y3 共同输出控制,所以在这个块中应有 3 条程序,如图 11-20 所示。

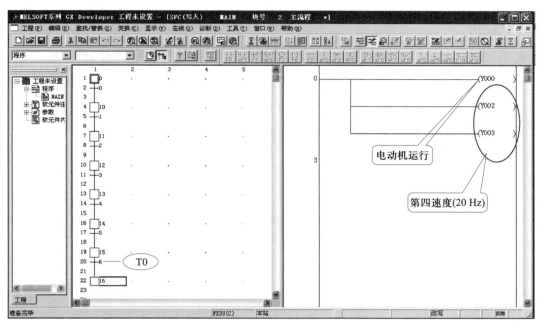

图 11-20　第 S16 块中的程序

到达工位 4 后,即 SQ4 闭合(X5),电动机停止工作,表示一次流水工作结束,由于程序的连续性,要让它回到启动前等待的状态,以等待再次启动,所以要跳转回第 0 个程序块,如图 11-21 所示。

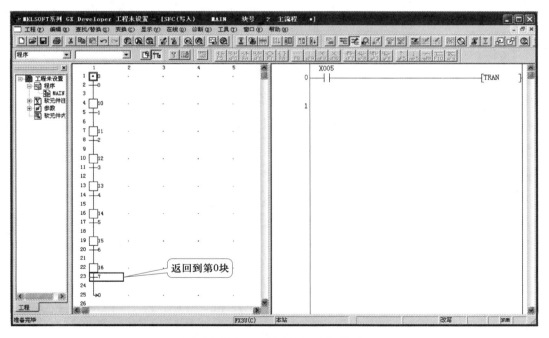

图 11-21　一次流水工作完成

系统中要求有随时停止功能,在系统工作的任何时刻按下停止按钮,系统就要立即停止当前工作,程序返回等待状态,等待再次启动,所以在设计程序的时候,在每个环节都要判断是否按下停止按钮,如按下,则立即返回等待状态,如图 11-22 所示。

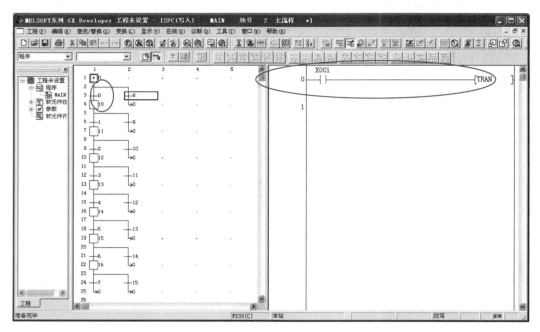

图 11-22　运行过程中停止的实现

通过以上步骤,完成最终的程序,如图 11-23 所示。

任务六　下载程序到 PLC

程序编写完成后,将程序下载到 PLC,下载步骤如下:

首先将 PLC 通过数据下载线与计算机相连。

确定 PLC 与计算机连接无误后接通电源,再在 GX Developer 软件菜单栏中选择"在线"→"传输设置",如图 11-24 所示,进入传输设置界面。

在传输设置窗口中,双击"串行"按钮,弹出"PC I/F 串口详细设置"对话框,根据所使用的传输线和连接计算机的端口选择正确的通信方式和端口号及传送速度,然后单击"确认"按钮,如图 11-25 所示。

通信端口设置完成后,可以检查一下计算机与 PLC 是否连接成功,单击通信测试按钮,弹出连接对话框,如图 11-26 所示,如果对话框提示"与 FX3U(C)CPU 连接成功了",说明计算机与 PLC 建立了连接,然后再单击"确定"按钮就可以了。

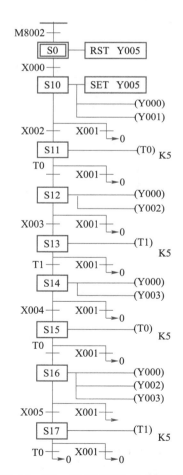

图 11-23　系统 SFC 控制程序

图 11-24　传输设置界面

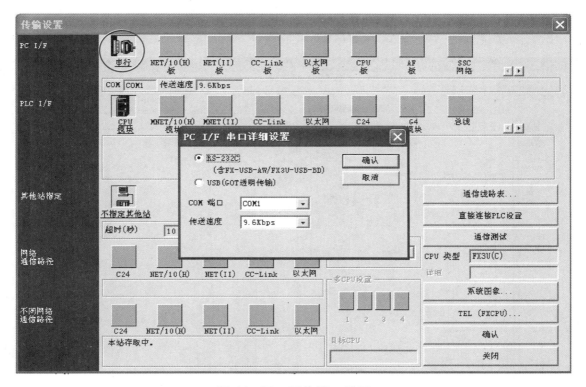

图 11-25　通信端口设置

　　计算机与 PLC 建立正确连接后,关闭传输设置界面,返回软件主界面,选择菜单栏的"在线"→"PLC 写入",如图 11-27 所示。

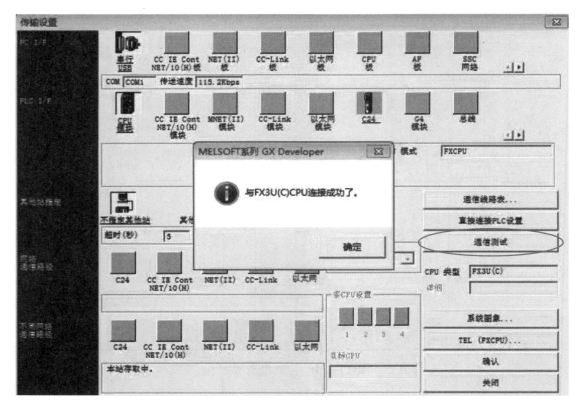

图 11-26　通信测试

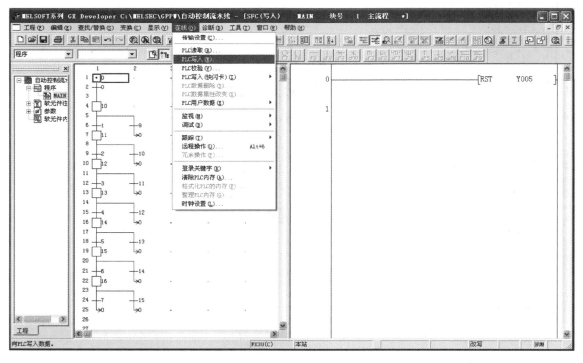

图 11-27　主界面

弹出"PLC 写入"对话框,在对话框中,选择"参数+程序"标签,选择 PLC 写入的内容为"程序"-"MAIN"和"PLC 参数",然后单击"执行"按钮,弹出提示框"是否执行 PLC 写入?",接下来只要一直选择"是(Y)"就可以了,如图 11-28 所示。

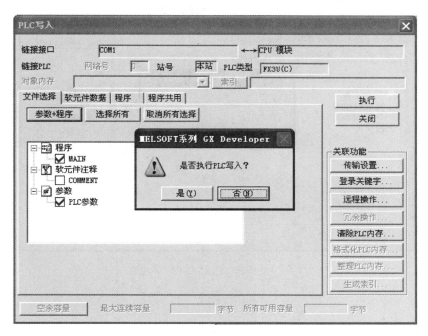

图 11-28　选择写入内容

PLC 写入进度显示如图 11-29 所示。

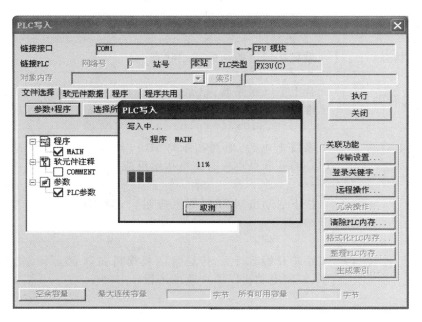

图 11-29　PLC 写入进度显示

写入完成,如图 11-30 所示。

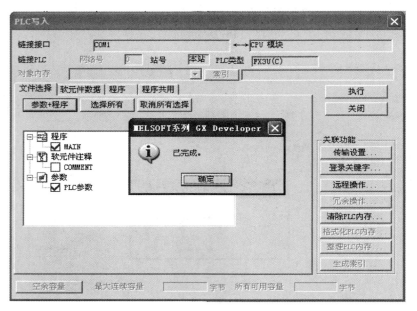

图 11-30　PLC 写入完成

任务七　系统调试

系统调试过程见表 11-6。

表 11-6　系统调试过程

序号	操作内容	操作要领
1	初始状态	系统接通电源前的初始状态
2	合上总开关	合上空气断路器,给系统上电,将空气断路器的闸刀用大拇指用力往上推,操作时注意,手不要接触下面的金属接线柱,以防发生触电事故
3	系统上电后的初始状态	系统上电后,电源指示灯 HL1(红色)应该点亮,表示系统已经通电,PLC 与变频器也应有上电指示反应
4	启动	按下启动按钮 SB1(绿色按钮),运行指示灯 HL2 应该点亮,表明系统开始运行
5	A 区运行情况	系统开始运行后,传送带运载物料在 A 区运行,变频器输出 50 Hz 频率,控制电动机以第一速度运行
6	到达工位 1	用行程开关模拟工位检测传感器,按下行程开关 SQ1,表示物料到达工位 1
7	在工位 1 停止	当工位 1 检测到有物料时,变频器输出为 0,电动机停止

序号	操作内容	操作要领
8	B 区运行情况	电动机停止 5 s 后,传送带运载物料在 B 区运行,变频器输出 40 Hz 频率,控制电动机以第二速度运行
9	到达工位 2	按下行程开关 SQ2,表示物料到达工位 2
10	在工位 2 停止	当工位 2 检测到有物料时,变频器输出为 0,电动机停止
11	C 区运行情况	电动机停止 5 s 后,传送带运载物料在 C 区运行,变频器输出 30 Hz 频率,控制电动机以第三速度运行
12	到达工位 3	按下行程开关 SQ3,表示物料到达工位 3
13	在工位 3 停止	当工位 3 检测到有物料时,变频器输出为 0,电动机停止
14	D 区运行情况	电动机停止 5 s 后,传送带运载物料在 D 区运行,变频器输出 20 Hz 频率,控制电动机以第四速度运行
15	到达工位 4	按下行程开关 SQ4,表示物料到达工位 4
16	一次流水工作结束	当工位 4 检测到有物料时,变频器输出为 0,电动机停止,至此,完成一次流水工作
17	在运行中停止控制	系统在运行过程中,如果想停止系统的当前运动,则按下停止按钮 SB2(红色),系统立即停止,等待再次按下启动按钮

填写调试情况记录表(见表 11-7)。

表 11-7 调试情况记录表(学生填写)

序号	项目	完成情况记录			备注
		第一次试车	第二次试车	第三次试车	
1	合上电源开关后,电源指示灯 HL1(红色)点亮	完成( ) 无此功能( )	完成( ) 无此功能( )	完成( ) 无此功能( )	
2	按下启动按钮 SB1(绿色按钮),运行指示灯 HL2 点亮	完成( ) 无此功能( )	完成( ) 无此功能( )	完成( ) 无此功能( )	
3	变频器上频率显示为 50 Hz,并且电动机以第一速度运行	完成( ) 无此功能( )	完成( ) 无此功能( )	完成( ) 无此功能( )	
4	按下行程开关 SQ1,变频器上频率显示为 0 Hz,并且电动机停止	完成( ) 无此功能( )	完成( ) 无此功能( )	完成( ) 无此功能( )	

序号	项目	完成情况记录			备注
		第一次试车	第二次试车	第三次试车	
5	电动机停止 5 s 后,变频器上频率显示为 40 Hz,并且电动机以第二速度运行	完成（　） 无此功能（　）	完成（　） 无此功能（　）	完成（　） 无此功能（　）	
6	按下行程开关 SQ2,变频器上频率显示为 0 Hz,并且电动机停止	完成（　） 无此功能（　）	完成（　） 无此功能（　）	完成（　） 无此功能（　）	
7	电动机停止 5 s 后,变频器上频率显示为 30 Hz,并且电动机以第三速度运行	完成（　） 无此功能（　）	完成（　） 无此功能（　）	完成（　） 无此功能（　）	
8	按下行程开关 SQ3,变频器上频率显示为 0 Hz,并且电动机停止	完成（　） 无此功能（　）	完成（　） 无此功能（　）	完成（　） 无此功能（　）	
9	电动机停止 5 s 后,变频器上频率显示为 20 Hz,并且电动机以第四速度运行	完成（　） 无此功能（　）	完成（　） 无此功能（　）	完成（　） 无此功能（　）	
10	按下行程开关 SQ4,变频器上频率显示为 0 Hz,并且电动机停止	完成（　） 无此功能（　）	完成（　） 无此功能（　）	完成（　） 无此功能（　）	
11	系统在运行过程中,按下停止按钮 SB2(红色),系统立即停止	完成（　） 无此功能（　）	完成（　） 无此功能（　）	完成（　） 无此功能（　）	

□【项目评价】

教师评价

序号	项目名称	配分	要求	扣分细则		应加扣分	加扣总分	最后得分
1	I/O 端子分配图	5	按照任务合理分配 PLC 的输入输出端口	输入端口分配不合理	每处扣 1 分			
				输出端口分配不合理	每处扣 1 分			
2	电路图绘制	10	按照任务要求和 I/O 端子分配图绘制主电路和控制电路	主电路绘制不正确	扣 5 分			
				控制电路绘制不正确	扣 5 分			

续表

序号	项目名称	配分	要求	扣分细则	应加扣分	加扣总分	最后得分
3	电路连接	30	按照最后的运行情况评分 所有元器件均按照要求动作 所有的导线与端子的连接应牢固、可靠,符合安全和技术要求 元器件板上的元器件与元器件板外的设备或元器件通过接线端子排连接 导线与接线端子的连接处有导线标号	元器件动作与原理图不符或不符要求	每处扣 5 分		
				接线端子上的导线的露铜超过 2 mm	每处扣 1 分		
				接线端子上连接的导线超过 2 条	每处扣 1 分		
				导线没有放入线槽	每处扣 2 分		
				导线和接线端子的连接处没有标号	每处扣 1 分		
				应该接地而没有接	每处扣 5 分		
				电动机连接失误	扣 5 分		
				通电后发现短路	扣 30 分		
4	变频器参数设置	15	按照参数功能表正确设置变频器的各参数,电动机的动作符合要求,保护功能符合要求	变频器参数设置漏设或误设	每处扣 5 分		
5	控制程序的编写	20	按指令开关、相应的输入输出指示灯的发光情况评分 电动机的动作符合要求,保护功能符合要求	不符合原理图控制要求	每处扣 6 分		
				程序编写不符合生产安全要求(一种情况算一处)	每处扣 3 分		
6	运行调试	10	按照要求完成各功能的调试	调试频率错误	每处扣 2 分		
7	安全文明操作	10	遵守赛场纪律,操作符合安全规程,注意文明操作	违反规定和纪律,经老师警告	扣 10 分		
				违反安全操作要求,不按规定着装,带电进行电路连接或者改接	扣 10 分		
				乱摆放工具,乱丢杂物,完成任务后不清理工位	扣 5 分		
	学生姓名			教师签名			

□ 【项目拓展】

（1）在给系统通电前,应做哪些安全检查?

（2）在实际应用中,PLC 与变频器应如何选择?

（3）试用梯形图的方法编写 PLC 的控制程序。

□ 【知识链接】

变频器的安装与接线

一、变频器的安装

柜内安装时,取下前盖板和配线盖板后进行固定,应垂直安装变频器,如图 11-31 所示。

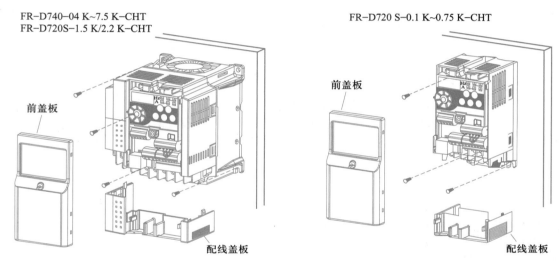

FR-D740-04 K~7.5 K-CHT
FR-D720S-1.5 K/2.2 K-CHT

FR-D720 S-0.1 K~0.75 K-CHT

前盖板

配线盖板

前盖板

配线盖板

图 11-31　变频器柜内安装图

安装多个变频器时,要并列放置,如图 11-32 所示,安装后采取冷却措施。

变频器安装环境如下:

（1）环境温度　−10~+50 ℃。

（2）环境湿度　90%RH 以下。

（3）周边环境　在环境温度 40 ℃ 以下使用时可以密集安装（0 间隔）。环境温度若超过 40 ℃,变频器横向周边空间应在 1 cm 以上。

二、变频器的接线

变频器的接线端子如图 11-33 所示。

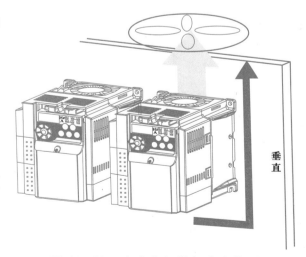

垂直

图 11-32　多个变频器柜内安装图

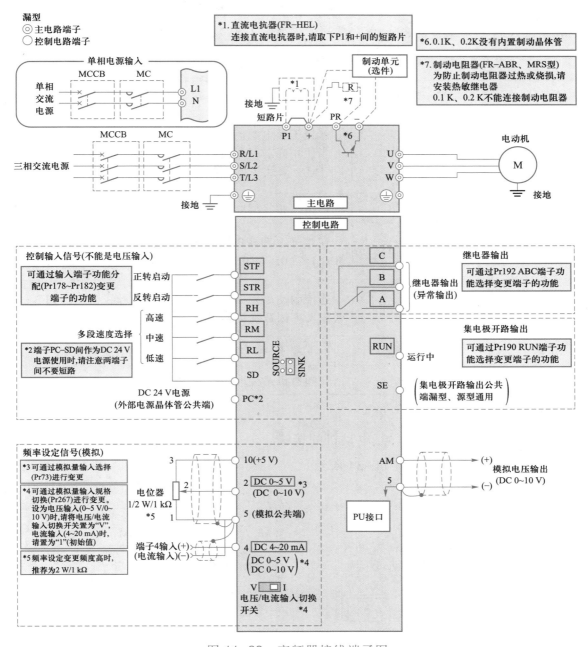

图 11-33　变频器接线端子图

注意:

- 噪声干扰可能导致发生误动作,所以信号要离动力线 10 cm 以上。
- 接线时不要在变频器内留下电线切屑。

电线切屑可能导致异常、故障、发生误动作,应始终保持变频器的清洁。在控制柜等设备上钻安装孔时务必注意不要使切屑粉掉进变频器内。

- 为安全起见,单相电源输入规格的产品输入电源通过电磁接触器及漏电断电器或无熔体断路器与接头相连。电源的开关用电磁接触器实施。

- 单相电源输入规格的产品的输入电源应为三相 200 V。

主电路端子规格见表 11-8。

表 11-8　主电路端子规格

端子记号	端子名称	端子功能说明
R/L1、S/L2、T/L3*	交流电源输入	连接工频电源。当使用高功率变流器(FR-HC)及共直流母线变流器(FR-CV)时不要连接任何东西
U、V、W	变频器输出	连接三相笼型电动机
+、PR	制动电阻器连接	在端子+和 PR 间连接选购的制动电阻器(FR-ABR、MRS)。(0.1 K、0.2 K 不能连接)
+、−	制动单元连接	连接制动单元(FR-BU2)、共直流母线变流器(FR-CV)以及高功率因数变流器(FR-HC)
+、P1	直流电抗器连接	拆下端子+和 P1 间的短路片,连接直流电抗器
⏚	接地	变频器机架接地用,必须接大地

* 单相电源输入时,为端子 L1、N。

主电路端子的端子排列与电源、电动机的接线

- 三相 400 V 级别接线如图 11-34 所示。

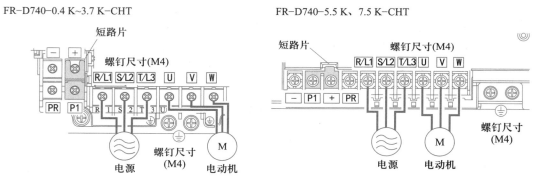

图 11-34　三相 400 V 级别接线

- 单相 200 V 级别接线如图 11-35 所示。

注意:

- 电源线必须连接至 R/L1、S/L2、T/L3(没有必要考虑相序)。绝对不能接 U、V、W,否则会损坏变频器。

- 电动机连接到 U、V、W,接通正转开关(信号)时,电动机的转动方向从负载轴方向看为逆时针方向。

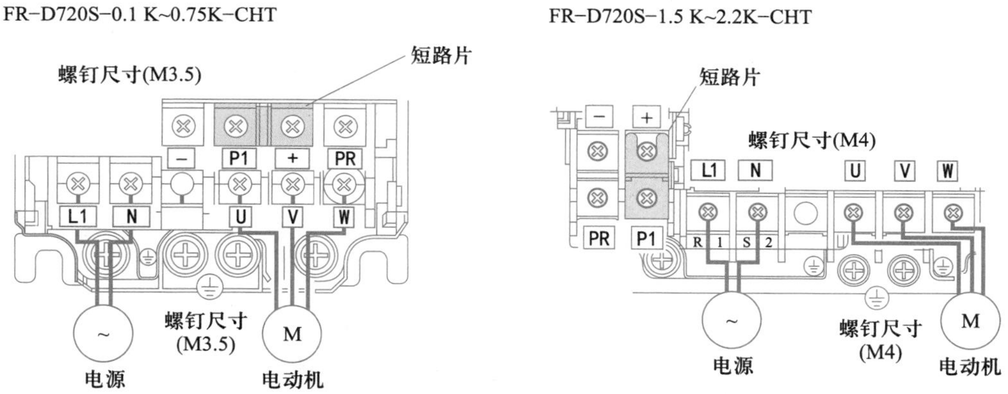

FR-D720S-0.1 K~0.75K-CHT

FR-D720S-1.5 K~2.2K-CHT

螺钉尺寸(M3.5)

短路片

短路片

螺钉尺寸(M4)

电源

螺钉尺寸
(M3.5)

电动机

电源

螺钉尺寸
(M4)

电动机

图 11-35 单相 200 V 级别接线

综合训练项目

项目 12　自动门控制

□ 【项目目的】

（1）学会各种传感器在 PLC 中的应用。

（2）了解微波移动探测器的特点和使用方法。

（3）掌握自动门的控制过程和程序的编写方法。

□ 【项目任务】

在经济飞速发展的中国,高楼耸立的大都市里的大厦、宾馆、酒店、银行、商场、写字楼,自动门已经随处可见。自动门的工作方式是通过内外两侧的感应开关来感应人的出入,当人走近自动门时感应开关感应到人的存在,给控制器一个开门信号,控制器通过驱动装置将门打开。当人通过之后,再将门关上。由于自动门在通电后可以实现无人管理,具有人员进出方便、节约空调能源、防风、防尘、降低噪声等优点。下面设计一个自动门控制系统,外形如图 12-1 所示,要求如下:

图 12-1　自动门外形图

（1）当有人由内到外或由外到内通过微波移动探测器 S1 或 S2（参见图 12-2）时，开门执行机构 KM1、KM3 动作，电动机正转，到达开门限位开关 S3、S5 位置时，电动机停止运行。

（2）自动门在开门位置停留 8 s 后，自动进入关门过程，关门执行机构 KM2、KM4 被启动，电动机反转，当门移动到关门限位开关 S4、S6 位置时，电动机停止运行。

（3）在关门过程中，当有人员由外到内或由内到外通过微波移动探测器 S2 或 S1 时，应立即停止关门，并自动进入开门程序。

（4）在门打开后的 8 s 等待时间内，若有人员由外至内或由内至外通过微波移动探测器 S2 或 S1 时，必须重新开始等待 8 s 后，再自动进入关门过程，以保证人员安全通过。

（5）当自动门处于手动状态时，可通过 S3、S4、S5、S6 限位开关进行相应的开门或关门控制。

（6）按下启动按钮 SB1 时，自动门开始运行，绿色指示灯亮；按下按钮 SB2 时，自动门停止运行，红色指示灯亮。

□【项目分析】

（1）功能分析

本项目是面向商场入口的应用，需要具有安全性和可靠性。根据商场中对自动门的具体要求，本项目所设计的自动门应具有以下功能：

① 开门和关门控制应有手动和自动两种工作方式

为了便于维护，自动门应具有手动和自动两种工作方式。当信号采集装置检测到有人接近门口且门未打开或检测到已无人接近门口且门未关闭时，PLC 动作输出信号开始控制电动机正转或反转来开门或关门。

② 停止

按下停止开关，自动门自动进入关门过程。

③ 结构图

本项目所设计的自动门控制系统采用 PLC 为控制中心来控制传动机构，从而控制门的开和关，实现门的自动化控制。图 12-2 所示是自动门的结构图。

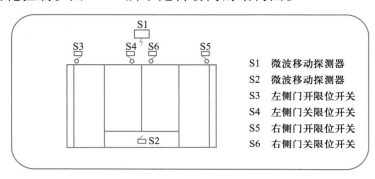

图 12-2 自动门的结构图

S1 微波移动探测器:位于自动门的正上方,可探测前方的物体,用于进入的开启,可以轻松地调节探测区域的大小。

S2 微波移动探测器:位于自动门的后上方,可探测前方的物体来控制出去的开启。

S3 左侧门开限位开关:位于左边门的左侧位置,对左侧门的开启起到限位作用。

S4 左侧门关限位开关:位于左边门的右侧位置,对左侧门的关闭起到限位作用。

S5 右侧门开限位开关:位于右边门的右侧位置,对右侧门的开启起到限位作用。

S6 右侧门关限位开关:位于右边门的左侧位置,对右侧门的关闭起到限位作用。

注意:以上所有的传感器均由行程开关 SQ 来模拟。

(2)电路分析

整个电路的总控制环节可以采用安装方便的空气断路器(自动空气开关)或组合开关,电动机采用三相异步交流电动机,若要完成 2 台电动机的控制,则每台电动机都需要 2 个交流接触器,另外还有 2 个热继电器,实现 2 台电动机的过载保护;还有 5 个熔断器,实现主电路和控制电路的短路保护。总的控制采用一台三菱 FX_{3U} 系列可编程控制器。主要元器件清单见表 12-1。

表 12-1　主要元器件清单

序号	符号	名称	型号	单位	数量
1	PLC	可编程控制器	FX_{3U}-48MR	台	1
2	FR1	电动机热继电器	JR20-40	个	2
3	FU1	主电源熔断器	RL1-60(熔体 20 A)	个	3
4	FU2	控制电路熔断器	RL1-15(熔体 5 A)	个	2
5	KM	交流接触器	CJ10-20	个	4
6	HL	指示灯	LA19	个	3
7	M	电动机			2
8	QS	主电源组合开关	HZ2-25/3	个	1
9	SB	按钮	LA19	个	6
10	SQ	行程开关	YBLX-K1/311	只	6
11	TC	36V 控制变压器	BK-50	个	1

□【项目实施】

任务一　电路的设计与绘制

一、主电路设计与绘制

根据功能分析,主电路需要两个交流接触器来分别控制两台电动机。两台电动机的启停分别由单独的交流接触器来控制,另外,两台电动机上分别安装有热继电器,用于电动机的过载保护,具体的主电路如图 12-3 所示。在绘制主电路时,电源线应该绘制成水平线,主电路应与电源线垂直,画在电源线的下方。

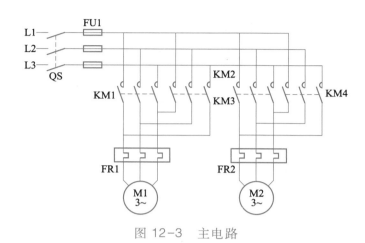

图 12-3 主电路

二、确定 PLC 的输入/输出点数

（1）确定输入点数

根据项目任务的描述,需要 1 个启动按钮、1 个停止按钮、2 个过载保护、2 个微波开关、4 个限位开关、1 个手动/自动控制开关。

（2）确定输出点数

由功能分析可知,有 4 个交流接触器需要 PLC 驱动。

根据输入/输出点数,可以选择对应的 PLC 的型号,实训装置上的 $FX_{3U}-48MR$ 完全能满足需要。

三、列出输入/输出地址分配表

根据确定的点数,开关量输入/输出地址分配见表 12-2。

表 12-2 开关量输入/输出地址分配表

开关量输入			开关量输出		
输入继电器	电路元件	作用	输出继电器	电路元件	作用
X0	SB1	启动	Y0	KM1	左侧门开接触器
X1	SB2	停止	Y1	KM2	左侧门关接触器
X2	FR1	M1 过载保护	Y2	KM3	右侧门开接触器
X3	FR2	M2 过载保护	Y3	KM4	右侧门关接触器
X4	SQ1	室外微波开关	Y4	HL1	启动指示

续表

开关量输入			开关量输出		
输入继电器	电路元件	作用	输出继电器	电路元件	作用
X5	SQ2	室内微波开关	Y5	HL2	停止指示
X6	SQ3	左侧门开限位开关			
X7	SQ4	左侧门关限位开关			
X10	SQ5	右侧门开限位开关			
X11	SQ6	右侧门关限位开关			
X12	SB3	手动/自动开关			

四、控制电路设计与绘制

根据地址分配表已经可以确定 PLC 的端口接线,但在实际工程中要考虑电路的安全,所以要充分考虑保护措施,例如:在接停止按钮时,应接到其动断触点以保证安全。根据这些考虑绘制控制电路,如图 12-4 所示。

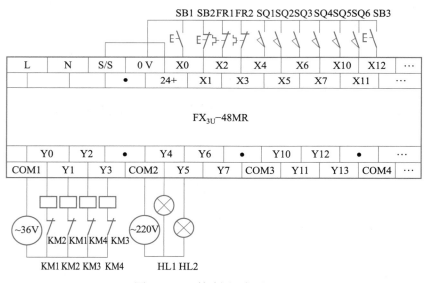

图 12-4　控制电路原理图

任务二　接线图绘制

一、元器件布置图绘制

如果有条件,可以采用一体化的 PLC 实训台。如果没有 PLC 实训台,可采用一块配线木板,在木板上布置元器件。画出采用木板的元器件布置图,如图 12-5 所示。

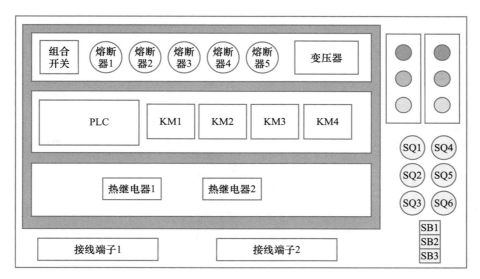

图 12-5　元器件布置图

二、绘制主电路布局接线图

根据电气原理图,绘制出主电路的模拟接线图。图 12-6、图 12-7 所示为主电路的模拟接线图和主电路在实训台上的模拟接线图。

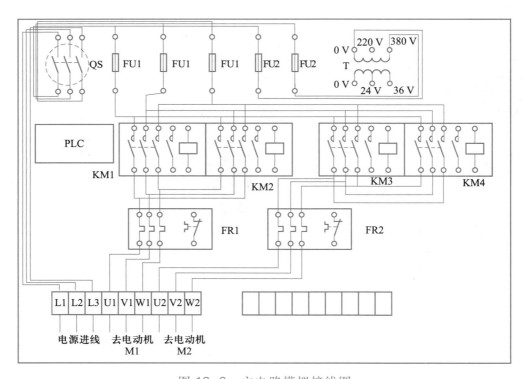

图 12-6　主电路模拟接线图

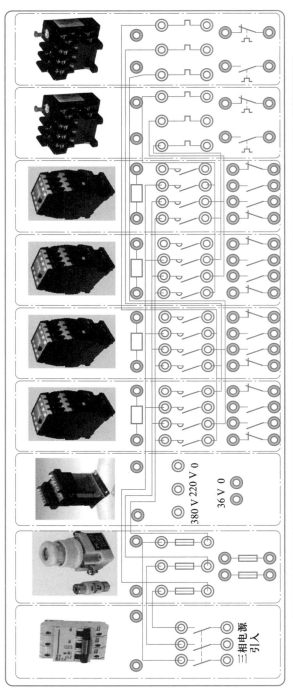
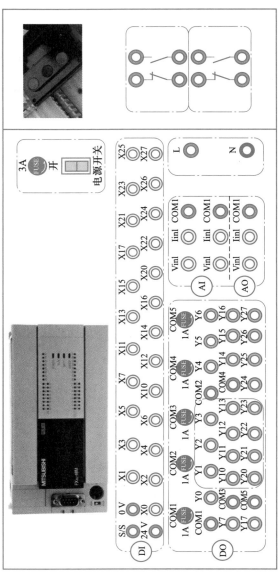

图 12-7 主电路在实训台上的模拟接线图

三、绘制控制电路布局接线图

根据电气原理图,绘制出控制电路的模拟接线图。图 12-8 所示是控制电路模拟接线图。图 12-9 所示是控制电路在实训台上的模拟接线图。

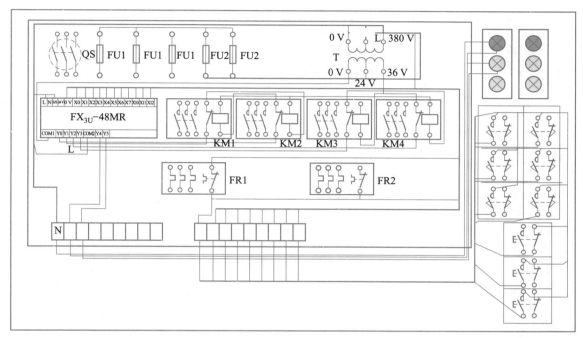

图 12-8　控制电路模拟接线图

任务三　安装电路

本任务的基本操作步骤可以分为:清点工具和仪表→选用元器件及导线→元器件检查(实训台上检查需要用到的元器件)→安装元器件(实训台上已固定)→布线→自检。

一、清点工具和仪表

二、选用元器件及导线

正确、合理选用元器件,是电路安全、可靠工作的保证。选择的基本原则如下:

① 按对元器件的功能要求确定元器件的类型。

② 确定元器件承载能力的临界值及使用寿命。根据电器控制的电压、电流及功率的大小确定元器件的规格。

③ 确定元器件预期的工作环境及供应情况,如防油、防尘、防水、防爆及货源情况。

④ 确定元器件在应用中所要求的可靠性。

⑤ 确定元器件的使用类别。

本控制电路中主电路采用 BV 1.5 mm² (黑色),控制电路采用 BV 1 mm² (红色);按钮线采用 BVR 0.75 mm² (红色),接地线采用 BVR 1.5 mm² (绿/黄双色线)。导线颜色在训练阶段除接地线外无要求,但应使主电路与控制电路有明显区别。

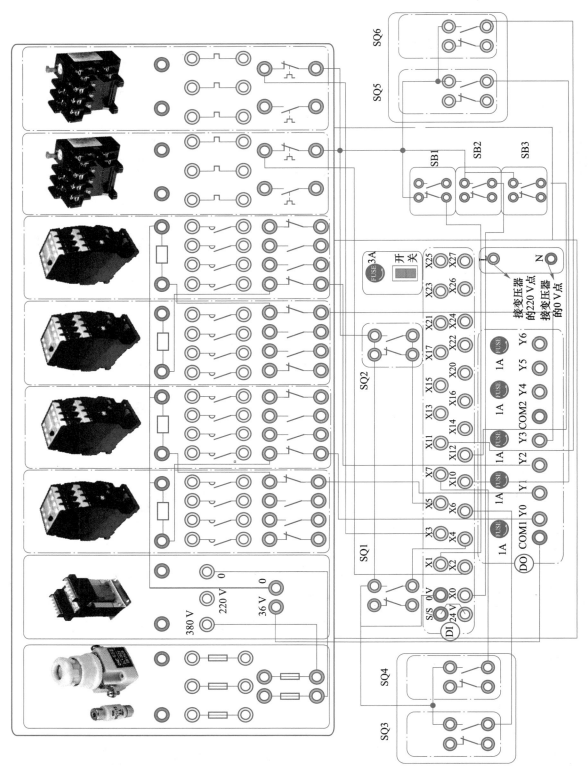

图 12-9 控制电路在实训台上的模拟接线图

三、元器件检查

配备所需元器件后,需先进行元器件检测。检测包括两部分:外观检测和采用万用表检测。外观检测主要检测元器件外观有无损坏,元器件上所标注的型号、规格、技术数据是否符合要求,以及一些动作机构是否灵活,有无卡阻现象。

● 元器件外观检测

本项目没有使用新的元器件,元器件的检测在前面项目已经介绍过,在此不再重复。

● 万用表检测(见前面项目)

四、安装元器件

确定元器件完好之后,就需把元器件固定在配线木板上(实训台上已经固定)。

五、布线

一般来说,主电路和控制电路是分开接的。布线的具体工艺要求前面项目已经详细介绍过了,可参照前面项目。元器件固定好后进行布线,具体步骤参考前面项目。

六、自检

安装完成后,必须按要求进行检查,检查项目包括短路检查、断路检查、接触是否良好检查等,具体操作和实施过程见表 12-3。

表 12-3　万用表检测电路过程

序号	检测任务	操作方法	正确阻值	测量阻值
1	检测主电源	合上组合开关 QS,检测 L1、L2 电源端子分别与变压器 380 V 输入端之间的电阻值	使用数字万用表测得阻值接近 0	
2	检测 PLC 电源	用表笔测量 PLC 的 L、N 接线端子之间的电阻值	66 Ω 左右(变压器线圈电阻值)	
3		使用表笔测量 PLC 的 L、N 接线端子分别与变压器的 220 V 输入端子之间的电阻值	测得阻值分别是 0 或 66 Ω(变压器线圈电阻值)	
4	检测 PLC 输出控制指示灯的 COM 与电源 L 接线端	用表笔一端接触 PLC 的 COM 端,另一端接触电源的 L	无穷大	
5	检测指示灯回路的公共端与电源 L 接线端	用表笔一端接触指示灯的公共端,另一端接触电源的 L	为 0	

续表

序号	检测任务	操作方法	正确阻值	测量阻值
6	检测 PLC 控制交流接触器控制线圈的 COM 端与变压器输出端	使用表笔一端接触 COM 端,另一端分别接触变压器输出端	测得阻值分别是 0 或 3 Ω(控制变压器线圈电阻值)	
7	测量交流接触器控制线圈接线端子与变压器输出端的电阻	使用表笔一端接触交流接触器线圈端,另一端分别接触变压器输出端	测得阻值分别是 0 或 3 Ω(控制变压器线圈电阻值)	

任务四 程序设计

根据项目的控制要求,编写梯形图程序,编写程序可以采用逐步增加、层层推进的方法。该程序功能可以分为手动/自动切换、左侧开门/关门、右侧开门/关门、传感器检测,将这 4 个程序段连接在一起即是整个 PLC 控制程序。

参考程序一采用 SFC 编写,如图 12-10 所示。

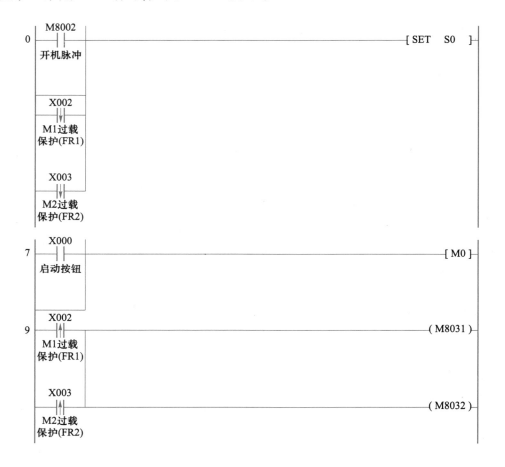

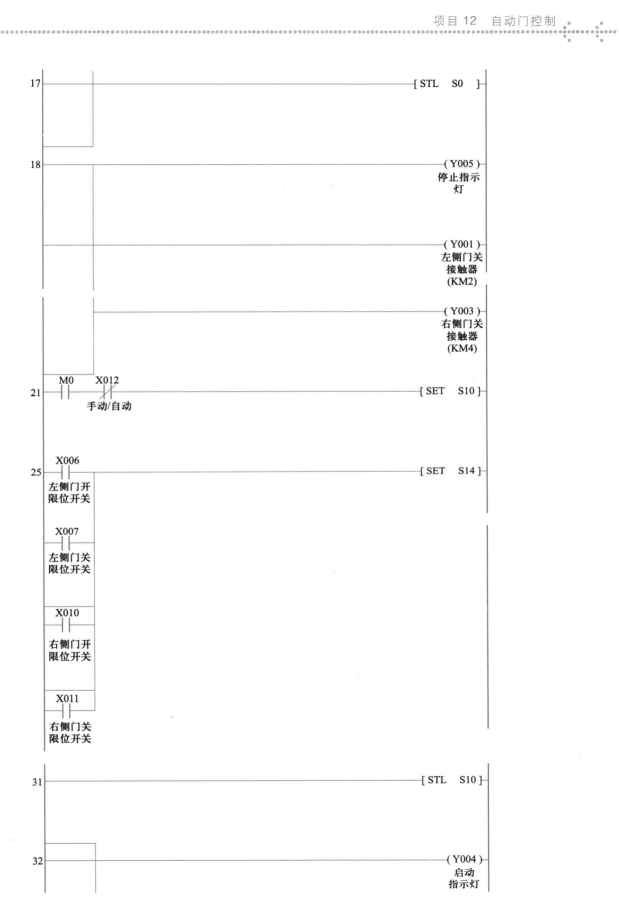

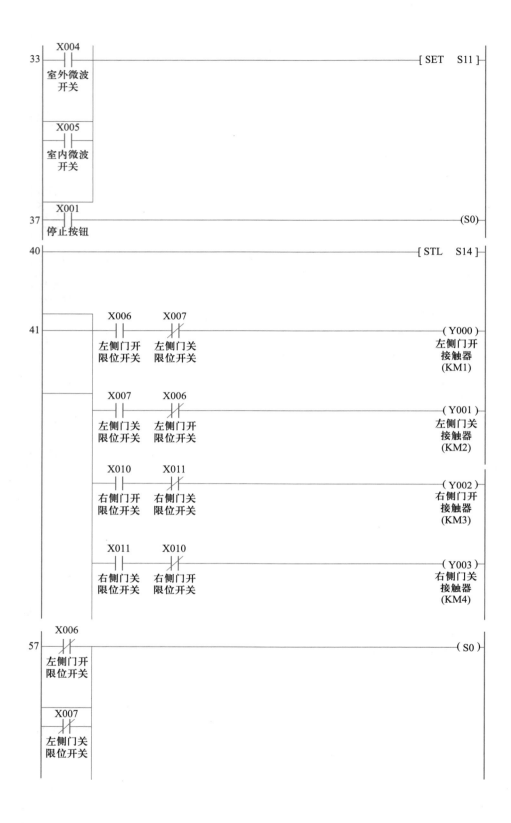

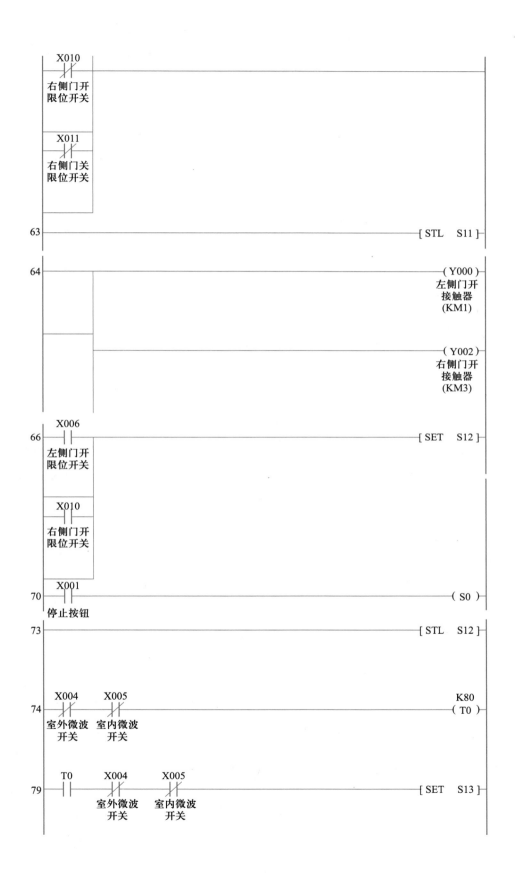

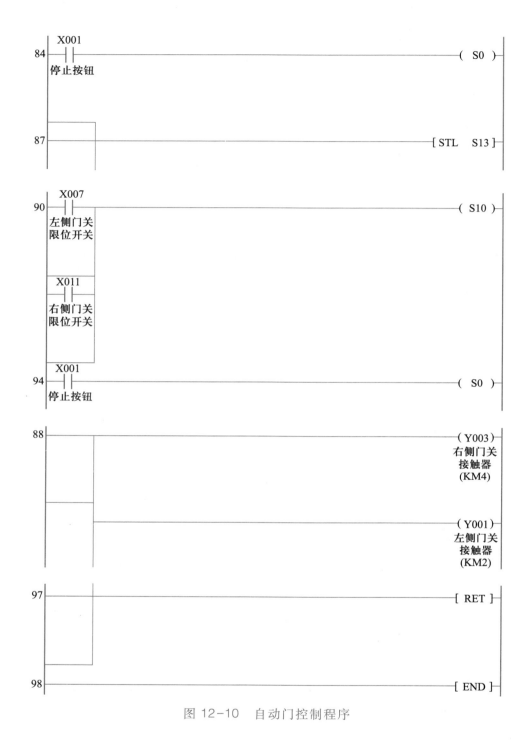

图 12-10　自动门控制程序

参考程序二采用中间继电器 M 编写,如图 12-11 所示。

```
        X000      X001
    0 ──┤├──┌──┤/├──┐──────────────────────────────────────────( M0 )
        M0    │     │
        ──┤├──┘     │

        X004      M0    X002    T0    X006    X007    M0    M4
    5 ──┤/├──┬──┤├──┤/├──┤/├──┤/├──┤/├──┤├──┤/├────( M1 )
        X005  │
        ──┤↑├──┤
        M1    │
        ──┤├──┘

        X004      M1    X002    M2    M0    M4
   18 ──┤↓├──┬──┤├──┤/├──┤/├──┤├──┤/├──────────( M3 )
        X005  │                   │                          K30
        ──┤↓├──┤                   └───────────────────────( T0 )
        M3    │
        ──┤├──┘

        M3    T0    X003    X010    X011    M0    M4
   34 ──┤├──┤├──┤/├──┤/├──┤/├──┤├──┤/├──────( M2 )
        M2    │
        ──┤├──┘

        X006      M4    X001
   43 ──┤├──┬──┤├──┤/├──────────────────────────────────(Y000)
        M1    │  M4
        ──┤├──┘──┤/├

        X007      M4    X001
   50 ──┤├──┬──┤├──┤/├──────────────────────────────────(Y001)
        M1    │  M4
        ──┤├──┘──┤/├

        X010      M4    X002
   57 ──┤├──┬──┤├──┤/├──┐──────────────────────────────(Y002)
        M2    │  M4     │
        ──┤├──┘──┤/├──┘

        X011      M4    X002
   64 ──┤├──┬──┤├──┤/├──────────────────────────────────(Y003)
        M2    │  M4
        ──┤├──┘──┤/├

        M0
   71 ──┤/├──────────────────────────────────────────────( M5 )

        X012
   73 ──┤├──┬──────────────────────────────────────────( M4 )
             │
             └──────────────────────────────────────────( M6 )
```

图 12-11　参考程序二

任务五　调试

一、程序的输入

参考项目 2 相关内容。

二、仿真软件调试

（1）将编写好的程序转换完成后，单击界面的仿真图标▣，将其程序写入。写入完成后系统处于调试运行界面，如图 12-12 所示。

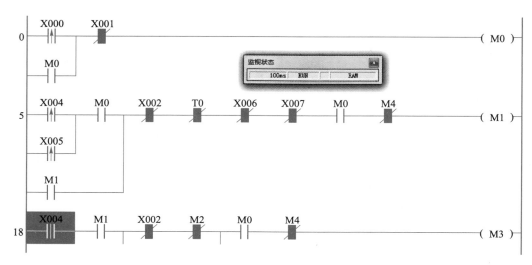

图 12-12　调试运行界面

（2）将光标放在需要调试的 X 处右击，选择软元件测试或者运用快捷键 Alt+1，打开软元件测试界面，输入"X000"，将其强制为 ON，如图 12-13 所示。

（3）根据自动门的功能和动作顺序，依次在软元件测试界面输入相应的信号进行调试。

（4）故障分析

故障现象：强制 X4（室外微波开关）为 ON，自动门不能被打开（Y0/Y1 并未通电），如图 12-14 所示。

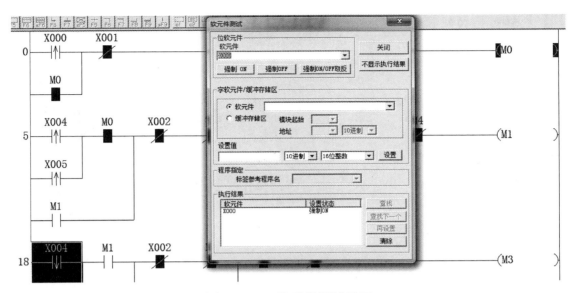

图 12-13　软元件测试界面

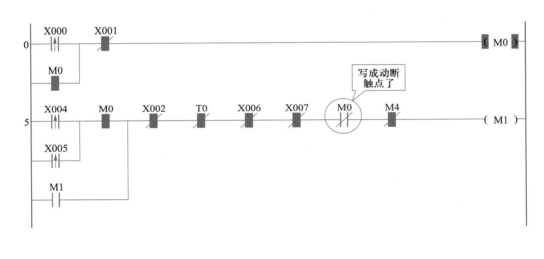

图 12-14　程序出现错误

　　故障分析:从模拟监控上可以看出,X4 控制的 M1 线圈并未接通,说明在运行过程中,程序是错误的,通过监控检查出启动控制继电器 M0 断开,导致 M1 线圈未通电,通过分析程序可知 M0 动合触点误写成动断触点了,如图 12-15 所示。

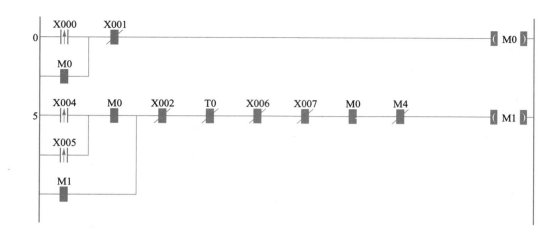

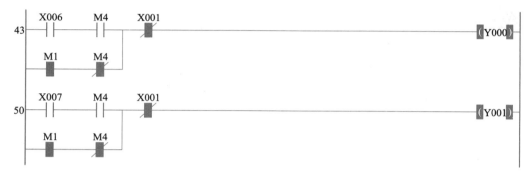

图 12-15　故障排除之后的程序监控图

故障排除:将 M0 的动断触点换成动合触点,然后进行调试,强制 X4(室外微波开关)为 ON,线圈 Y0/Y1 通电,故障排除。

三、系统调试

🔊 提示:必须在教师的现场监护下进行通电调试!

通电调试,验证系统功能是否符合控制要求。调试过程分为两大步:程序输入 PLC 和功能调试。

(1)用菜单命令"在线"→"PLC 写入",下载程序文件到 PLC。

(2)功能调试。按照工作要求,模拟工作过程,逐步检测功能是否达到要求(微波移动探测器传感器信号采用行程开关代替)。

上电时,自动门处于关门状态。

(1)按 SB3 自动门处于手动状态且停止指示灯 HL2 亮。

① 当左侧门开限位开关 SQ3 按下时,左侧门开接触器 KM1 动作且 HL2 灭。

② 当左侧门关限位开关 SQ4 按下时,左侧门关接触器 KM2 动作且 HL2 灭。

③ 当右侧门开限位开关 SQ5 按下时,右侧门开接触器 KM3 动作且 HL2 灭。

④ 当右侧门关限位开关 SQ6 按下时,右侧门关接触器 KM4 动作且 HL2 灭。

以上现象中①和③、②和④可以同时动作,①和②、③和④不可以同时动作。

（2）按下 SB3 自动门处于自动状态且停止指示灯 HL2 亮。按下启动按钮 SB1,启动运行指示灯 HL1 亮,HL2 灭。

① 当室内或室外有人要通过时,微波移动探测器动作,自动门被打开（KM1 和 KM3 动作）;在开门过程中若碰到左侧门开限位开关 SQ3 或右侧门开限位开关 SQ5,则自动门停止（KM1 和 KM3 释放）。此时,计时器计时 8 s 进行延时。若此时再次有人通过,则计时器重新计时 8 s。

② 当 8 s 延时完毕后,自动门关闭（KM2 和 KM4 动作）;在开门过程中若碰到左侧门关限位开关 SQ4 或右侧门关限位开关 SQ6,则电动机 M 反转,自动门停止（KM2 和 KM4 释放）。

③ 当按下停止按钮 SB2 时,使自动门处于关闭状态且 HL2 亮。此时,要想使自动门重新运行必须按下启动按钮 SB1。

④ 自动门在运行过程中被物体卡住时,控制自动门的电动机可能会被烧毁。因此,当自动门的任意一个电动机发生过载时,热继电器 FR1 或 FR2 动作,使电动机停止运行。

（3）填写调试情况记录表（见表 12-4）。

表 12-4　调试情况记录表（学生填写）

序号	项目	完成情况记录			备注
		第一次试车	第二次试车	第三次试车	
1	上电,自动门处于关闭状态（SQ4 和 SQ6 被压下）	完成（　）	完成（　）	完成（　）	
		无此功能（　）	无此功能（　）	无此功能（　）	
2	上电,门处于关闭状态时,HL2 亮	完成（　）	完成（　）	完成（　）	
		无此功能（　）	无此功能（　）	无此功能（　）	
3	手动/自动按下 SB3,位于手动位置时,启动按钮 SB1 不起作用,门限位开关控制自动门的关或开	完成（　）	完成（　）	完成（　）	
		无此功能（　）	无此功能（　）	无此功能（　）	
4	手动/自动按下 SB3,位于自动位置时,启动按钮 SB1 起作用	完成（　）	完成（　）	完成（　）	
		无此功能（　）	无此功能（　）	无此功能（　）	
5	当处于手动状态时,各个门限位开关是否起作用	完成（　）	完成（　）	完成（　）	
		无此功能（　）	无此功能（　）	无此功能（　）	
6	当处于自动状态时,启动之后,室内或室外有人通过门被打开	完成（　）	完成（　）	完成（　）	
		无此功能（　）	无此功能（　）	无此功能（　）	
7	计时器计时 8 s 进行延时。若此时再次有人通过,则计时器重新计时 8 s	完成（　）	完成（　）	完成（　）	
		无此功能（　）	无此功能（　）	无此功能（　）	

续表

序号	项目	完成情况记录			备注
		第一次试车	第二次试车	第三次试车	
8	停止时门处于关闭状态且 HL2 亮	完成（　）	完成（　）	完成（　）	
		无此功能（　）	无此功能（　）	无此功能（　）	
9	过载保护功能是否实现	完成（　）	完成（　）	完成（　）	
		无此功能（　）	无此功能（　）	无此功能（　）	

□【项目评价】

对整个项目的完成情况进行评价和考核。可以分为教师评价和学生自评两部分,具体评价规则见附录中的附表 2 和附表 3。

□【项目拓展】

（1）如果在自动门的功能上加入启动之前先模拟进行自检运行（开关门先运行一周期）,程序该如何编写?

（2）是否可以加入紧急按钮? 紧急按钮的作用是什么? 程序应该如何编写?

（3）当自动门过载消除之后,按下启动按钮,是否可以从原来位置开始运行? 程序该如何编写?

（4）手动/自动的切换情况有几种?

□【知识链接】

微波移动探测器简介

目前自动门应用的感应器件主要有微波移动探测器、红外感应器等。微波移动探测器,又称微波雷达,对物体的移动进行反应,因而反应速度快,适用于行走速度正常的人员通过的场所。微波移动探测器是以微波多普勒原理（也就是雷达基本原理）为基础,以平面型天线为感应系统,以微处理器为控制系统,可广泛应用于自动门控制系统、安全防范系统、ATM 自动提款机的自动录像控制系统以及其他需要自动感应控制的场所。

1. 微波移动探测器的工作原理

微波移动探测器使用直径 9 cm 的微型环形天线进行微波探测,其天线在轴线方向产生一个椭圆形半径为 0~5 m（可调）的空间微波戒备区,当人体活动时其反射的回波和微波感应控制器发出的原微波场（或频率）相干涉而发生变化,这一变化量经微波专用微处理器进行检测、放大、整形、多重比较以及延时处理后由白色导线输出电压控制信号。

2. 微波移动探测器的特点

微波移动探测器是以 10.525 GHz 微波频率发射、接收的,其探测方式具有如下优点:

(1)非接触探测。

(2)不受温度、湿度、噪声、气流、尘埃、光线等影响,适合恶劣环境。

(3)抗射频干扰能力强。

(4)输出功率仅有 5 mW 左右,对人体构不成危害。安装及接线简单。

3. 微波移动探测器的典型应用

应用高可靠微波感应控制器制作的实用电子装置的典型特点是线路简单,实用性强,制作容易,性价比高。

(1)自动感应灯

灯可以自动识别周围环境光的亮度,能够实现人来灯亮,人走灯灭,不会误动作,可靠性高,而且电路的工作状态不会受自身灯光的干扰,可以广泛地运用在走廊、卫生间、庭院等场合,实现自动照明。

(2)ATM 机器及其他自动化控制设备

当微波模块感应到人体后,会输出一个高电平信号,ATM 主控机检测到这个信号后,将打开摄像机并将录像指令传给硬盘录像机。

(3)感应门

当微波模块探测到人体接近时,将给门禁控制器发出高电平信号,然后控制器驱动开门电动机,同时还可以打开照明灯、开门禁喇叭播放欢迎词或打开监控设备。

(4)公园、旅游区迎宾器

在公园、旅游区等一些室外场所用的迎宾器需要在感应到有人的时候发出一些声音来欢迎游客或给游客一些有用的提示信息。

项目 13 摇臂钻床控制

□【项目目的】

（1）了解摇臂钻床的工作原理。

（2）掌握 PLC 对摇臂钻床的控制。

□【项目任务】

在生产车间中进行金属切削加工的机床的种类很多,其中最常见的有车床、铣床、刨床、镗床、钻床等。在机床的组成中既有金属加工的刀具和工作台等机械机构,同时也有电气控制部分。长期以来,大部分的金属切削加工机床都采用交流接触器电路实现电气控制。这类机械加工机床中的电气控制主要实现其工作逻辑的控制。而可编程控制器的主要特点就是逻辑控制,而且具有高稳定性的优点。因此,PLC 在机械加工机床电气控制领域得到了越来越多的应用。不但许多新开发的机床开始采用 PLC 作为主要控制核心,而且旧的机床电路也开始用 PLC 实现电气改造。

（1）摇臂钻床简介

钻床是一种金属材料孔加工设备,可以用来钻孔、扩孔、铰孔、攻丝及修刮端面等多种形式的加工。按用途和结构进行分类,钻床可以分为立式钻床、台式钻床、多孔钻床、摇臂钻床及其他专用钻床等。摇臂钻床具有操作方便、灵活、适用范围广的优点,特别适用于单件或批量生产带有多孔大型零件的孔加工,是一般机械加工车间非常常见的一种机床。

主轴箱可在摇臂上左右移动,摇臂还可沿外柱上下升降,以适应加工不同高度和大小的工件。较小的工件可安装在工作台上进行加工,而较大的工件可直接放在摇臂钻床机床底座或地面上进行加工。摇臂钻床广泛应用于单件和中小批生产中,加工体积和重量较大的工件的孔。摇臂钻床加工范围广,可用来钻削大型工件的各种螺钉孔、螺纹底孔和油孔等。

（2）摇臂钻床的组成

摇臂钻床主要由底座、内立柱、外立柱、摇臂、主轴箱及工作台等部分组成。摇臂钻床的立柱固定在底座的一端,在它的外面套有外立柱,外立柱可绕内立柱回转 360°。摇臂的一端为套筒,它套装在外立柱上做上下移动。由于丝杠与外立柱连成一体,而升降螺母固定在摇臂上,因此摇臂不能绕外立柱转动,只能与外立柱一起绕内立柱回转。主轴箱是一个复合部件,由主传动电动机、主轴和主轴传动机构、进给和变速机构、机床的操作机构等部分组成。主轴箱安装在摇臂的水平导轨上,可以通过手轮操作,使其在水平导轨上沿摇臂移动。摇臂钻床结构示意图如图 13-1 所示,摇臂钻床实物如图 13-2 所示。

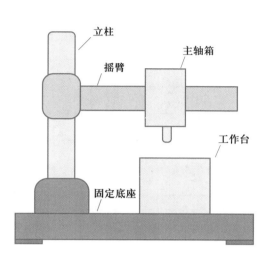

图 13-1   摇臂钻床结构示意图

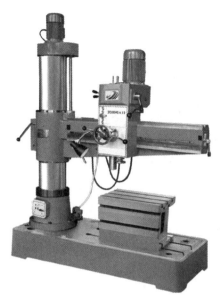

图 13-2   摇臂钻床实物图

□【项目分析】

(1) 功能分析

通过对摇臂钻床工作过程的分析可知,摇臂的升降是由电动机控制实现的,钻床的主轴由电动机带动。而摇臂围绕立柱的旋转、主轴箱的左右移动等动作是依靠手动实现的。除此之外,还需要冷却泵电动机和液压泵电动机。因此摇臂钻床需要有 4 个电动机,分别是主轴电动机、摇臂升降电动机、冷却泵和液压泵电动机。其中升降电动机和液压泵电动机需要正反转,即实现摇臂的上升和下降、夹具的夹紧和松开。主轴电动机只需要一个方向旋转即可。

(2) 电路分析

整个电路的总控制环节可以采用组合开关,也可以使用保护特性更优良的空气断路器,根据可用器材的实际情况进行选择。电动机采用三相异步电动机,这些电动机都采用直接启动方式。电动机的正反转由交流接触器进行电动机电源的换相实现。用 2 个热继电器分别实现主轴电动机和液压泵电动机的过载保护。使用 7 个熔断器实现主电路和控制电路的短路保护。控制按钮需要 3 个,分别用于升降电动机正转、反转的启动,主轴电动机的启动和停止。控制器采用一个三菱 FX_{3U} 系列可编程控制器。根据以上分析,主要元器件清单见表 13-1。

表 13-1　主要元器件清单

序号	符号	名称	数量
1	FR	电动机热继电器	2
2	FU1、FU2	主电源熔断器	6
3	FU3	控制电路熔断器	1
4	KM	交流接触器	5
5	M	电动机	4
6	QS	主电源组合开关	2
7	SB	按钮	6
8	SQ	行程开关	5
9	SB	转换开关	1
10	PLC	可编程控制器	1

□【项目实施】

任务一　电路设计与绘制

一、主电路设计与绘制

根据功能分析,主电路需要两个交流接触器来分别控制正反转。根据电动机的工作原理可知,只要把通入三相异步电动机的三相电的相序调换其中两个,就可以改变电动机的转向。因此在主电路设计中要保证两个接触器分别动作,能使得其中两相序对调。主电路如图 13-3所示。

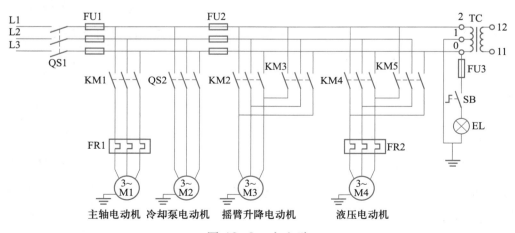

图 13-3　主电路

二、确定 PLC 的输入/输出点数

（1）确定输入点数

根据项目任务的描述，需要 1 个启动按钮、1 个停止按钮和控制摇臂和主轴箱等的按钮，以及 5 个行程开关，一共有 16 个输入信号，即输入点数为 16，需 PLC 的 16 个输入端子。

（2）确定输出点数

由功能分析可知，只有 5 个交流接触器和 1 个电磁阀需要 PLC 驱动，所以只需要 PLC 的 6 个输出端子。

根据输入/输出点数，可以选择对应的 PLC 的型号，实训装置上的 FX$_{3U}$-48MR 完全能满足需要。

三、列出输入/输出地址分配表

根据确定的点数，输入/输出地址分配见表 13-2。

表 13-2　地址分配表

输入			输出		
输入继电器	电路元件	作用	输出继电器	电路元件	作用
X0	SB1	主轴启动	Y0	KM1	M1 主轴接触器
X1	SB2	主轴停止	Y1	KM2	M3 正转接触器
X2	SB3（动合）	摇臂上升	Y2	KM3	M3 反转接触器
X3	SB4（动合）	摇臂下降	Y3	KM4	M4 正转接触器
X4	SB3（动断）	摇臂下降联锁	Y4	KM5	M4 反转接触器
X5	SB4（动断）	摇臂上升联锁	Y5		电磁阀
X6	SB5	主轴箱松开			
X7	SB6	主轴箱夹紧			
X10	SB5-SB6（动断）	电磁阀联锁			
X11	SQ1	上限位开关			
X12	SQ2	下限位开关			
X13	SQ3	摇臂松开行程开关			
X14	SQ4	摇臂夹紧行程开关			
X15	SQ5	主轴箱夹紧行程开关			

四、控制电路设计与绘制

根据地址分配表,已经可以确定 PLC 的端口接线,但在实际工程中要考虑电路的安全,所以要充分考虑保护措施。本电路就要考虑过载保护和联锁保护。用热继电器进行过载保护,用交流接触器的动断触点进行联锁保护。根据这些考虑绘制控制电路如图 13-4 所示。

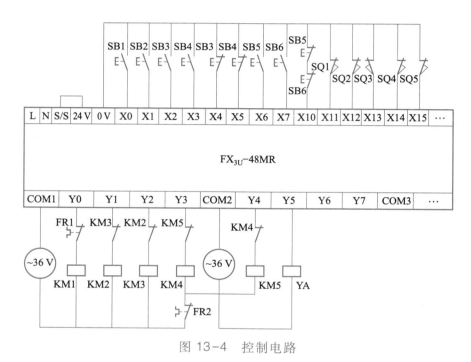

图 13-4 控制电路

任务二 接线图绘制

一、元器件布置图绘制

本实训项目采用一体化的 PLC 实训台,根据实训原理图选择使用的元器件和设备。根据电路原理图绘制元器件布局图,如图 13-5 所示。

二、绘制主电路布局接线图

在本实训项目中,主电路包括电动机的电源电路、过载保护、正反转的换相控制、照明控制等。主电路的接线图如图 13-6 所示。

三、绘制控制电路接线图

本实训项目的控制电路包括 PLC 的输入/输出端子与按钮、行程开关、交流接触器、热继电器,具体接线如图 13-7 所示。

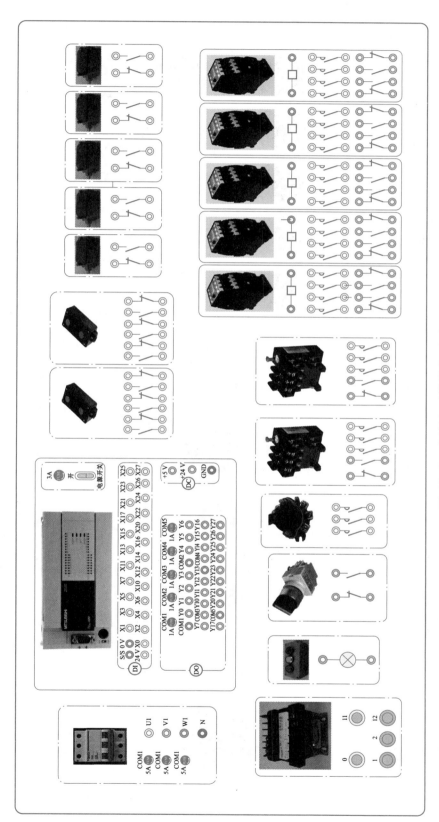

图 13-5　实训台元器件布局图

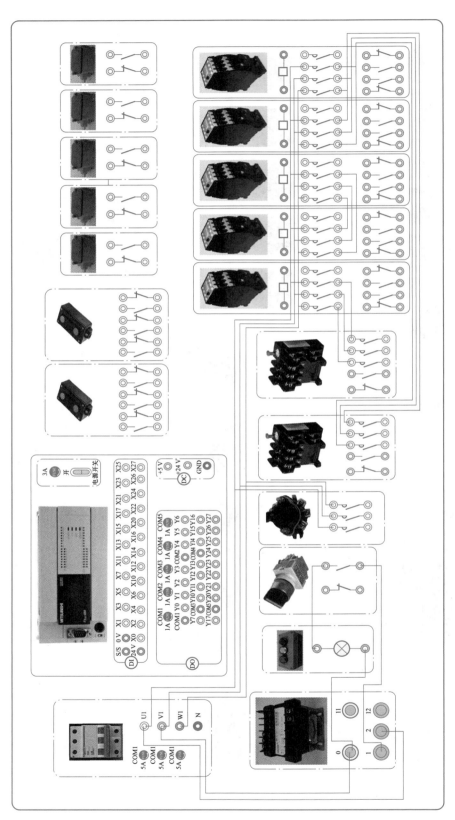

图 13-6 主电路接线图

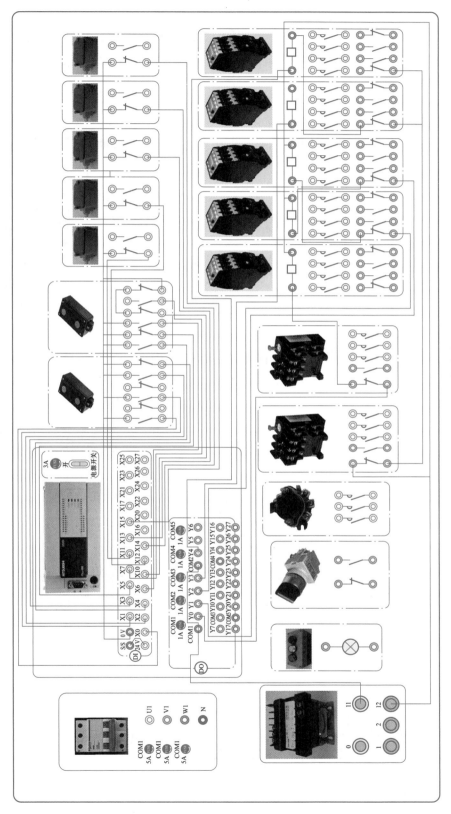

图 13-7　控制电路接线图

任务三 安装电路

本实训项目中使用的设备是实训台,因此实训的元器件和设备都已经在实训台上安装和固定好了。需要做的是选择使用哪些元器件和设备,并用插线将实训台上的设备和元器件根据电路原理图进行正确的连接。

一、清点工具和仪表

根据任务的具体内容确定本实训使用的工具,见表 13-3。放在实训台的固定位置,具体摆放参照项目 2。

表 13-3 工具、仪表清单

序号	名称	型号或规格	数量	作用
1	电笔	选择	1	检测电路
2	万用表	选择	1	检测电路

二、选用元器件及导线

根据实训项目的分析,确定需要的元器件有 PLC、交流接触器、空气断路器、熔断器等,元器件清单见表 13-4。

表 13-4 元器件清单

序号	名称	型号与规格	单位	数量	备注
1	可编程控制器	FX$_{3U}$-48 MR	台	1	
2	计算机	自定	台	1	
3	绘图工具	自定	套	1	
4	绘图纸	B4	张	4	
5	三相电动机	Y112M-4,0.75 kW,380 V,△形联结;或自定	台	4	
6	空气断路器	三相制	个	1	
7	交流接触器	CJI0-20,线圈电压 36 V	个	5	
8	热继电器	JRI6-20/3,整定电流 8.8 A	个	2	
9	熔断器熔体	RL6-60/5 A	套	6	
10	熔断器熔体	RL6-15/1 A	套	1	
11	三联按钮	LA10-3H 或 LA4-3H	个	2	
12	指示灯	ND16-22DS/4	个	1	
13	行程开关	LA-19	个	5	

续表

序号	名称	型号与规格	单位	数量	备注
14	组合开关	HZ2-25/3	个	1	
15	转换开关		个	1	
16	变压器	BK-50	台	1	

三、布线

在本实训中,元器件都已经安装在实验台上了,在实训时按照电路原理图把元器件连接起来。

四、自检

线路连接完成后,必须按要求进行检查,确认电路没有错误后才能通电。线路检查包括两部分,具体操作如下。

1. 线路检查

对照电路原理图检查线路是否有错接、漏接、短路或掉线等情况。

2. 检测步骤

(1) 检查实训台的熔断器

把熔断器取出,检查熔体是否完好。使用万用表检测熔断器是否导通,如果熔断器损坏则需要更换新的熔断器。

(2) 检测电源输入电路

在不通电的情况下,使用万用表检测电源电路是否有断路和短路的情况,短路情况有三相电的相线之间短路、相线与中性线之间短路。如果有故障,则需要把故障排除后才能够通电。

(3) 检查电动机换相连接

检查电动机正反转控制的换相连接是否正确,正确的接线方法是 3 根相线中任意 2 根相线交换。

(4) 检查 PLC 输入/输出电路

根据电路原理图确认输入/输出端子的连接是否正确,同时确认 PLC 的输入端的公共线(COM)和输出的公共线(COMx)连接正确。还需要确认的是 PLC 输出控制端与热继电器连接的正确性。

(5) 检查交流接触器

在交流接触器的控制线圈没有连线之前,使用万用表测量控制线圈的阻值,如果阻值显示无穷大表示线圈已经断路,如果阻值显示为 0 表示线圈内部短路。按下交流接触器的黑色部分,使用万用表确认主触点是导通的,辅助触点的动断触点是断开的,而辅助触点的动合触点是导通的。

（6）检查热继电器

使用万用表检查热继电器的主触点，在不按下红色部分时是导通的，而按下时是断开的。同时检测辅助触点的动断触点，在按下红色部分时是断开的，不按下时是导通的，动合触点与动断触点刚好相反。

任务四　程序设计

在本实训项目中，电动机的正反转采用联锁保护的连接方式。钻床的功能可分解成各个功能块，在本项目中采用梯形图编程方式，编程采用由简单到复杂、层层递进的方式。

（1）主轴电动机的启动和停止

根据控制原理图，主轴电动机的启动由 SB1 按钮控制，停止由 SB2 按钮控制，使用的都是按钮的动合触点。在程序中需要设计自锁功能，自锁的功能由 PLC 内部的输出软元件（Y0）实现。具体程序如图 13-8 所示。

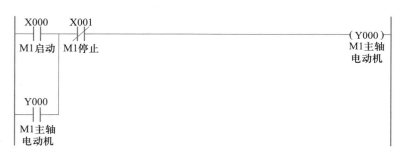

图 13-8　主轴电动机启动与停止控制

（2）摇臂上升控制

操作摇臂上升时按下摇臂上升控制按钮 SB3。由于摇臂松开行程开关是使用动合触点，因此按下 SB3 后 M4 液压泵电动机正转，液压油注入摇臂装置的油缸，使摇臂松开。待摇臂完全松开后，摇臂松开行程开关 SQ3 动作，SQ3 的动断触点断开使接触器 KM4（液压正转）断电释放，液压泵电动机 M4 停止运转。摇臂夹紧行程开关 SQ4 使用动断触点，因此电磁阀（YA）动作。当摇臂完全松开后，摇臂上升控制交流接触器 KM2 动作，摇臂升降电动机带动摇臂上升。当上升到位时，上限位行程开关 SQ1 动作，KM2 断电，上升停止。摇臂上升控制程序如图 13-9 所示。

（3）摇臂下降控制

摇臂下降操作时，按下摇臂下降按钮 SB4 启动摇臂下降，其余的过程与摇臂上升相似。摇臂下降控制程序如图 13-10 所示。

（4）主轴箱夹紧与放松控制

按下主轴箱松开按钮 SB5，接触器 KM4 通电吸合，液压泵电动机 M4 正向转动，由于电磁阀 YA 没有通电，处于释放状态，所以液压油经 2 位 6 通阀分配至立柱和主轴箱，松开油缸，立柱和主轴箱夹紧装置松开。

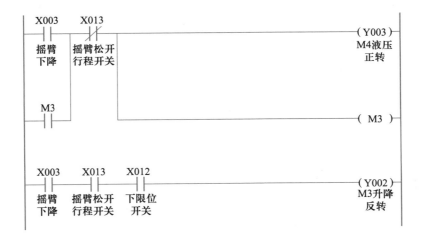

图 13-9　摇臂上升控制程序

X012
X014
K20
T1
下限位开关
摇臂夹紧行程开关
M2
M2
T1
X014
Y004
摇臂夹紧行程开关
M4液压反转
Y004
M4液压反转

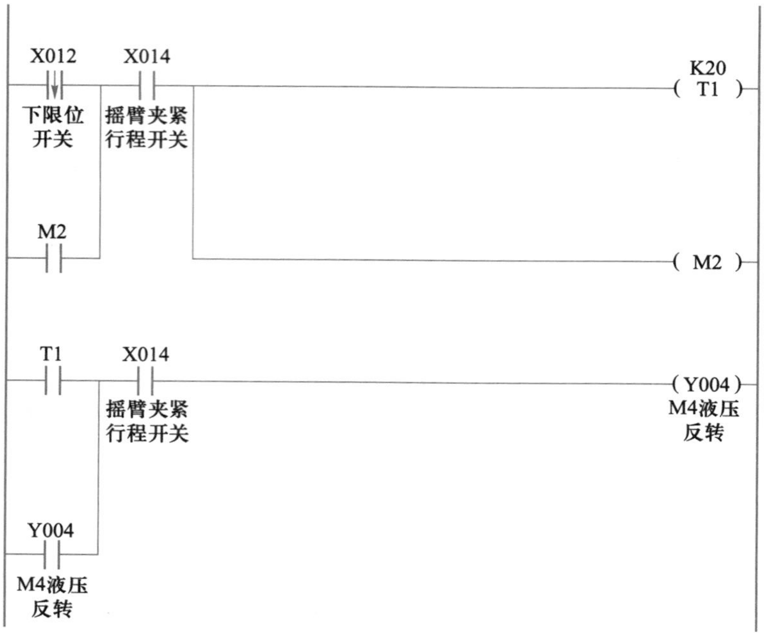

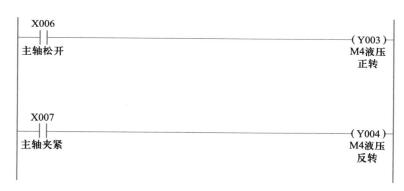

图 13-10　摇臂下降控制程序

按下主轴箱夹紧按钮 SB6，接触器 KM5 通电吸合，液压泵电动机 M4 反向转动，液压油分配至立柱和主轴箱，夹紧油缸，立柱和主轴箱夹紧装置夹紧。主轴箱夹紧和放松控制程序如图 13-11 所示。

X006
主轴松开
Y003
M4液压正转
X007
主轴夹紧
Y004
M4液压反转

图 13-11　主轴箱夹紧和放松控制

任务五　调试

一、程序的输入

参考项目 2 相关内容。

二、系统调试

1. 模拟调试

在完成程序的编写后，进行程序的仿真模拟。因为摇臂上升和摇臂下降程序类似，这里只介绍摇臂上升程序的调试过程。编写完程序后单击任务栏中的"模拟开始"按钮,将程序下载,开始仿真。

摇臂夹紧行程开关已经闭合(强制 X14 为 ON),上限位开关用的是动断触点(行程中要先强制为 ON)。首先强制摇臂上升 X2 为 ON,M4 液压泵电机正转(Y3 通电)摇臂开始放松,如图 13-12 所示。

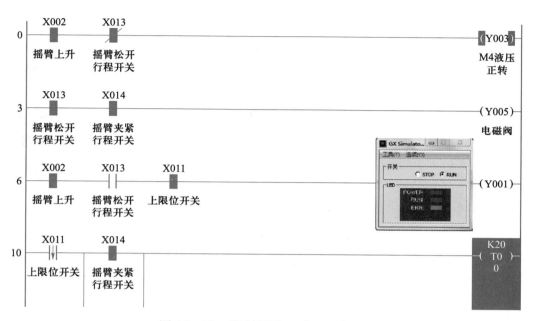

图 13-12　强制摇臂上升 X2 为 ON

当放松到位时摇臂松开行程开关闭合(强制 X13 为 ON),如图 13-13 所示,松开到位。

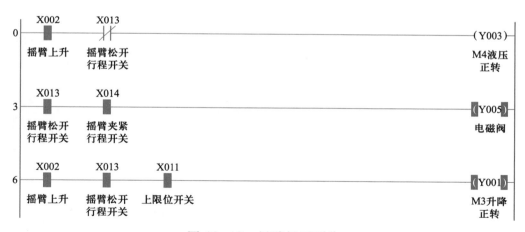

图 13-13　摇臂松开到位

摇臂开始上升,当上升到位时,上限位开关会产生一个下降沿信号,延时 2 s 接通 M4 液压泵反转,摇臂开始夹紧,如图 13-14 所示。

当夹紧到位时(X14 强制为 OFF),摇臂上升控制结束,如图 13-15 所示。

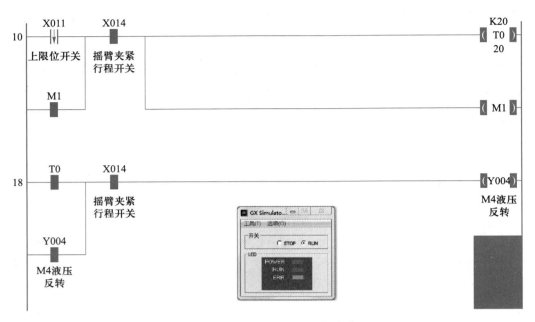

图 13-14 摇臂上升到位动作

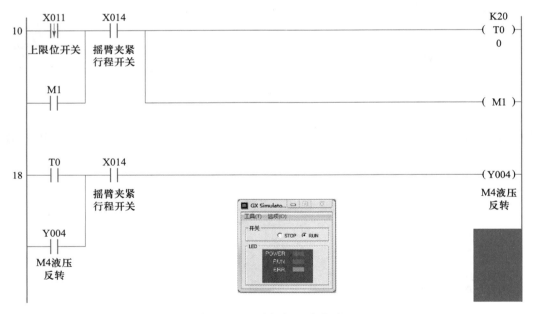

图 13-15 摇臂上升完成

2. 通电调试

◀┃ 提示:必须在教师的现场监护下进行通电调试!

在实训台上将电路连接完毕,并进行线路检查,确认没有接线错误后,可以上电进行调试。调试的步骤是先把梯形图程序下载到 PLC 中,验证程序实现的功能是否正确。调试的过程分为两大步:程序下载和功能验证。

(1)用菜单命令"在线"→"PLC 写入",下载程序文件到 PLC。

（2）功能调试。按照工作要求,模拟工作过程逐步检测功能是否达到要求。摇臂钻床的工作过程可分为几个功能块,所以在验证的过程中需要验证各个模块的功能是否实现。

① 验证冷却泵电动机

闭合组合开关 QS2,冷却泵电动机启动,表明冷却泵控制电路正确。

② 验证主轴电动机的启动和停止

按下主轴启动按钮 SB1,交流接触器 KM1 吸合,主轴电动机启动。按下主轴停止按钮 SB2,交流接触器 KM1 断电,主轴电动机停止运行。

③ 验证摇臂上升控制

在操作摇臂上升时,按下摇臂上升按钮 SB3。液压泵电动机 M4 正转,按下摇臂松开行程开关 SQ3,液压泵电动机 M4 停止运行,同时电磁阀（YA）动作。摇臂上升控制交流接触器 KM2 通电吸合。当按下摇臂上限位开关 SQ1 时,KM2 断电,摇臂停止上升。

④ 验证主轴箱夹紧与放松

按下主轴箱夹紧控制按钮 SB6,交流接触器 KM4 通电吸合,液压泵电动机正转。按下主轴箱松开控制按钮 SB5,交流接触器 KM5 通电吸合,液压泵电动机反转。这两个控制操作都是点动控制。

⑤ 验证摇臂下降控制

在操作摇臂下升时,按下摇臂下降按钮 SB4,液压泵电动机 M4 正转,当按下摇臂松开行程开关 SQ3 时,液压泵电动机 M4 停止运转,同时电磁阀（YA）动作。摇臂下降控制交流接触器 KM3 通电吸合。当按下摇臂下降限位行程开关 SQ2 时,KM3 断电,摇臂停止下降。

⑥ 验证照明

闭合转换开关 SB,照明灯亮。

（3）填写调试情况记录表(见表 13-5)。

表 13-5　调试情况记录表(学生填写)

序号	项目	完成情况记录			备注
		第一次试车	第二次试车	第三次试车	
1	闭合组合开关 QS2,冷却泵电动机启动	完成(　)	完成(　)	完成(　)	
		无此功能(　)	无此功能(　)	无此功能(　)	
2	按下主轴电动机启动按钮 SB1,KM1 吸合,主轴电动机启动	完成(　)	完成(　)	完成(　)	
		无此功能(　)	无此功能(　)	无此功能(　)	
3	按下主轴电动机停止按钮 SB2,KM1 断电,主轴电动机停止	完成(　)	完成(　)	完成(　)	
		无此功能(　)	无此功能(　)	无此功能(　)	

续表

序号	项目	完成情况记录			备注
		第一次试车	第二次试车	第三次试车	
4	按下摇臂上升按钮 SB3,KM4 吸合,液压泵电动机正转	完成( ) 无此功能( )	完成( ) 无此功能( )	完成( ) 无此功能( )	
5	按下摇臂松开行程开关 SQ3,液压泵电动机停转	完成( ) 无此功能( )	完成( ) 无此功能( )	完成( ) 无此功能( )	
6	液压泵电动机停转,KM2 吸合,摇臂上升	完成( ) 无此功能( )	完成( ) 无此功能( )	完成( ) 无此功能( )	
7	按下上限位开关 SQ1,KM2 断电,上升停止	完成( ) 无此功能( )	完成( ) 无此功能( )	完成( ) 无此功能( )	
8	按下 SQ1 时,电磁阀动作	完成( ) 无此功能( )	完成( ) 无此功能( )	完成( ) 无此功能( )	
9	按下摇臂下降按钮 SB4,KM4 吸合,液压泵电动机正转	完成( ) 无此功能( )	完成( ) 无此功能( )	完成( ) 无此功能( )	
10	按下摇臂松开行程开关 SQ3,液压泵电动机停转	完成( ) 无此功能( )	完成( ) 无此功能( )	完成( ) 无此功能( )	
11	液压泵电动机停转,KM3 吸合,摇臂下降	完成( ) 无此功能( )	完成( ) 无此功能( )	完成( ) 无此功能( )	
12	按下下限位开关 SQ2,KM2 断电,上升停止	完成( ) 无此功能( )	完成( ) 无此功能( )	完成( ) 无此功能( )	
13	按下 SQ2 时,电磁阀动作	完成( ) 无此功能( )	完成( ) 无此功能( )	完成( ) 无此功能( )	
14	按下主轴箱夹紧控制按钮 SB6,交流接触器 KM4 通电吸合,液压泵电动机正转	完成( ) 无此功能( )	完成( ) 无此功能( )	完成( ) 无此功能( )	
15	闭合转换开关 SB,照明灯亮	完成( ) 无此功能( )	完成( ) 无此功能( )	完成( ) 无此功能( )	

3. 故障排除

在调试期间,可能会出现一些故障,我们要根据电路原理和程序进行分析,借助 PLC 软件的监控功能和万用表对线路进行测量,然后综合分析找出设备的故障点,在本项目中涉及的行程开关和按钮等输入设备较多,有些采用动合触点,有些采用动断触点,在连接完线路后一定要认真检查。这里举例说明在调试中遇到的故障,见表 13-6。

表 13-6 故障排除举例

故障现象	合上电源开关,按下摇臂上升按钮,液压泵电动机的控制均正常,但在摇臂的上升过程中,碰到上限位开关,液压泵电动机不反转,摇臂不夹紧;摇臂的下降控制和主轴的控制均正常
故障分析	根据故障现象分析,设备故障可能是线路也可能是 PLC 程序错误,将系统上电,运行程序,按下摇臂上升按钮,液压泵电动机正转,碰到上限位开关后,观察到 PLC 的输出端 Y4 指示灯不亮,说明 PLC 程序可能有问题,断电后对 M4 液压泵电动机反转程序段进行检查,发现程序中上限位开关的触点用成了 X1 的下降沿。属于编程错误
故障点	PLC 程序摇臂上升程序段中上限位开关选用错误
故障修复	对错误的程序段进行修改,PLC 程序重新写入进行检查,M4 液压反转功能正常

□【项目评价】

对整个项目的完成情况进行评价和考核。可以分为教师评价和学生自评两部分,具体评价规则见附录中的附表 2 和附表 3。

□【项目拓展】

(1)本实训项目的编程方式采用 SFC 编程,程序应如何编写?

(2)在项目实施中,为了避免电动机正反转换相操作时造成短路故障,可采用哪些方式进行预防?

□【知识链接】

根据原有系统的继电器-接触器式电路图利用 PLC 改造电气系统应注意的问题如下:

1. 关于中间单元的设置

在梯形图中,若多个线圈都受某一组串联或并联触点的控制,为了简化梯形图,在梯形图中可设置用该组电路控制的辅助继电器,再利用该辅助继电器的动合触点去控制各个线圈。

2. 动断触点提供的输入信号的处理

设计输入电路时,应尽量采用动合触点,如果只能使用动断触点(如在实际线路中的保护元件和停止按钮)提供输入信号,则在梯形图中对应触点类型应与继电器-接触器式电路图中的触点的类型相反。

3. 热继电器的使用

如果热继电器属于自动复位型,其动断触点提供的过载信号必须通过 PLC 的输入电路提供给 PLC,并在梯形图中通过程序的设计来实现过载保护;如果热继电器属于手动复位型,其动断触点可以接在 PLC 的输入回路中,也可以直接接在 PLC 的输出回路的公共线上。

4. 尽量减少 PLC 的输入/输出点数

PLC 的价格与 PLC 的输入/输出点数有关,减少 PLC 的输入/输出点数是降低硬件成本的主要措施。

（1）某些元器件的触点如果只在继电器–接触器式电路图中出现一次,并且与 PLC 输出端的负载串联（如手动复位的热继电器的动断触点）,可以不必将它们作为 PLC 的输入信号,而是将它们放在 PLC 外部的输出回路中,与相应的外部负载串联。

（2）继电器–接触器式控制系统中某些相对独立且比较简单的部分,可以用继电器电路控制,这样同时减少了所需的 PLC 的输入和输出点数。

5. 外部负载的额定电压

PLC 的继电器输出模块和双向晶闸管输出模块一般只能驱动额定电压交流 220 V 的负载,如果系统原来的交流接触器或继电器的线圈电压为交流 380 V,应将线圈换成交流 220 V,或在 PLC 外部设置中间继电器。

项目 14 变频恒压供水系统控制

□【项目目的】

（1）了解变频恒压供水系统的控制方式。

（2）掌握 PLC PID 的程序设计。

（3）掌握模拟量控制变频器的方法。

（4）应用 PLC、变频器灵活地实现恒压供水控制。

□【项目任务】

随着变频调速技术的发展和人们节能意识的不断增强，变频恒压节能供水系统越来越广泛地应用于住宅小区、高层建筑的生活及消防供水系统。下面设计一个变频恒压供水控制系统，结构图如图 14-1 所示，要求如下：

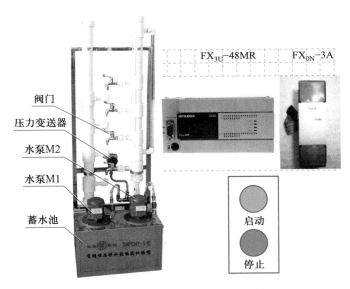

图 14-1 变频恒压供水系统结构图

（1）在供水管道上，安装一只压力变送器，提供恒压供水的反馈信号。

（2）在系统反馈信号未达到设置值时，指示灯 HL1（红色）亮，变频器控制电动机加速给系统供水，供水压力逐渐加大；当压力反馈信号大于设定值时，指示灯 HL2（黄色）亮，变频器控制电动机使得供水压力逐渐减小；这样使得供水压力控制在设定值附近，指示灯 HL3（绿色）亮，实现变频恒压供水。

（3）按下启动按钮 SB1,变频恒压供水系统开始工作,工作指示灯 HL4 亮;按下 SB2,则系统停止工作,HL4 熄灭。

□【项目分析】

对设备的工作过程进行分析可知,要保持水压的恒定,就必须对水压反馈值与给定值进行比较,从而形成闭环系统。水压反馈值由安装的供水管道上的压力变送器提供,经 A/D 转换器将其提供的模拟信号转换成数字信号,再经 PID 运算处理后,输出 5 V 或 10 V 的电压信号,用以控制变频器实现恒压供水。因此本项目实际上是将压力变送器的模拟信号通过 A/D 转换器转换成数字信号传送给 PLC 进行 PID 处理,PLC 输出的信号又通过 D/A 转换器转换成电压信号控制变频器驱动水泵,实现变频恒压供水。

□【项目实施】

任务一　电路的设计与绘制

一、主电路设计与绘制

根据功能分析,主电路需要两个交流接触器(KM1、KM2)来分别控制两台水泵(M1、M2)。两台水泵的启停分别由单独的交流接触器来控制,具体的主电路如图 14-2 所示。在如图所示的电路中,U、V、W 为变频器的输出端子,FU 是熔断器,主要用于短路保护。

二、确定 PLC 的输入/输出点数

（1）确定输入点数

根据项目任务的描述,需要 1 个启动按钮、1 个停止按钮、1 路模拟输入。

（2）确定输出点数

由功能分析可知,有 2 个交流接触器需要 PLC 驱动,还有 4 盏指示灯 HL1~HL4 以及电压模拟输出信号。

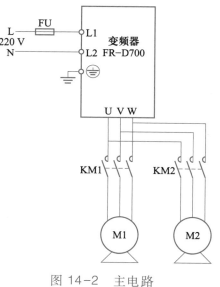

图 14-2　主电路

根据输入/输出点数,可以选择对应的 PLC 的型号,实训装置上的 FX_{3U}-48MR 完全能满足需要。

三、列出输入/输出地址分配表

根据确定的点数,开关量输入/输出地址分配见表 14-1,模拟量输入/输出地址分配见表 14-2。

表 14-1　开关量输入/输出地址表

开关量输入			开关量输出		
输入继电器	电路元件	作用	输出继电器	电路元件	作用
X0	SB1	启动	Y0	KM1	M1 接触器
X1	SB2	停止	Y1	KM2	M2 接触器
			Y4	HL1	小于设定值
			Y5	HL2	大于设定值
			Y6	HL3	等于设定值
			Y7	HL4	工作指示
			Y10	STF	变频器正转

表 14-2　模拟量输入/输出地址表

模拟量输入		开关量输出	
输入继电器	作用	输出继电器	作用
I_1	压力变送器输入	A_{O1}	5 V、10 V 信号输出

四、控制电路设计与绘制

根据地址分配表可以确定 PLC 的端口接线,设计控制电路如图 14-3 所示。

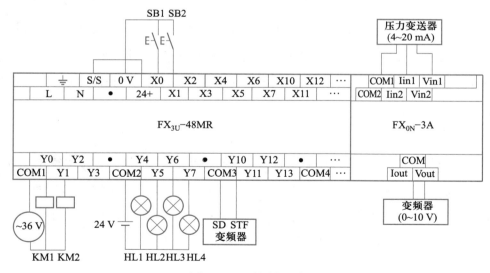

图 14-3　控制电路

任务二　接线图绘制

本项目采用 PLC 实训台进行电路的装接,接线图如图 14-4 所示。

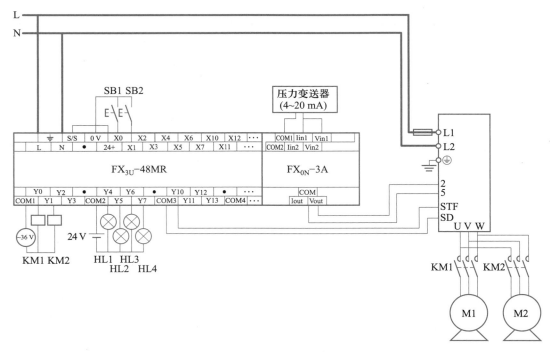

图 14-4　系统接线图

任务三　安装电路

本任务的基本操作步骤和前几个项目一样,可以分为:清点工具和仪表→选用元器件及导线→元器件检查(实训台和实训模型上检查需要用到的元器件)→安装元器件(实训台上和实训模型上已固定)→布线、自检等,使用的工具和仪表和前几个项目类似,本项目不做重点介绍。另外,在选用元器件和导线的基本原则方面,也和前几个项目类似,$FX_{0N}-3A$ 功能模块在项目 8 中也有详细介绍,在本项目中主要介绍变频器的模拟量控制和 PLC PID 程序的编写及参数的调试。

一、元器件检查

配备所需元器件后,需先进行元器件检测。检测包括两部分:外观检测和采用万用表检测。本项目所涉及的压力变送器模块为集成电路,无法用万用表进行检测,因此只对其进行外观的检测判断。外观检测主要检测元器件外观有无损坏,元器件上所标注的型号、规格、技术数据是否符合要求,以及一些动作机构是否灵活,有无卡阻现象。

二、安装元器件

确定元器件完好之后,就需把元器件固定在配线木板上(实训台上已经固定,实训模型已安装好)。由于熔断器等电器的安装在前面项目中已经介绍,因此本项目中不做介绍。

三、布线

主电路和控制电路的布线,其配线的工艺和具体要求在前面项目都已详细介绍,按照接线图完成系统布线,具体步骤见表 14-3。

表 14-3 接 线 步 骤

步骤	操作内容	操作要领
1	电源接入	给变频器接入 220V 交流电源,接线时,要注意先关闭电源再接线,不得带电操作
2	变频器到交流接触器	将变频器输出端的 U、V、W 分别接到交流接触器 KM1、KM2 的动合触点上
3	交流接触器到实训模型水泵	将交流接触器对应变频器输出 U、V、W 的动合触点接到实训模型水泵 M1、M2
4	交流接触器控制线圈	交流接触器 KM1、KM2 的 A1 分别接至 PLC 输出端的 Y0、Y1;交流接触器的 A2 接至实训台
5	变频器控制部分接线	变频器模拟量及正转信号输入

四、自检

按照电路图进行检查。对照电路图逐步检查是否有错线、掉线或检查接线是否牢固等。

任务四 程序设计

根据项目的控制要求,编写梯形图程序,编写程序可以采用逐步增加、层层推进的方法。程序功能可以分为 4 个程序段,即压力检测转换、压力数值变换、PID 运算、D/A 转换输出等,将这 4 个程序段连接在一起即是整个 PLC 控制程序。

(1)压力检测转换、压力数值变换程序设计

本程序和项目 8 中温度检测转换、温度数值变换程序设计相似,可以根据温度检测转换、数值变换的程序设计思路来设计本程序,这里不做详细介绍。

(2)PID 运算程序设计

PID 运算由被控对象(供水模型)、执行器(水泵)、调节器(变频器)和测量变送器(压力变送器)组成一个闭环控制系统。系统的给定量是某一定值,要求系统的被控制量稳定在给定量。

这里设定给定值为压力变送器输出 16 mA,经 PID 运算调节后,使得变频供水稳定在一个恒压水平,实现动态恒压的调节过程。PID 运算程序如图 14-5 所示。

(3)D/A 转换输出程序设计

D/A 转换输出时将 0~250 的数值转换成 0~10 V 的电压,它们是线性关系,程序设计和项目 8 中相同,可以参考项目 8 中的程序,这里不做介绍。

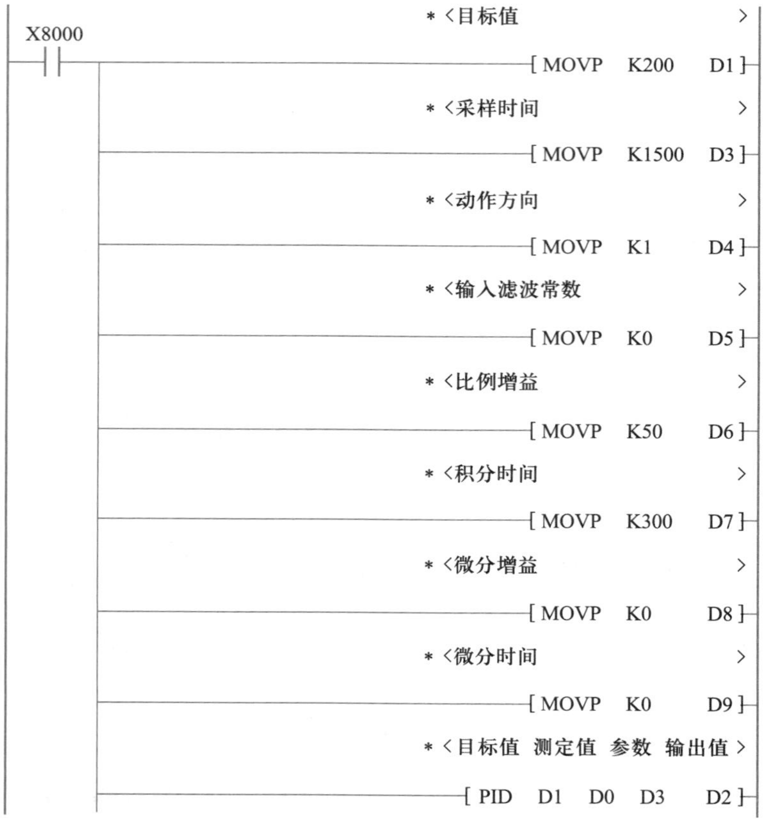

```
      X8000                   *〈目标值                    〉
      ──┤├──┬──────────────────────[ MOVP  K200   D1 ]
             │                *〈采样时间                  〉
             ├──────────────────────[ MOVP  K1500  D3 ]
             │                *〈动作方向                  〉
             ├──────────────────────[ MOVP  K1    D4 ]
             │                *〈输入滤波常数               〉
             ├──────────────────────[ MOVP  K0    D5 ]
             │                *〈比例增益                  〉
             ├──────────────────────[ MOVP  K50   D6 ]
             │                *〈积分时间                  〉
             ├──────────────────────[ MOVP  K300  D7 ]
             │                *〈微分增益                  〉
             ├──────────────────────[ MOVP  K0    D8 ]
             │                *〈微分时间                  〉
             ├──────────────────────[ MOVP  K0    D9 ]
             │         *〈目标值 测定值 参数 输出值〉
             └──────────────────[ PID  D1  D0  D3  D2 ]
```

图 14-5　PID 运算程序

任务五　变频器参数设置

连接电路后,要设置变频器的参数。由于设置参数要给设备通电,所以在通电之前,要仔细检查电路连接的正确性,防止发生短路事故,检查无误后,接通电源。根据任务要求设置变频器参数,见表 14-4。

表 14-4　参数功能表

序号	变频器参数	出厂值	设定值	功能说明
1	Pr1	50	50	上限频率(50 Hz)
2	Pr2	0	0	下限频率(0 Hz)
3	Pr7	5	10	加速时间(1 s)
4	Pr8	5	10	减速时间(1 s)
5	Pr160	9999	0	扩张功能显示选择
6	Pr73	1	0	模拟量输入选择
7	Pr79	0	2	操作模式选择

注:设置参数前先将变频器参数复位为工厂的默认设定值。

根据参数功能表,设置变频器的参数,设置方法参见项目 10。

任务六　调试

🔊 提示:必须在教师的现场监护下进行通电调试!

通电调试,验证系统功能是否符合控制要求。调试过程分为三大步:程序输入 PLC、PID 功能调试和模型水压调试。

（1）用菜单命令"在线"→"PLC 写入",下载程序文件到 PLC。

（2）在变频恒压供水模型的蓄水池中加满水,系统上电。

① 按下启动按钮 SB1,观察此时指示灯、接触器和变换恒压供水模型的运行情况,如果此时系统工作指示灯 HL4 亮且 HL1 亮,接触器 KM1、KM2 动作,变换恒压供水模型电动机工作,系统开始供水,则说明系统工作正常。

② 待水压稳定后,HL1 熄灭,HL3 亮,说明水压已经调节至程序的设定值,系统工作正常。

③ 将变换恒压供水模型上的阀门依次打开,观察变频器的运行频率及供水模型的运行情况,若供水压力稳定,则说明系统工作正常。

④ 在任何时刻按下停止按钮 SB2,系统能第一时间停止工作,所有输出全部清零。

（3）改变 PID 运算参数,观察系统运行情况,并做记录。

① 改变 PID 设定值。

② 改变 PID 运算参数:比例、积分、微分。

（4）总结

① 调试时,设定值的大小与供水水压的关系是怎样的?

_____

_____

_____

② 改变 PID 运算参数的比例、积分、微分参数,对系统的运行分别有何影响?

_____

_____

_____

③ 变频器的频率如果用 0～5 V 进行控制,变频器参数应如何更改? PLC 程序又应如何设计?

_____

_____

_____

（5）填写调试情况记录表(见表 14-5)

表 14-5 调试情况记录表(学生填写)

序号	项目	完成情况记录			备注
		第一次试车	第二次试车	第三次试车	
1	按下启动按钮 SB1,系统工作指示灯 HL4 亮且 HL1 亮、接触器 KM1、KM2 动作,变换恒压供水模型电动机工作,系统开始供水	完成( )	完成( )	完成( )	
		无此功能( )	无此功能( )	无此功能( )	
2	待水压稳定后,HL1 熄灭,HL3 亮	完成( )	完成( )	完成( )	
		无此功能( )	无此功能( )	无此功能( )	
3	将变换恒压供水模型上阀门依次打开,观察变频器的运行频率及供水模型的运行情况,若供水压力稳定,则说明系统工作正常	完成( )	完成( )	完成( )	
		无此功能( )	无此功能( )	无此功能( )	
4	在任何时刻按下停止按钮 SB2,系统能第一时间停止工作,所有输出全部清零	完成( )	完成( )	完成( )	
		无此功能( )	无此功能( )	无此功能( )	

□【项目评价】

对整个项目的完成情况进行评价和考核。可以分为教师评价和学生自评两部分,具体评价规则见附录中的附表 2 和附表 3。

□【项目拓展】

如何有效地调节 PID 运算参数的比例、积分、微分参数,缩短系统调节周期?

□【知识链接】

目前工业自动化水平已成为衡量现代化程度的一个重要标志。同时,控制理论也进入了智能控制阶段。智能控制的典型实例是模糊全自动洗衣机。自动控制系统可分为开环控制系统和闭环控制系统。一个控制系统包括控制器、传感器、变送器、执行机构、输入输出接口。控制器的输出经过输出接口、执行机构,加到被控系统上;控制系统的被控量,经过传感器、变送器,通过输入接口送到控制器。不同的控制系统,其传感器、变送器、执行机构是不一样的。例如压力控制系统要采用压力传感器,电加热控制系统的传感器是温度传感器。目前,PID 控制及其控制器或智能 PID 控制器(仪表)已经很多,产品已在工程实际中得到了广泛的应用。各大公司均开发了具有 PID 参数自整定功能的智能调节器(intelligent regulator),其中 PID 控制器参数的自动调整是通过智能化调整或自校正、自适应算法来实现。PID 控制器产品种类众多,有利用 PID 控制实现的压力、温度、流量、液位控制器,能实现 PID 控制功能的可编程控制器(PLC),还有可实现 PID 控制的 PC 系统。可编程控制器(PLC)是利用其闭环控制模块来实现 PID 控制的,而可编程控制器(PLC)可以直接与 ControlNet 相连,如 Rockwell 的 PLC-5 等。还有可以实现 PID 控制功能的控制器,如 Rockwell 的 Logix 产品系列,它可以直接与 ControlNet 相连,利用网络来实现远程控制功能。

1. 开环控制系统

开环控制系统(open-loop control system)是指被控对象的输出(被控制量)对控制器(controller)的输出没有影响。在这种控制系统中,不依赖将被控量返送回来以形成任何闭环回路。

2. 闭环控制系统

闭环控制系统(closed-loop control system)的特点是系统被控对象的输出(被控制量)会返送回来影响控制器的输出,形成一个或多个闭环。闭环控制系统有正反馈和负反馈,若反馈信号与系统给定值信号相反,则称为负反馈(negative feedback);若极性相同,则称为正反馈。一般闭环控制系统均采用负反馈,又称负反馈控制系统。闭环控制系统的例子很多。例如人就是一个具有负反馈的闭环控制系统,眼睛便是传感器,充当反馈,人体系统能通过眼睛检测到的信号不断地修正大脑算法,最后做出各种正确的动作。如果没有眼睛,就没有了反馈回路,也就成了一个开环控制系统。另外,一台真正的全自动洗衣机能连续检查衣物是否洗净,并在洗净之后自动切断电源,它就是一个闭环控制系统。

3. 阶跃响应

阶跃响应是指将一个阶跃输入(step function)加到系统上时,系统的输出。稳态误差是指系统的响应进入稳态后,系统的期望输出与实际输出之差。控制系统的性能可以用稳、准、快 3 个字来评价。稳是指系统的稳定性(stability),一个系统要能正常工作,首先必须是稳定的,从阶跃响应上看应该是收敛的;准是指控制系统的准确性、控制精度,通常用稳态误差(steady-state error)来描述,它表示系统输出稳态值与期望值之差;快是指控制系统响应的快速性,通常用上升时间来定量描述。

4. PID 控制的原理和特点

在工程实际中,应用最为广泛的调节器控制规律为比例、积分、微分控制,简称 PID 控制,又称 PID 调节。PID 控制器以结构简单、稳定性好、工作可靠、调整方便而成为工业控制的主要技术之一。当被控对象的结构和参数不能完全掌握或得不到精确的数学模型,控制理论的其他技术难以采用时,系统控制器的结构和参数必须依靠经验和现场调试来确定,这时应用 PID 控制技术最为方便。即当我们不完全了解一个系统和被控对象或不能通过有效的测量手段来获得系统参数时,最适合用 PID 控制技术。PID 控制在实际中也有 PI 和 PD 控制。PID 控制器就是根据系统的误差,利用比例、积分、微分计算出控制量进行控制的。

（1）比例（P）控制

比例控制是一种最简单的控制方式。其控制器的输出与输入误差信号成比例关系。当仅有比例控制时系统输出存在稳态误差。

（2）积分（I）控制

在积分控制中,控制器的输出与输入误差信号的积分成正比关系。对一个自动控制系统,如果在进入稳态后存在稳态误差,则称这个控制系统是有稳态误差的,简称有差系统（system with steady-state error）。为了消除稳态误差,在控制器中必须引入"积分项"。积分项取决于误差对时间的积分,随着时间的增加,积分项会增大。这样,即便误差很小,积分项也会随着时间的增加而加大,它推动控制器的输出增大使稳态误差进一步减小,直到等于零。因此,比例+积分（PI）控制器,可以使系统在进入稳态后无稳态误差。

（3）微分（D）控制

在微分控制中,控制器的输出与输入误差信号的微分（即误差的变化率）成正比关系。自动控制系统在克服误差的调节过程中可能会出现振荡甚至失稳,其原因是存在较大惯性组件（环节）或有滞后（delay）组件,具有抑制误差的作用,其变化总是落后于误差变化。解决的办法是使抑制误差作用的变化"超前",即在误差接近零时,抑制误差的作用就应该是零。这就是说,在控制器中仅引入"比例"项往往是不够的,比例项的作用仅是放大误差的幅值,而目前需要增加的是"微分项",它能预测误差变化的趋势,这样,具有比例+微分的控制器,就能够提前使抑制误差的控制作用等于零,甚至为负值,从而避免了被控量的严重超调。因此对有较大惯性或滞后的被控对象,比例+微分（PD）控制器能改善系统在调节过程中的动态特性。

5. PID 控制器的参数整定

PID 控制器的参数整定是控制系统设计的核心内容。它是根据被控过程的特性确定 PID 控制器的比例系数、积分时间和微分时间的大小。PID 控制器参数整定的方法很多,概括起来有两大类:一是理论计算整定法。它主要是依据系统的数学模型,经过理论计算确定控制器参数。这种方法所得到的计算数据未必可以直接用,还必须通过工程实际进行调整和修改。二是工程整定法,它主要依赖工程经验,直接在控制系统的试验中进行,且方法简单、易于掌握,在工程实际中被广泛采用。PID 控制器参数的工程整定法主要有临界比例法、反应曲线法和衰减法。3 种方法各有特点,其共同点都是通过试验,然后按照工程经验公式对控制器参数进行整定。但无论采用哪一种方法所得到的控制器参数,都需要在实际运行中进行最后调整与完善。现在一般采用的是临界比例法。利用该方法进行 PID 控制器参数的整定步骤如下:① 首先预选择一个足够短的采样周期让系统工作;② 仅加入比例控制环节,直到系统对输入的阶跃响应出现临界振荡,记下这时的比例放大系数和临界振荡周期;③ 在一定的控制度下通过公式计算得到 PID 控制器的参数。

在实际调试中,只能先大致设定一个经验值,然后根据调节效果修改。

对于温度系统:P(%)20~60,I(分)3~10,D(分)0.5~3。

对于流量系统:P(%)40~100,I(分)0.1~1。

对于压力系统:P(%)30~70,I(分)0.4~3。

对于液位系统:P(%)20~80,I(分)1~5。

PID 参数整定方法可总结为以下口诀:

参数整定找最佳,从小到大顺序查;

先是比例后积分,最后再把微分加;

曲线振荡很频繁,比例度盘要放大;

曲线漂浮绕大弯,比例度盘往小扳;

曲线偏离回复慢,积分时间往下降;

曲线波动周期长,积分时间再加长;

曲线振荡频率快,先把微分降下来;

动差大来波动慢,微分时间应加长;

理想曲线两个波,前高后低4比1;

一看二调多分析,调节质量不会低。

项目 15　四层电梯系统控制

□【项目目的】

（1）了解电梯的控制方式。

（2）掌握 PLC 逻辑控制程序的设计。

□【项目任务】

随着城市建设的不断发展,高层建筑不断增多,电梯在国民经济和人们日常生活中的应用日益广泛。为了更好地了解电梯的控制,下面设计一个四层电梯控制系统,电梯实训挂件图如图 15-1 所示,要求如下：

（1）电梯由安装在各楼层电梯口的上升下降呼叫按钮（U1、U2、D2、D3、D4）、电梯轿厢内楼层选择按钮（S1、S2、S3、S4）、上升下降指示（UP、DOWN）,各楼层到位行程开关（SQ1、SQ2、SQ3、SQ4）等组成。电梯自动执行呼叫。

（2）电梯在上升的过程中只响应向上的呼叫,在下降的过程中只响应向下的呼叫,电梯向上或向下的呼叫执行完成后再执行反向呼叫。

（3）电梯停止运行等待呼叫,同时有不同呼叫时,谁先呼叫执行谁。

（4）具有呼叫记忆、内选呼叫指示功能。

（5）具有楼层显示、方向指示、到站声音提示功能。

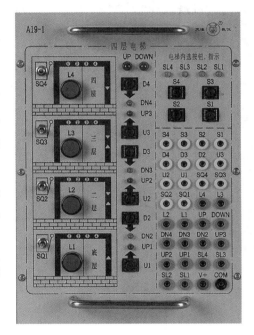

图 15-1　四层电梯实训挂件图

□【项目分析】

电梯是根据外部呼叫信号以及自身控制规律运行的,而呼叫是随机的,单纯用顺序控制或逻辑控制不能满足控制要求。因此,电梯控制系统采用随机逻辑方式控制。本项目中电梯系统采用模拟的实训面板,所以不涉及硬件结构及轿厢电动机等的控制,因此本项目的重点就是随机逻辑控制程序的设计。

【项目实施】

任务一　电路的设计与绘制

一、确定 PLC 的输入/输出点数

（1）确定输入点数

根据项目任务的描述，电梯有内选按钮 4 个、外呼按钮 6 个、楼层行程开关 4 个。

（2）确定输出点数

由功能分析可知，有 4 个楼层指示灯、4 个内选按钮指示灯及两个电梯上下型指示灯需
PLC 驱动，还有楼层显示数码管和语音到站提示（实训台上已安装）。

根据输入/输出点数，可以选择对应的 PLC 的型号，实训装置上的 FX_{3U}-48MR 完全能满足
需要。

二、列出输入/输出地址分配表

根据确定的点数，开关量输入/输出地址分配见表 15-1。

表 15-1　开关量输入/输出地址表

开关量输入			开关量输出		
输入继电器	电路元件	作用	输出继电器	电路元件	作用
X0	S4	四层内选按钮	Y0	L4	四层指示
X1	S3	三层内选按钮	Y1	L3	三层指示
X2	S2	二层内选按钮	Y2	L2	二层指示
X3	S1	一层内选按钮	Y3	L1	一层指示
X4	D4	四层下呼按钮	Y4	DOWN	轿厢下降指示
X5	D3	三层下呼按钮	Y5	UP	轿厢上升指示
X6	D2	二层下呼按钮	Y6	SL4	四层内选指示
X7	U3	三层上呼按钮	Y7	SL3	三层内选指示
X10	U2	二层上呼按钮	Y10	SL2	二层内选指示
X11	U1	一层上呼按钮	Y11	SL1	一层内选指示
X12	SQ4	四层行程开关	Y12	DN4	四层下呼指示
X13	SQ3	三层行程开关	Y13	DN3	三层下呼指示
X14	SQ2	二层行程开关	Y14	DN2	二层下呼指示

续表

开关量输入			开关量输出		
输入继电器	电路元件	作用	输出继电器	电路元件	作用
X15	SQ1	一层行程开关	Y15	UP3	三层上呼指示
			Y16	UP2	二层上呼指示
			Y17	UP1	一层上呼指示
			Y20	八音盒	语音到站提示
			Y21	A	数码控制端子A
			Y22	B	数码控制端子B
			Y23	C	数码控制端子C
			Y24	D	数码控制端子D

三、控制电路设计与绘制

根据地址分配表可以确定 PLC 的端口接线,控制电路如图 15-2 所示。

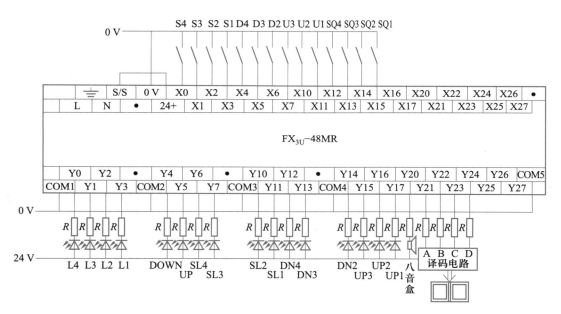

图 15-2　控制电路

任务二　电路连接

一、电路连接

根据控制要求,按原理图在实验台上连接电路,电气接线示意图如图 15-3 所示。

电路连接操作步骤参考前面的项目(导线选用 3 号护套线)。

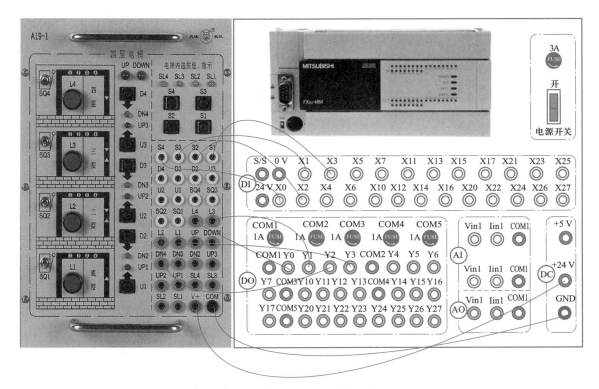

图 15-3　实训台 PLC 与四层电梯模拟接线图（部分接线）

二、自检

按照电路图进行检查。对照电路图逐步检查是否有错线、掉线，24 V 电源线是否正确。

任务三　程序设计

根据项目的控制要求，编写梯形图程序，编写程序可以采用逐步增加、层层推进的方法。四层电梯控制主要分为 6 个程序段，即内呼信号输入、存储及按钮指示、外呼信号输入及存储、电梯上行判断、电梯下行判断、上下行优先运行判断、楼层指示及数码显示，将这 6 个程序段连接在一起即是完整的 PLC 控制程序。

（1）内呼信号输入、存储及按钮指示程序设计

编程思路：以一楼内呼为例，按下 S1（X3）按钮，则 Y3 被接通并保持（L1 指示灯亮），直到电梯到达一楼时 SQ1（X15）行程开关闭合，Y0 断开（L1 指示灯灭）。梯形图如图 15-4 所示。

（2）外呼信号输入及存储程序设计

编程思路：以一楼外呼为例，按下 U1（X11）按钮，则 Y17 被接通并保持（UP1 指示灯亮），直到电梯到达一楼时 SQ1（X15）行程开关闭合，Y17 断开（UP1 指示灯灭）。梯形图如图 15-5 所示。

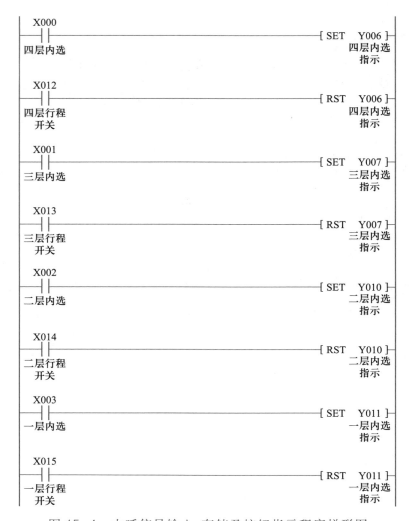

图 15-4 内呼信号输入、存储及按钮指示程序梯形图

（3）电梯上行判断程序设计

编程思路：以轿厢在三楼为例，轿厢在三楼时，如果四层有呼叫，电梯则可以上行，电梯上行到达呼叫层时，上行标志复位。梯形图如图 15-6 所示。

（4）电梯下行判断程序设计

编程思路：以轿厢在三楼为例，轿厢在三楼时，如果二层、一层有呼叫，电梯则可以下行，电梯下行到达呼叫层时，下行标志复位。梯形图如图 15-7 所示。

（5）上下行优先运行判断程序设计

编程思路：以电梯上行为例，电梯上行至三楼还未停时，若二层内选和四层内选按钮同时按下，电梯上行优先，待上行完成后才可以下行。梯形图如图 15-8 所示。

（6）楼层指示及数码显示程序设计

楼层指示编程思路：以一层指示为例，电梯从四层或三层或二层运行至一层时，到达一层后，一层楼层指示灯亮，且数码显示管显示1，其他层显示程序相似。梯形图如图 15-9 所示。

图 15-5　外呼信号输入及存储程序梯形图

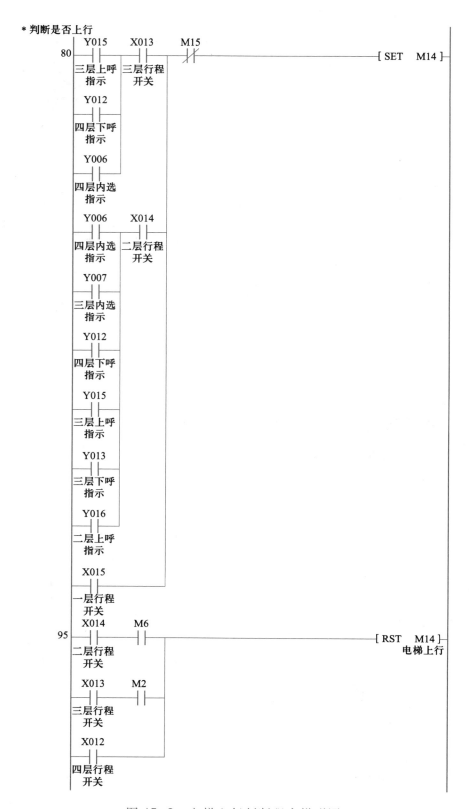

图 15-6　电梯上行判断程序梯形图

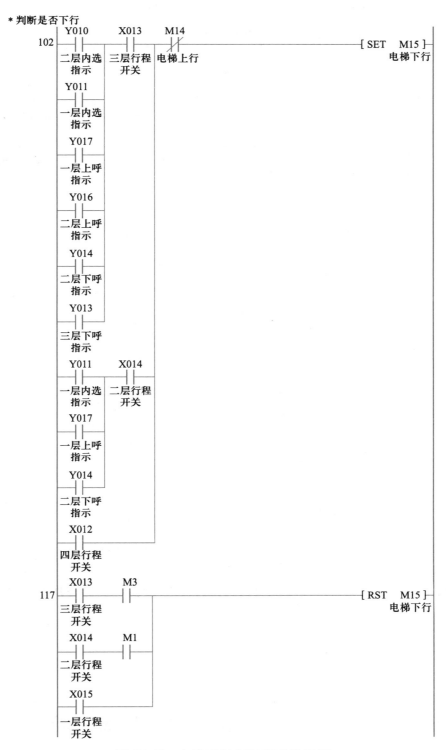

图 15-7　电梯下行判断程序梯形图

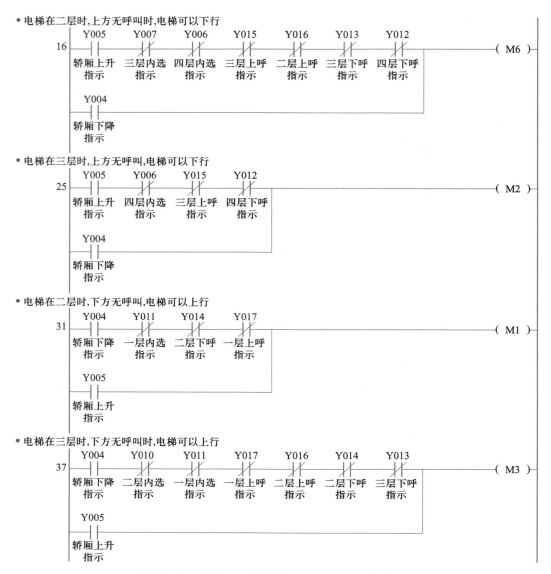

图 15-8　电梯上下行优先运行判断程序梯形图

数码显示编程思路:数码显示为 8、4、2、1 驱动形式,一层~四层分别对应 Y21~Y24 接通。梯形图如图 15-10 所示。

任务四　调试

◀▌ 提示:必须在教师的现场监护下进行通电调试!

通电调试,验证系统功能是否符合控制要求。调试过程分为两大步:程序输入 PLC、电梯运行测试。

(1)用菜单命令"在线"→"PLC 写入",下载程序文件到 PLC。

(2)下载完毕后将 PLC 的"RUN/STOP"开关拨至"RUN"状态。

(3)将行程开关"SQ1"拨到 ON,"SQ2""SQ3""SQ4"拨到 OFF,表示电梯停在底层。

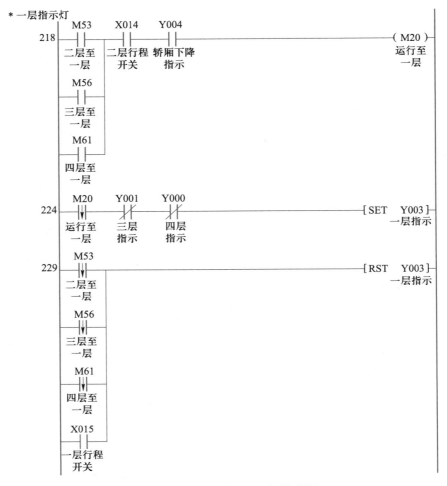

图 15-9　楼层指示程序梯形图

（4）选择电梯楼层选择按钮或上下按钮。例如，按下"D3"电梯方向指示灯"UP"亮，底层指示灯"L1"亮，表明电梯离开底层。将行程开关"SQ1"拨到"OFF"，二层指示灯"L2"亮，将行程开关"SQ2"拨到"ON"表明电梯到达二层。将行程开关"SQ2"拨到"OFF"表明电梯离开二层。三层指示灯"L3"亮，将行程开关"SQ3"拨到"ON"表明电梯到达三层。

（5）重复步骤（4），按下不同的选择按钮，观察电梯的运行过程。

（6）总结。

① 电梯在二层向三层运行时，同时按下四层和一层外呼按钮，电梯是如何运行的？

_____

_____

② 电梯控制系统程序编程主要由哪几部分组成？应注意哪些事项？

_____

_____

_____

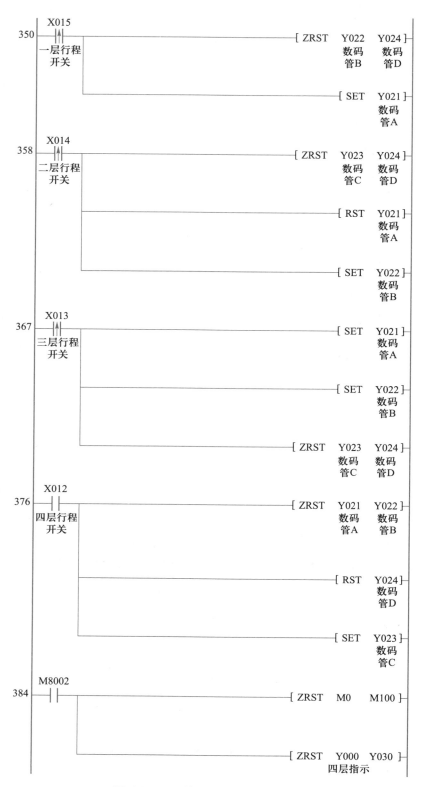

图 15-10　楼层显示程序梯形图

（7）填写调试情况记录表（见表 15-2）。

表 15-2　调试情况记录表（学生填写）

序号	项目	完成情况记录			备注
		第一次试车	第二次试车	第三次试车	
1	将行程开关"SQ1"拨到 ON，"SQ2""SQ3""SQ4"拨到 OFF，表示电梯停在底层	完成（　）	完成（　）	完成（　）	
		无此功能（　）	无此功能（　）	无此功能（　）	
2	选择单个电梯楼层选择按钮或上下按钮，电梯到达相应楼层	完成（　）	完成（　）	完成（　）	
		无此功能（　）	无此功能（　）	无此功能（　）	
3	选择多个电梯楼层选择按钮或上下按钮，电梯按顺序相应到达各楼层	完成（　）	完成（　）	完成（　）	
		无此功能（　）	无此功能（　）	无此功能（　）	

☐【项目评价】

对整个项目的完成情况进行评价和考核。可以分为教师评价和学生自评两部分，具体评价规则见附录中的附表 2 和附表 3。

☐【项目拓展】

模拟电梯控制与实物电梯控制有何不同？

☐【知识链接】

电梯的发展、分类及参数规格

依据国家相关规定，电梯和起重机均属于涉及人们生命、危险性较大的"机电类特种设备"。电梯是一种用电力拖动、具有乘客或载货轿厢、轿厢运行于铅垂的或铅垂方向倾斜≤15°的两列刚性导轨之间、运送乘客或货物的固定设备。

1. 电梯产品的发展

电梯是人们生活中常用的一种机电类设备。电梯得以广泛使用的根本原因在于采用了电力作为动力来源。18 世纪末发明了电动机，随着电动机技术的发展，19 世纪初开始使用交流电动机拖动电梯，到现在普遍使用的变频器驱动交流电动机，显著改善了电梯的工作性能。未来的电梯将在节能、新技术、安全技术等方面有所发展。例如，选择高效的驱动系统、减小电梯机械系统的惯性和摩擦阻力、合理运用对重和平衡重等，都是电梯节能的重要体现。

2. 电梯的分类

电梯的分类比较复杂,一般从不同的角度进行分类:可按用途、速度、拖动、曳引机有无减速器等分类。

（1）按用途分类

① 乘客电梯:为运送乘客而设计的电梯。

② 载货电梯:为运送货物而设计并通常有人伴随的电梯。

③ 病床电梯:为医院运送病人与其病床而设计的电梯。

④ 杂物电梯:供图书馆、办公楼、饭店运送图书、文件、食品等,但不允许人员进入轿厢的电梯。

⑤ 住宅电梯:供住宅楼里上下运送乘客和家具而设计的电梯。

⑥ 特种电梯:除上述常用的几种电梯外,还有为特殊环境、特殊条件、特殊用途而设计的电梯,如船舶电梯、观光电梯、防腐电梯、车辆电梯等。

（2）按速度分类

① 低速梯:额定运行速度 $v \leqslant 1.0$ m/s 的电梯。

② 快速梯:额定运行速度 1.0 m/s $< v < 2.5$ m/s 的电梯。

③ 高速梯:额定运行速度 $v \geqslant 2.5$ m/s 的电梯。

3. 电梯的参数规格

① 额定载重量:制造和设计规定的电梯载重量。

② 轿厢尺寸(mm):宽×深×高。

③ 开门宽度(mm):轿厢门和厅门完全开启时的净宽度。

④ 额定速度:制造和设计规定的电梯运行速度。

⑤ 停层站数:凡在建筑物内各层楼用于出入轿厢的地点均称为站。

⑥ 提升高度(mm):由底层端站楼面至顶层端站楼面之间的垂直距离。

⑦ 井道高度(mm):由井道底面至机房楼板之间的垂直距离。

⑧ 井道尺寸(mm):宽×深。

⑨ 其他参数:轿门形式、开门方向、曳引方式、电气控制系统等。

项目 16　物料搬运分拣系统控制

□【项目目的】

（1）掌握移位寄存器的应用。

（2）掌握气动机械手搬运流程顺序控制的原理及应用。

（3）掌握大型物料搬运分拣系统控制电路的程序设计与安装。

□【项目任务】

在实际工厂流水线中,常常需要将物料从一个工位搬运到另一个工位进行输送分拣。

某公司需要设计生产线中物料搬运分拣流水线工位,以满足生产的需要。物料搬运分拣流水线的具体控制过程为:首先将毛坯工件放置在供料机构内,按下启动按钮 SB1 后,供料机构将工件依次送至存放料台上,搬运机械手手臂前伸,前臂下降,气动手指夹紧存放料台物料,前臂上升,手臂缩回,手臂旋转到位,手臂前伸,前臂下降,手爪松开将物料放入料口,机械手返回原位,等待下一个物料到位后动作。物料放入料口,传感器检测到物料后,启动变频器带动输送带运行。根据传感器检测物料材质,将金属物料送入一号料仓,白色尼龙物料送入二号料仓,黑色尼龙物料送入三号料仓,按下停止按钮 SB2,系统停止,初始时按 SB3 对系统进行复位操作,警示灯显示设备工作状态,如图 16-1 所示。

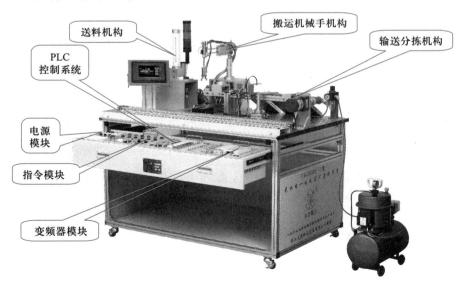

图 16-1　物料搬运分拣系统结构图

【项目分析】

（1）功能分析

通过对设备的工作过程分析,可以将工作过程分为3个部分:

供料机构:在复位完成后,按下启动按钮SB1,料筒光电传感器检测到有工件时,推料气缸将工件推出至存放料台;机械手将工件取走后,推料气缸缩回,工件下落,气缸重复上一次动作。

搬运机械手机构:当存放料台检测光电传感器检测物料到位后,机械手手臂前伸;手臂伸出限位传感器检测到位后,手爪气缸下降;手爪下降限位传感器检测到位后,气动手爪抓取物料;手爪夹紧限位传感器检测到夹紧信号后,手爪气缸上升;手爪提升限位传感器检测到位后,手臂气缸缩回;手臂缩回限位传感器检测到位后,手臂向右旋转;手臂旋转一定角度后,手臂前伸;手臂伸出限位传感器检测到位后,手爪气缸下降;手爪下降限位传感器检测到位后,气动手爪放开物料,手爪气缸上升;手爪提升限位传感器检测到位后,手臂气缸缩回;手臂缩回限位传感器检测到位后,手臂向左旋转,等待下一个物料到位,重复上面的动作。在分拣气缸完成分拣后,再将物料放入输送线上。

物料输送分拣机构:当入料口光电传感器检测到物料时,变频器接收启动信号,三相交流异步电动机以一定的频率正转运行,皮带开始输送工件,当料槽一检测传感器检测到金属物料时,推料一气缸动作,将金属物料推入一号料槽,料槽检测传感器检测到有工件经过时,电动机停止;当料槽二检测传感器检测到白色物料时,旋转气缸动作,将白色物料导入二号料槽,料槽检测传感器检测到有工件经过时,旋转气缸转回原位,同时电动机停止;当物料为黑色物料直接导入三号料槽,料槽检测传感器检测到有工件经过时,电动机停止。

启动、停止、复位、报警:系统上电后,按动复位按钮SB3后系统复位,将存放料台、皮带上的工件清空,按动启动按钮SB1,警示绿灯亮,缺料时警示黄灯闪烁;放入工件后设备开始运行,不得人为干预执行机构,以免影响设备正常运行。按动停止按钮SB2,所有部件停止工作,警示红灯亮,缺料警示黄灯闪烁。

（2）电路分析

整个电路的总控制环节可以采用安装方便的一体化电源控制模块。电动机采用三相异步电动机配减速箱,通过变频器控制电动机的启动、停止及运行速度。控制按钮需要3个,分别用于设备启动、停止及复位。总的控制采用一台三菱 FX_{3U} 系列可编程控制器。主要元器件清单见表16-1。

表 16-1　主要元器件清单

序号	名称	组成	数量
1	电源模块	三相电源总开关(带漏电和短路保护)1个,熔断器3只,单相电源插座2个,三相五线电源输出1组	1套

序号	名称	组成	数量
2	按钮模块	开关电源 24 V/6 A 1 只,复位按钮黄、绿、红各 1 只	1 套
3	供料机构	井式工件库 1 件,物料推出机构 1 件,光电传感器 2 只,磁性开关 2 只,单杆气缸 1 只,单控电磁阀 1 只,警示灯 1 只	1 套
4	搬运机械手机构	单杆气缸 1 只,双杆气缸 1 只,气动手爪 1 只,电感传感器 1 只,磁性开关 5 只,行程开关 2 只,步进电机 1 只,步进驱动器 1 只,单控电磁阀 2 只,双控电磁阀 1 只	1 套
5	物料输送分拣机构	三相交流减速电动机(380 V,输出转速 130 r/min)1 台,滚动轴承 4 只,滚轮 2 只,传输带 1 条,旋转气缸 1 只,光纤传感器 1 只,漫反射式光电传感器 1 只,对射式光电传感器 1 对,磁性开关 4 只,物料分拣槽 3 个,导料块 2 只,单控电磁阀 2 只	1 套
6	PLC	FX_{3U}-48MR(晶体管输出)	1 台
7	变频器	FR-E740,三相输入,功率:0.75 kW	1 台
8	安装工作台	1 200 mm×800 mm×840 mm	1 台
9	静音气泵	0.6~0.8 MPa	1 台

□【项目实施】

任务一　电路设计与绘制

一、主电路设计与绘制

根据功能分析,主电路由变频器控制电动机 M1 的启动和停止。主电路具有短路保护功能,由 3 个熔断器 FU1 完成此功能。具体的主电路如图 16-2 所示。

二、确定 PLC 的输入/输出点数

(1)确定输入点数

根据项目功能分析,需要 1 个启动按钮、1 个停止按钮、1 个复位按钮、4 个供料机构检测信号、6 个搬运机械手机构检测信号、8 个皮带输送分拣机构检测信号,所以一共有 21 个输入信号,即输入点数为 21 点,需 PLC 的 21 个输入端子。

(2)确定输出点数

由功能分析可知,供料机构驱动信号 1 个,搬运机械手机构驱动信号 7 个,皮带输送分拣机构驱动信号 3 个,指示灯信号 3 个,所

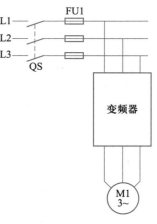

图 16-2　主电路

以一共有 14 个输出信号,即输出点数为 14 点,需 PLC 的 14 个输出端子。

根据输入/输出点数,可以选择对应的 PLC 的型号,实训装置上的 FX_{3U}-48MR 完全能满足需要。

三、列出输入/输出地址分配表

根据确定的点数,输入/输出地址分配见表 16-2。

表 16-2　输入/输出地址表

输入			输出		
输入继电器	电路元件	作用	输出继电器	电路元件	作用
X0	SB1	启动按钮	Y0	PUL	步进电机驱动器 PUL-
X1	SB2	停止按钮	Y1	DIR	步进电机驱动器 DIR-
X2	SB3	复位按钮	Y2	ENA	步进电机驱动器 ENA-
X3	CK1	物料检测光电传感器	Y3	YV1	物料推出
X4	CK2	物料推出检测传感器	Y4	YV2	手臂伸出
X5	1B1	推料伸出限位传感器	Y5	YV3	手爪下降
X6	1B2	推料缩回限位传感器	Y6	YV41	手爪夹紧
X7	2B1	手臂伸出限位传感器	Y7	YV42	手爪松开
X10	2B2	手臂缩回限位传感器	Y10	YV5	推料气缸
X11	3B1	手爪下降限位传感器	Y11	YV6	导料气缸
X12	3B2	手爪提升限位传感器	Y12	L1	警示红灯
X13	4B	手爪夹紧限位传感器	Y13	L2	警示绿灯
X14	CK3	机械手基准传感器	Y14	L3	警示黄灯
X15	5B1	推料一伸出限位传感器	Y20	STF	变频器 STF
X16	5B2	推料一缩回限位传感器			
X17	6B1	导料转出限位传感器			
X20	6B2	导料原位限位传感器			
X21	CK4	入料检测光电传感器			
X22	CK5	料槽一检测传感器			
X23	CK6	料槽二检测传感器			
X24	CK7	分拣槽检测光电传感器			

四、控制电路设计与绘制

根据地址分配表,已经可以确定 PLC 的端口接线,绘制的控制电路如图 16-3 所示。

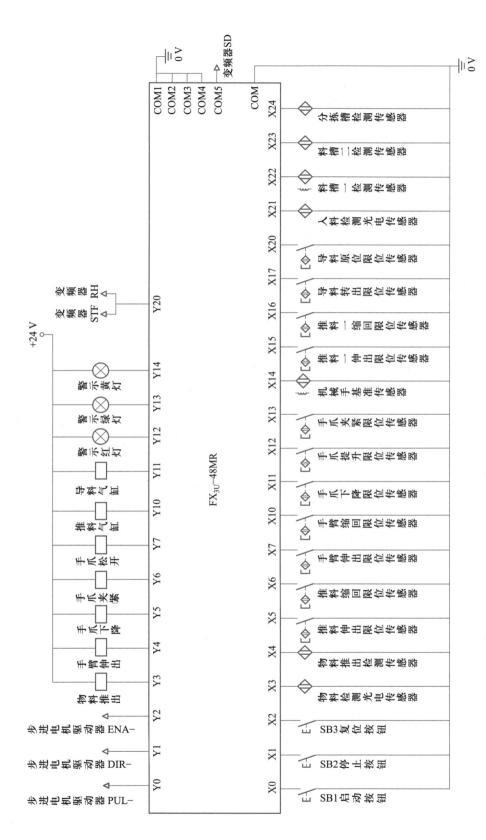

图 16-3　控制电路

任务二　接线图绘制

一、模块布置图绘制(如图 16-4 所示)

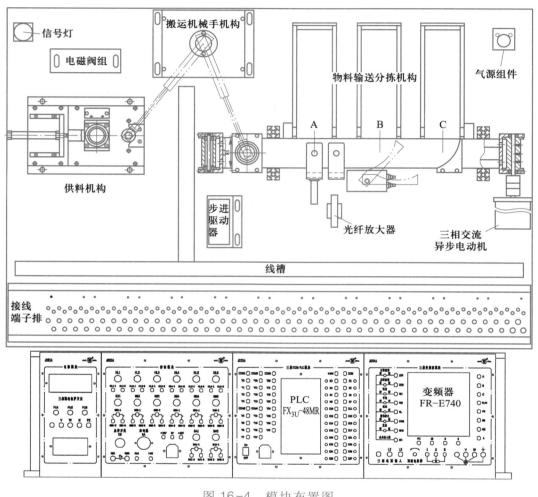

图 16-4　模块布置图

二、绘制端口分布图

根据控制电路图(如图 16-3 所示),选好各个模块,绘制端口分布,如图 16-5 所示。

任务三　安装电路

本任务的基本操作步骤可以分为:清点工具和仪表→选用模块及导线→模块检查→电路连接→自检。

一、清点工具和仪表

根据任务的具体内容,选择工具和仪表(见表 16-3)。

图 16-5 为端口分布图。

端子号	名称
1	物料检测光电传感器正
2	物料检测光电传感器负
3	物料推出检测传感器正
4	物料推出检测传感器负
5	物料推出检测传感器正
6	物料推出检测传感器负
7	推料伸出限位传感器正
8	推料伸出限位传感器负
9	推料缩回限位传感器正
10	推料缩回限位传感器负
11	手臂伸出限位传感器正
12	手臂伸出限位传感器负
13	手臂缩回限位传感器正
14	手臂缩回限位传感器负
15	手爪下降限位传感器正
16	手爪下降限位传感器负
17	手爪提升限位传感器正
18	手爪提升限位传感器负
19	手爪夹紧限位传感器正
20	手爪夹紧限位传感器负
21	机械手基准传感器正
22	机械手基准传感器负
23	机械手基准传感器正
24	机械手基准传感器负
25	推料一伸出限位传感器正
26	推料一缩回限位传感器正
27	推料一缩回限位传感器负
28	导料转出限位传感器正
29	导料转出限位传感器负
30	导料原位限位传感器正
31	导料原位限位传感器负
32	入料检测光电传感器正
33	入料检测光电传感器负
34	入料检测光电传感器输出
35	料槽一检测传感器输出
36	料槽一检测传感器正
37	料槽一检测传感器负
38	料槽二检测传感器输出
39	料槽二检测传感器正
40	料槽二检测传感器负
41	分拣槽接收传感器输出
42	分拣槽接收传感器正
43	分拣槽接收传感器负
44	分拣槽发射传感器正
45	分拣槽发射传感器负
46	
47	
48	手臂旋转驱动断限位点1
49	手臂旋转驱动断限位点2
50	步进电机驱动器 VCD
51	步进电机驱动器 GND
52	步进电机驱动器 PUL+
53	步进电机驱动器 PUL−
54	步进电机驱动器 DIR+
55	步进电机驱动器 DIR−
56	步进电机驱动器 ENA+
57	步进电机驱动器 ENA−
58	物料推出电磁阀
59	物料推出电磁阀
60	手臂伸出电磁阀
61	手臂伸出电磁阀
62	手臂缩回电磁阀
63	手臂缩回电磁阀
64	手爪下降电磁阀
65	手爪下降电磁阀
66	手爪夹紧电磁阀
67	手爪夹紧电磁阀
68	手爪松开电磁阀
69	手爪松开电磁阀
70	推料气缸电磁阀
71	推料气缸电磁阀
72	导料气缸电磁阀
73	导料气缸电磁阀
74	警示灯红灯
75	警示灯绿灯
76	警示灯黄灯
77	警示灯公共端
78	触摸屏电源 24V
79	触摸屏电源 24V GND
80	
81	
82	
83	
84	
85	电动机输出 U
86	电动机输出 V
87	电动机输出 W
88	

图 16-5　端口分布图

备注：

1. 光电、电感、光纤传感器引出线：棕色表示"正(+)"，接"+24 V"；蓝色表示"负(−)"，接"0 V"；黑色表示"输出"，接"PLC 输入端"。

2. 磁性传感器引出线：蓝色表示"负(−)"，接"0 V"；棕色表示"正(+)"，接"PLC 输入端"。

3. 电磁阀引出线："1"表示"24 V"，"2"表示"0 V"。

表 16-3　工具、仪表清单

序号	工具或仪表名称	型号或规格	数量	作用
1	一字螺丝刀	150 mm	1	电路连接与元器件安装
2	十字螺丝刀	150 mm	1	电路连接与元器件安装
3	尖嘴钳	150 mm	1	
4	万用表	选择	1	

二、选用模块及导线

根据模块布置图,正确、合理选用模块。

三、模块检查

配备所需模块后,需先进行模块检测,主要检测模块外观有无损坏,模块上元器件所标注的型号、规格、技术数据是否符合要求,以及一些动作机构是否灵活,有无卡阻现象。检测PLC、变频器模块引出端口与模块本身自带端子的连接是否可靠。

模块(PLC除外)外观检测步骤见表 16-4。

表 16-4　模块(PLC除外)外观检测

代号	名称	图示	操作步骤、要领及结果
FR-E740-0.75 kW	变频器	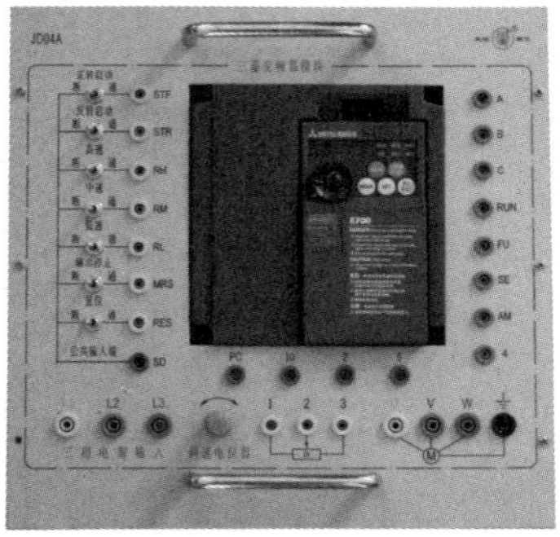	1. 看型号是否符合标准 2. 看外表是否有破损 3. 看连接头是否可靠 结果:
JD01A	电源		1. 看型号是否符合标准 2. 看外表是否有破损 3. 看连接头是否可靠 结果:

代号	名称	图示	操作步骤、要领及结果
JD02A	按钮		1. 看型号是否符合标准 2. 看外表是否有破损 3. 看连接头是否可靠 结果：
JD00	连接导线		1. 看导线粗细是否符合标准 2. 看外表是否有破损 3. 看连接头是否可靠 结果：

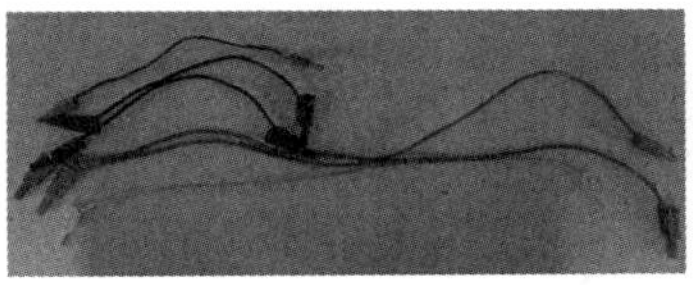

四、电路连接

根据控制要求及端口分布图，连接电路。

电路连接操作步骤见表 16-5。

表 16-5　电路连接操作步骤

步骤	操作内容	过程图示	操作要领
1	变频器主电路连接		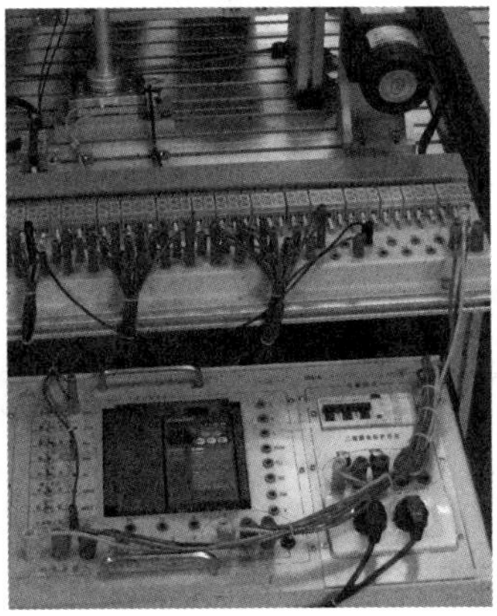 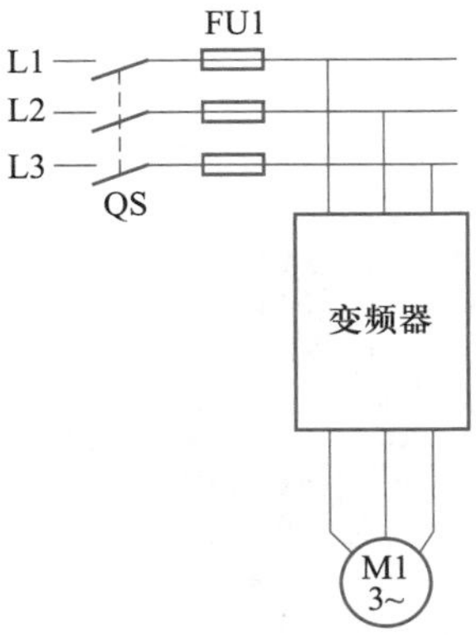 给变频器接入 380 V 交流电源，将变频器输出端的 U、V、W 分别接到三相异步电动机的 U、V、W 端，在接线时，要注意先关闭电源再接线，不得带电操作

续表

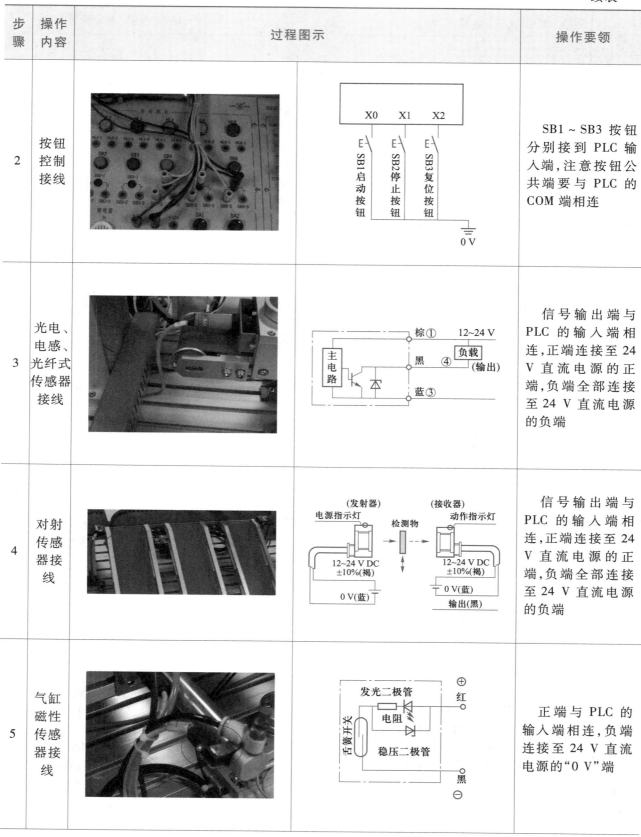

步骤	操作内容	过程图示	操作要领
2	按钮控制接线	X0　X1　X2　SB1启动按钮　SB2停止按钮　SB3复位按钮　0 V	SB1～SB3 按钮分别接到 PLC 输入端，注意按钮公共端要与 PLC 的 COM 端相连
3	光电、电感、光纤式传感器接线	主电路　棕①　黑④　蓝③　12~24 V　负载（输出）	信号输出端与 PLC 的输入端相连，正端连接至 24 V 直流电源的正端，负端全部连接至 24 V 直流电源的负端
4	对射传感器接线	（发射器）电源指示灯　检测物　（接收器）动作指示灯　12~24 V DC ±10%（褐）　0 V（蓝）　输出（黑）	信号输出端与 PLC 的输入端相连，正端连接至 24 V 直流电源的正端，负端全部连接至 24 V 直流电源的负端
5	气缸磁性传感器接线	发光二极管　电阻　舌簧开关　稳压二极管　红⊕　黑⊖	正端与 PLC 的输入端相连，负端连接至 24 V 直流电源的"0 V"端

续表

步骤	操作内容	过程图示	操作要领
6	电磁阀接线	物料推出 / 手臂伸出 / 手爪下降 / 手爪夹紧 / 手爪松开 / 推料气缸 / 导料气缸　Y3　Y4　Y5　Y6　Y7　Y10　Y11	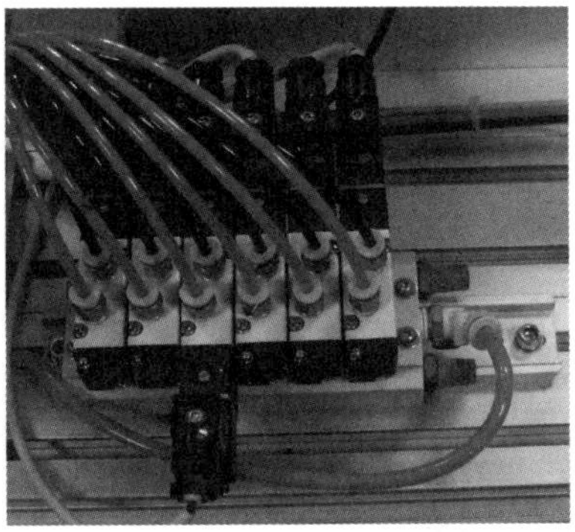 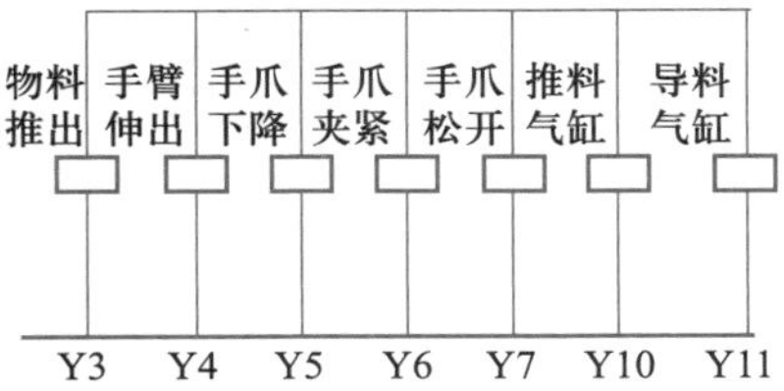 负端与 PLC 的输出端相连,正端连接至 24 V 直流电源的正端

五、自检

安装完成后,必须按要求进行检查。

1. 检查线路

对照电路图,检查线路是否存在漏线、错线、掉线、接触不良、安装不牢靠等故障。

2. 检测方法

(1)检测电源输入电路

合上电源开关后,用万用表检测三相交流电源 380 V、220 V 等电源电压在正常值范围,电源电压才能通电调试。

(2)检测 PLC 输入/输出电路

检测 PLC 的输入/输出电路,确保输入/输出点都接入完好。

任务四　程序设计

(1)根据物料搬运分拣系统的功能分析,编写送料机构梯形图程序,如图 16-6 所示。

(2)根据物料搬运分拣系统的功能分析,编写搬运机械手机构移位梯形图程序,如图 16-7 所示,采用移位寄存器指令,机械手按照 M21～M24 顺序动作。

(3)根据物料搬运分拣系统的功能分析,编写分拣机构梯形图程序,如图 16-8 所示。用移位寄存器指令,分拣程序按照 M40～M43 顺序动作。

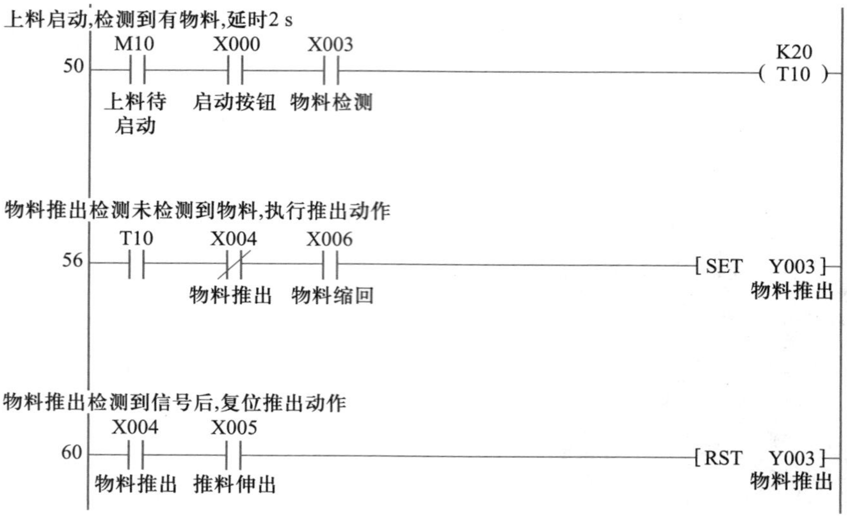

上料启动,检测到有物料,延时2 s

```
        M10       X000      X003                                    K20
50      ┤├────────┤├────────┤├─────────────────────────────────( T10 )
        上料待    启动按钮   物料检测
        启动
```

物料推出检测未检测到物料,执行推出动作

```
        T10       X004      X006
56      ┤├────────┤╱├───────┤├───────────────────────────[ SET   Y003 ]
                  物料推出   物料缩回                             物料推出
```

物料推出检测到信号后,复位推出动作

```
        X004      X005
60      ┤├────────┤├─────────────────────────────────────[ RST   Y003 ]
        物料推出   推料伸出                                      物料推出
```

图 16-6　送料机构梯形图程序

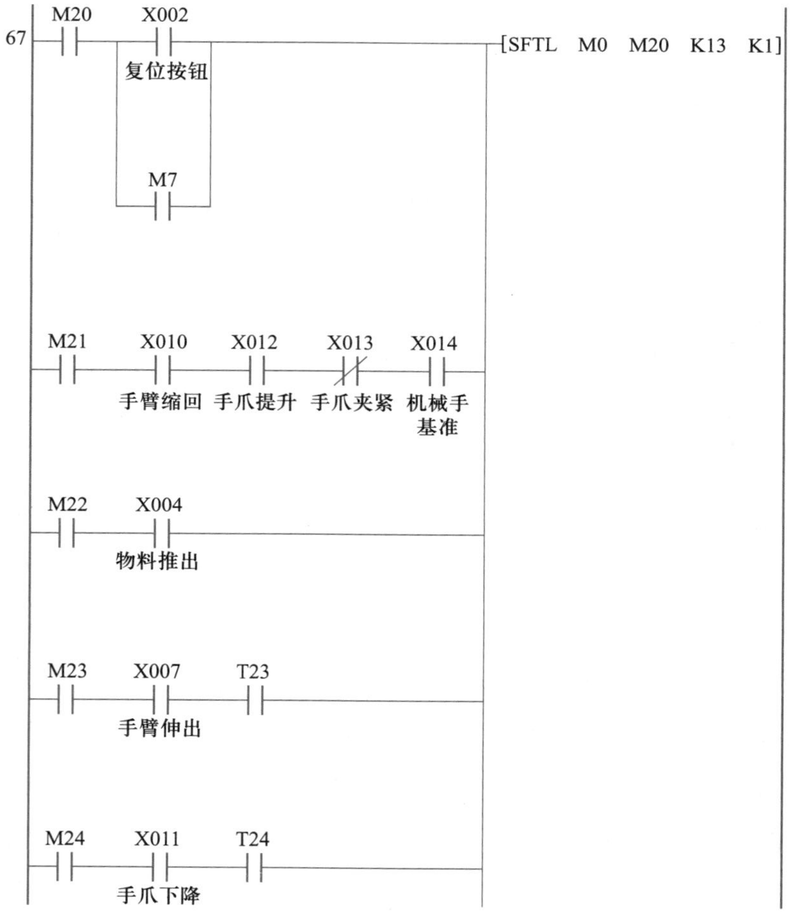

```
        M20       X002
67      ┤├────────┤├──────────────────────[ SFTL  M0  M20  K13  K1 ]
                  复位按钮

                   M7
                  ┤├

        M21       X010      X012      X013      X014
        ┤├────────┤├────────┤├────────┤╱├───────┤├
        手臂缩回   手爪提升   手爪夹紧   机械手
                                      基准

        M22       X004
        ┤├────────┤├
        物料推出

        M23       X007      T23
        ┤├────────┤├────────┤├
        手臂伸出

        M24       X011      T24
        ┤├────────┤├────────┤├
        手爪下降
```

图 16-7　搬运机械手机构移位梯形图程序

* 以下为分拣程序段

```
       M8002    M1
219  ──┤├────────┤/├────────────────────────────────( M40 )

       M40
     ──┤├──


       M40     X002
223  ──┤├──────┤├──────────────────[ SFTL  M0  M40  K6  K1 ]
             复位按钮

              M7
             ──┤├──

       M41     T41
     ──┤├──────┤├──

       M42     T42
     ──┤├──────┤├──

       M43    X024
     ──┤├──────┤├──
            分拣槽
            检测
       M44
245  ──┤├────────────────────────────────────────[ SET  M42 ]
```

* 复位时传送带运行 4 s

```
       M41                                              K40
247  ──┤├──────────────────────────────────────────( T41 )
```

* 检测有物料时延时 1 s

```
       X021                                             K10
251  ──┤├──────────────────────────────────────────( T42 )
     入料检测
```

* 变频器运行

```
       M43
255  ──┤├──────────────────────────────────────────( Y020 )
                                                    变频器
       M41
     ──┤├──
```

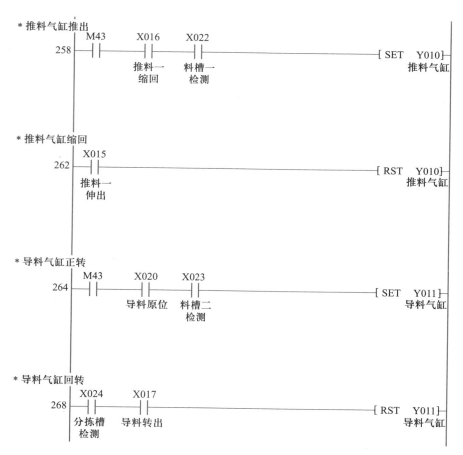

图 16-8 分拣机构梯形图程序

任务五 调试

一、程序的输入

参考项目 2 相关内容。

二、系统调试

🔊 提示：必须在教师的现场监护下进行通电调试！

通电调试，验证系统功能是否符合控制要求。调试过程分为两大步：程序输入 PLC 和功能调试。

（1）用菜单命令"在线"→"PLC 写入"，下载程序文件到 PLC。

（2）功能调试。按照工作要求，模拟工作过程逐步检测功能是否达到要求。

① 按下启动按钮 SB1，观察物料搬运分拣系统是否正常启动、运行。

② 按下停止按钮 SB2，观察物料搬运分拣系统是否正常停止。

③ 按下复位按钮 SB3，观察物料搬运分拣系统是否正常复位。

（3）填写调试情况记录表（见表 16-6）。

表 16-6　调试情况记录表(学生填写)

序号	项目	完成情况记录			备注
		第一次试车	第二次试车	第三次试车	
1	供料机构:在复位完成后,按下启动按钮 SB1,料筒光电传感器检测到有工件时,推料气缸将工件推出至存放料台;机械手将工件取走后,推料气缸缩回,工件下落,气缸重复上一次动作	完成(　)	完成(　)	完成(　)	
		无此功能(　)	无此功能(　)	无此功能(　)	
2	搬运机械手机构:当存放料台检测光电传感器检测物料到位后,机械手将物料搬运到分拣线上	完成(　)	完成(　)	完成(　)	
		无此功能(　)	无此功能(　)	无此功能(　)	
3	成品分拣机构:当入料口光电传感器检测到物料时,变频器带动三相交流异步电动机以一定的频率正转运行	完成(　)	完成(　)	完成(　)	
		无此功能(　)	无此功能(　)	无此功能(　)	
4	皮带开始输送工件,金属物料推入一号料槽,白色物料导入二号料槽,旋转气缸转回原位,同时电动机停止;黑色物料直接导入三号料槽,料槽检测传感器检测到有工件经过时,电动机停止	完成(　)	完成(　)	完成(　)	
		无此功能(　)	无此功能(　)	无此功能(　)	
5	按动复位按钮 SB3 后系统复位,将存放料台、皮带上的工件清空	完成(　)	完成(　)	完成(　)	
		无此功能(　)	无此功能(　)	无此功能(　)	
6	按动启动按钮 SB1,警示绿灯亮,缺料时警示黄灯闪烁	完成(　)	完成(　)	完成(　)	
		无此功能(　)	无此功能(　)	无此功能(　)	
7	按动停止按钮 SB2,所有部件停止工作,警示红灯亮,缺料警示黄灯闪烁	完成(　)	完成(　)	完成(　)	
		无此功能(　)	无此功能(　)	无此功能(　)	

□【项目评价】

对整个项目的完成情况进行评价和考核。可以分为教师评价和学生自评两部分,具体评价规则见附录中的附表 2 和附表 3。

□【项目拓展】

如果要求用触摸屏对生产线进行控制,程序应怎样改?触摸屏工程应如何设计?

□【知识链接】

气动系统的认识

现代自动化控制常用的传动力机构有机械式、液压式和气动式。这些方式都有各自的优缺点。气动的优点是:气动装置结构简单、轻便,方便安装,维护气压等级较低,安全性较高。使用气体为传动媒介既经济又不污染环境,所以在现实生产中使用得非常普遍,如在机械、电子、食品、化工、纺织等行业中的应用。在气动控制系统中,气动发生装置一般为空气压缩机,它将原动机供给的机械能转换为气体的压力能(内能);气动执行元件则将压力能转换为机械能,完成规定动作;在这两部分之间,根据机械或设备工作循环运动的需求,按一定顺序将各种控制元件(压力控制阀、流量控制阀、方向控制阀和逻辑元件)、传感元件和气动辅件连接起来。

气动系统的作用主要是为了驱动各种不同要求的机械装置,其控制主要有3个内容:力的大小、运动方向和运动速度,分别使用压力控制阀控制压力,方向控制阀控制方向和流量控制阀控制流量。这3个控制机构组成了气动系统的基本结构。

(1)气动执行元件部分:单杆气缸、薄型气缸、气动手爪、导杆气缸、双导杆气缸、旋转气缸。

(2)气动控制元件部分:单控电磁阀、双控电磁阀。

(3)气缸示意图如图16-9所示。气缸的正确运动使物料到达相应的位置,只要交换进出气的方向就能改变气缸的伸出(缩回)运动,气缸两侧的磁性开关可以识别气缸是否已经运动到位。

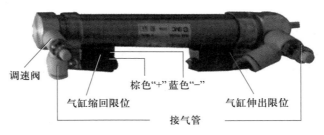

图 16-9　气缸示意图

(4)双向电磁阀示意图如图16-10所示。双向电磁阀用来控制气缸进气和出气,从而实现气缸的伸出、缩回运动。

图 16-10　双向电磁阀示意图

（5）气动手爪控制示意图如图 16-11 所示。图中手爪夹紧由单向电控气阀控制,当电控气阀通电时,手爪夹紧;电控气阀断电后,手爪张开。

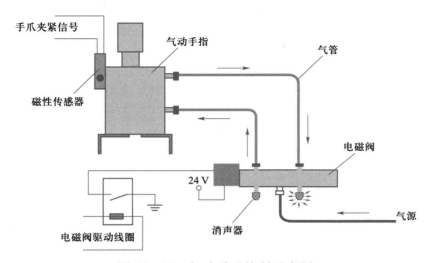

图 16-11　气动手爪控制示意图

附　　录

附表 1　调试成绩评分标准(教师填写)

序号	主要内容	考核要求	评分标准	配分	扣分	得分
1	PLC 联机	能正确与计算机连接	1. 接线不正确,扣 10 分 2. 端口连接错误,扣 10 分 3. 波特率设置不正确,扣 5 分 4. 选型错误,扣 5 分	30		
2	程序输入	能正确地将所编程序输入计算机	1. 指令输入不熟练,扣 5 分 2. 操作不熟练,扣 5 分 3. 注释不熟练,扣 5 分 4. 书写不规范,扣 5 分	30		
3	程序下载与调试	1. 准确地将所编程序下载到 PLC 2. 按设备的动作要求进行调试	1. 下载不熟练,扣 5 分 2. 少 1 个动作调试,扣 5 分 3. 方法不正确,扣 5 分	40		
4	安全文明生产	是否穿工作服、电工鞋	违反安全文明生产规程,扣 5 ~ 20 分			
备注			合计			
			教师签名	年　　　月　　　日		

附表 2　教师评价表

序号	项目名称	配分	要求	扣分细则	应加扣分	加扣总分	最后得分
1	I/O 端子 分配图	10	用规定的图形符号和文字符号,标注该元器件的安装位置或作用	图形符号和文字符号不规范	每处扣 1 分		
				未标注元器件安装位置或作用	每处扣 1 分		
2	电路连接	30	按照最后的运行情况评分; 所有元器件均按照要求动作; 所有的导线与端子的连接应牢固,可靠,符合安全和技术要求; 元器件板上的元器件与元器件板外的设备或元器件通过接线端子排连接; 导线与接线端子的连接处有导线标号	元器件动作与原理图不符或不符合要求	每处扣 5 分		
				接线端子上导线的露铜超过 2 mm	每处扣 1 分		
				接线端子上连接的导线超过 2 条	每处扣 1 分		
				导线没有放入线槽	每处扣 2 分		
				导线和接线端子的连接处没有标号	每处扣 1 分		
				应该接地而没有接	每处扣 5 分		
				电动机连接失误	扣 5 分		
				通电后发现短路	扣 30 分		
3	控制程序的编写与调试	50	按指令开关,对相应的输入输出指示灯的发光情况评分; 电动机的动作符合要求,保护功能符合要求	不符合原理图控制要求	每处扣 6 分		
				程序编写不符合生产安全要求(一种情况算一处)	每处扣 3 分		
4	安全文明操作	10	遵守实验室纪律,操作符合安全规程,注意文明操作	违反规定和纪律,经教师警告	扣 10 分		
				违反安全操作要求,不按规定着装,带电进行电路连接或者改接	扣 10 分		
				乱摆放工具,乱丢杂物,完成任务后不清理工位	扣 5 分		
学生姓名				教师签名			

附表 3 学生自评表

	什么对我来说是成功的	什么对我来说是需要改进的
整体结果		
安全生产		
端口地址确定		
布局		
布线		
程序设计		
调试		

参 考 文 献

[1]　程周.机电一体化设备的组装与调试备赛指南[M].北京:高等教育出版社,2010.

[2]　周建清.机床电气控制(项目式教学)[M].北京:机械工业出版社,2008.

[3]　祁和义,王建.维修电工实训与技能考核训练教程[M].北京:机械工业出版社,2008.

[4]　许孟烈.PLC技术基础与编程实训[M].北京:科学出版社,2008.

[5]　杨少光.机电一体化设备的组装与调试[M].南宁:广西教育出版社,2009.

[6]　初厚绪,薛凯.PLC技术应用[M].3版.北京:高等教育出版社,2020.

[7]　高月宁,曹拓.PLC技术及应用[M].北京:高等教育出版社,2018.

郑重声明

高等教育出版社依法对本书享有专有出版权。任何未经许可的复制、销售行为均违反《中华人民共和国著作权法》,其行为人将承担相应的民事责任和行政责任;构成犯罪的,将被依法追究刑事责任。为了维护市场秩序,保护读者的合法权益,避免读者误用盗版书造成不良后果,我社将配合行政执法部门和司法机关对违法犯罪的单位和个人进行严厉打击。社会各界人士如发现上述侵权行为,希望及时举报,我社将奖励举报有功人员。

反盗版举报电话　　(010)58581999　58582371

反盗版举报邮箱　　dd@ hep.com.cn

通信地址　北京市西城区德外大街 4 号　高等教育出版社法律事务部

邮政编码　100120

读者意见反馈

为收集对教材的意见建议,进一步完善教材编写并做好服务工作,读者可将对本教材的意见建议通过如下渠道反馈至我社。

咨询电话　400-810-0598

反馈邮箱　zz_dzyj@ pub.hep.cn

通信地址　北京市朝阳区惠新东街 4 号富盛大厦 1 座

　　　　　高等教育出版社总编辑办公室

邮政编码　100029

防伪查询说明

用户购书后刮开封底防伪涂层,使用手机微信等软件扫描二维码,会跳转至防伪查询网页,获得所购图书详细信息。

防伪客服电话

(010)58582300

学习卡账号使用说明

一、注册/登录

访问 http://abook.hep.com.cn/sve,点击"注册",在注册页面输入用户名、密码及常用的邮箱进行注册。已注册的用户直接输入用户名和密码登录即可进入"我的课程"页面。

二、课程绑定

点击"我的课程"页面右上方"绑定课程",在"明码"框中正确输入教材封底防伪标签上的 20 位数字,点击"确定"完成课程绑定。

三、访问课程

在"正在学习"列表中选择已绑定的课程,点击"进入课程"即可浏览或下载与本书配套的课程资源。刚绑定的课程请在"申请学习"列表中选择相应课程并点击"进入课程"。

如有账号问题,请发邮件至:4a_admin_zz@ pub.hep.cn。